1. 国家自然科学基金青年项目：基于视觉特征智能算法模型的城市建筑风貌大规模感知测度与评价方法研究（52208049）
2. 中央高校基本科研业务费专项资金：基于视觉智能算法模型的城市建筑风貌大规模感知测度方法研究（2242024RCB0034）
3. 教育部“铸牢中华民族共同体意识研究基地”重大项目“中华民族共同体视觉形象要素图谱体系构建研究”（21JJDM004）

全国高校出版社主题出版

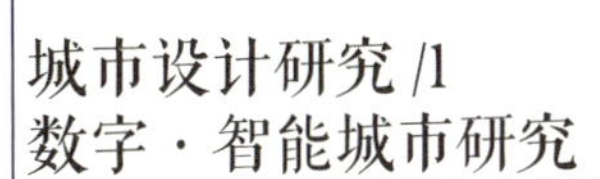

城市设计研究 /1
数字·智能城市研究

杨俊宴 主编

感知：
城市意象的形成机理与智能解析

郑 屹　杨俊宴　王 桥　著

东南大学出版社·南京

·作者简介·

AUTHOR INTRODUCTION

郑　屹

中国科协青年人才托举工程支持对象，东南大学建筑学院、中华民族视觉形象研究基地讲师、硕士生导师，欧盟全球气候与能源市长盟约亚洲项目研究员，中国城市规划协会青年规划师工作委员会委员。研究方向为城市空间智能感知与可持续城市规划。主持国家自然科学基金青年项目 1 项，主持国家自然科学基金重大项目子课题 1 项，主持省部级和重点实验室项目 3 项，作为核心人员参与国家自然科学基金、国家重点研发计划等研究项目总计 6 项，在国内外高等级期刊发表论文十余篇，出版中文专著 1 部，合作出版英文专著 1 部，授权国际和中国发明专利 6 件，先后获得科技与工程设计奖十余项。

杨俊宴

国家级人才特聘教授，东南大学首席教授、东南大学智慧城市研究院副院长，国际城市与区域规划师学会（ISOCARP）学术委员会委员，中国建筑学会高层建筑与人居环境学术委员会副主任，中国城市规划学会流域空间规划学术委员会副主任，中国城市科学研究会城市更新专业委员会副主任，住建部城市设计专业委员会委员，自然资源部高层次科技领军人才。中国首届科学探索奖获得者，*Frontiers of Architectural Research* 期刊编委，研究重点为智能化城市设计。主持 7 项国家自然科学基金（含重点项目和重大项目课题），发表论文 200 余篇，出版学术著作 12 部，获得美国、欧盟和中国发明专利授权 57 项，主持和合作完成的项目先后获奖 52 项。牵头获得 ISOCARP 卓越设计金奖、江苏省科学技术一等奖、住建部华夏科技一等奖和全国优秀规划设计一等奖等。

王　桥

东南大学信息科学与工程学院教授、博士生导师，哈佛大学高级访问学者，中国工业与应用数学学会大数据与人工智能专业委员会委员，教育部—工信部大数据与计算智能工作委员会委员，东南大学丘成桐中心数据科学与智能科技方向负责人。主要研究领域为：大数据分析、视觉智能、图像分析等及其在城市信息分析、心身医学及传染病、流行病数据分析、智能交通、音乐信息检索等领域的应用。现担任 *ICT Express*，《中国通信》等期刊编委。

·序 言·

PREAMBLE

今天，随着全球城市化率的逐年提高，城市已经成为世界上大多数人的工作场所和生活家园。在数字化时代，由于网络数字媒体的日益普及，人们的生活世界和社会关系正在发生深刻的变化，近在咫尺的人们实际可能毫不相关，而千里之外的人们却可能在赛博空间畅通交流、亲密无间。这种不确定性使得现代城市充满了生活的张力和无限的魅力，越来越呈现出即时性、多维度和多样化的数据属性。

以大数据、5G、云计算、万物互联（IoT）等数字基础设施所支撑的社会将会呈现泛在、智能、精细等主要特征。人类正在经历从一个空间尺度可确定感知的连续性时代发展到界域认知模糊的不确定性的时代的转变。在城市设计方面，通过多源数据的挖掘、治理、整合和交叉验证，以及针对特定设计要求的数据信息颗粒精度的人为设置，人们已可初步看到城市物理形态“一果多因”背后的建构机理及各种成因互动的底层逻辑。随着虚拟现实（VR）、增强现实（AR）和混合现实（MR）的出现，人机之间的“主从关系”已经边界模糊。例如，传统的图解静力学在近年“万物皆数”的时代中，由于算法工具和可视化技术得到了质的飞跃，其方法体系中原来受到限制的部分——“维度”与“效率”得到重要突破。对于城市这个复杂巨系统，调适和引导的“人工干预”能力和有效性也有了重大提升。

“数字·智能城市研究“丛书基于东南大学杨俊宴教授团队在城市研究、城市设计实践等方向多年的产学研成果和经验积累，以国家层面大战略需求和科技创新要求为目标导向，系统阐述了数字化背景下的城市规划设计理论与方法研究，探索了智能城市设计、建设与规划管控新技术路径。丛书将作者团队累积十余年的城市空间理论研究成果、数智技术研发成果和工程实践应用成果进行了系统性整理，包含了《形构：城市形态类型的大尺度建模解析》《洞察：城市阴影区时空演化模式与机制》《感知：城市意象的形成机理与智能解析》《关联：城市形态复杂性的测度模型与建构机理》

和《实施：城市设计数字化管控平台研究》五本分册。从城市空间数智化研究的理论、方法和实践三个方面，详细介绍了具有自主知识产权的创新成果、前沿技术和代表性应用，为城市规划研究与实践提供了新技术、新理论与新方法，是第四代数字化城市设计理论中的重要学术创新成果，对于从“数据科学”的视角，客观精细地研究城市复杂空间，洞察城市运行规律，进而智能高效地进行规划设计介入，提升城市规划设计的深度、精度、效度具有重要的专业指导意义，也为城市规划研究及实践提供了有力支持，促进了高质量、可持续的城市建设。

今天的数字化城市设计融合了建筑学、城乡规划学、地理学、传媒学、社会学、交通和建筑物理等多元学科专业，已经可以对跨领域、多尺度、超出个体认知和识别能力的城市设计客体，做出越来越接近真实和规律性的描述和认识概括。同时，大模型与 AIGC 技术也将可能引发城市规划与设计的技术范式变革。面向未来，城市设计的科学属性正在被重新定义和揭示，城市设计学科和专业也会因此实现跨越式的重要拓展，该丛书在这方面已进行了卓有成效的探索，希望作者团队围绕智能城市设计领域不断推出新的原创成果。

王建国

中国工程院院士

东南大学建筑学院教授

·前 言·

PREFACE

在人本主义思潮的影响下，20世纪60年代末的城市研究领域对于城市空间、形态、组织及其内部机制的大量实证结论使研究人员认识到，理论量化模型的预测与人们对实际城市空间的感知结论之间存在着一定的差异。1959年12月，凯文·林奇（Kevin Lynch）在其所著《城市意象》（*The Image of the City*）中指出“城市如同建筑，是一种空间的结构，只是尺度更巨大，需要用更长的时间过程去感知”，并进一步提出对于感知个体而言，城市的客观环境意象由个性、结构和意蕴所组成。由此，以道路、边界、区域、节点、标志物的城市意象五元素为核心，关注感知个体与城市空间互动关系的经典城市意象理论体系开始建立并影响至今。经典城市意象理论对于客观城市环境与主观个体感知之间相互影响机理的关注，以及对于城市视觉形态层面设计问题的思考对现代城市环境研究及城市设计思想产生了深远的影响。

延续经典城市意象理论及其所关注的人与环境之间的相互作用关系，本书从现实生活中人们主观感知与客观环境所存在的偏差视角出发，将城市意象的形成过程归纳总结为作为基础的客观环境表征，作为过程的环境初级感知，以及作为结果的主观环境感知三方面。通过建构以深度学习模型为技术核心的城市意象智能解析方法，对南京中心城区8720条街段的客观环境构成要素及表征、环境初级感知结果和主观环境感知评价进行了量化解析，进而观察主观感知与客观环境偏差视角下城市意象感知形成的模式及条件。本书所开展的城市意象研究，一方面将研究对象从单一的主观或者客观维度，转变为主客观相互关联、作用的双重维度。从人们观察客观环境，以及客观环境构成要素对人们视觉及进一步感知的影响出发，从主观感知与客观环境两个维度对城市意象的形成过程及模式进行了探讨，总结归纳出主客观偏差视角下城市意象的内在形成逻辑及关系。另一方面，本书根据城市意象形成过程中，主观感知与客观环境所具有的偏差特征，主客观偏差特征所反映出的客观环境构成要素与人们主观感知之间的作用关系，梳理并总结出了主客观偏差视角下的城市意象形成条件。同时，根据主观感知与客观环境在整体空间层面所显现出的结构性偏差特征，本书也进一步归纳出了主客观偏差视角下的，包含意象感知核心、节点、廊道、圈层及盲区在内的意象结构五元素，以期在城市设计领域为城市环境意象营造提供新的思路。

在经典城市意象理论提出 65 年后的今天，城市作为一个庞大和复杂的系统，是物质空间和人类社会活动的有机结合体的内涵并未改变。城市意象是生活在城市中人们主观的“意”与城市空间所形成的客观的“象”的结合。由于城市物质空间中各种要素之间不同的组合秩序和表征，人们对于不同的城市会产生截然不同的意象认知。与此同时，随着信息革命所带来的互联网、物联网、即时数据感知等在增加城市维度和复杂度的同时，也改变了人们认知城市的方式和行为。即时数据共享、物联网、计算机应用明显对城市空间产生了时空压缩和扭曲的作用。人们对城市空间的认知不再只是基于物理空间和传统手段，而是结合不断涌现的新技术、新数据和应用重新定义。而当下 AIGC（Artificial Intelligence Generated Content，生成式人工智能）模型及人工智能大模型的快速迭代，更使得“所见即所感”的过程可能发生巨大的变革，城市意象的形成未来也不仅来自对城市物质空间的观察、体验和感受，还会来自真实空间相映射的“元宇宙”孪生城市空间的影响。未来对于城市意象以及城市复杂环境感知的研究，将伴随着新技术、新现象的产生而不断演替。

本书所基于的城市空间与街道研究自 2016 年开始延续至今，其间得到了东南大学信息科学与工程学院王桥教授的悉心指导，吴浩、缪岑岑、廖自然、王宁、陈奕良、郜泽飞、王瀚等在基础数据采集、数据分析和街景等相关方面的研究工作为本书提供了重要的支持。另外，在本书撰写过程中，东南大学熊潇、朱梅蕊也提供了不可或缺的帮助，在此向支持和参与本书研究与撰写的各位老师、同仁和朋友表示由衷的感谢！最后，特别致谢我的恩师——东南大学杨俊宴教授长期以来的教导，并对本书的撰写和出版提供的大力支持！

·目 录·

CONTENTS

每一个人都会与自己生活的城市的某一个部分联系密切，对城市的印象必然沉浸在记忆中，意味深长。

——凯文·林奇（Kevin Lynch）

内涵：城市意象的基本认识

城市意象通常被认为是人作为感知行为个体，对城市客观环境通过直接或间接的感知所形成的结果，是城市客观存在与个体主观感知相互作用的产物，也成为环境感知研究领域的重要切入点，并在城市规划、环境心理学等研究领域取得了重要成果。作为城市意象研究中两个重要的组成部分，人们的主观感知和城市客观环境之间所存在的偏差关系，以及在实际城市感知中所显现出的感知 – 环境偏差特征，在一定程度上也体现了城市意象形成过程中，从基础感知对象的客观环境到意象结果的主观感知之间所存在的人与环境相互作用的内在关系，以及在此基础上的感知意象形成模式。

1.1 城市意象的基本内涵

城市意象作为反映人们对于城市感知结果的一个特定概念，其形成的基础可以追溯到 1960 年代人文主义思潮影响下，罗文索（Lowenthal）提出的对于人们环境感知的研究[1]。但是，当前提及城市意象，必然会与凯文・林奇（Kevin Lynch）于 1959 年提出的经典城市意象理论进行关联，甚至在一定程度上，凯文・林奇所提出的城市意象理论被认为等同于城市意象概念本身[2]。凯文・林奇通过心智地图和访谈的方法，基于城市的可读性理论，提出了道路、边界、区域、节点和标志物的城市意象五元素[3]。自此，城市意象作为反映人与城市环境之间相互作用的理论，开始在城市规划学、环境行为学等研究领域被广泛探讨，并在很大程度上成为人本视角下研究人居环境和规划城市特色、风貌等方面的理论基础[4]。同时，经典城市意象所提出的五元素，也成为现代城市空间结构研究和分析的方法之一[5]。然而，在凯文・林奇启发性地提出城市意象理论观点并被广泛关注的同时，学者们对他所提出的城市意象理论也引起大量的争议。许多学者认为，凯文・林奇将人对于城市环境的理解仅仅看作是对城市空间物质形态及相关要素的知觉认识和可读性，只是类似动物的寻路及适应环境的行为，忽视了人对于客观环境的主观感受和精神思考[6-7]。另外，凯文·林奇自身在 1984 年出版的《城市形态》（*Good City Form*）一书中也隐含地提出了其在城市意象理论研究中的缺陷，进而不再强调城市空间的可读性[8]。由此可见，城市意象的概念尚未形成明确的并得到公认的界定。

1.1.1 城市的意与象

根据城市意象的形成基础，其存在两方面的基础性概念构成：一方面是心理学研究领域中的意象概念，另一方面则是社会学或环境行为学研究领域中的感知概念。

1）意的概念

基于上文对意象概念的讨论，意象中意的概念可以理解为是一个获取信息，并进行信息知觉理解的过程[9]，即人对于城市空间的感知。这种感知可以认为是意象形成的基础，同时在一定程度上也可以认为是意象形成的过程[10]。在城市意象层面，人们对于客观环境产生的意象，在很大程度上可以认为是人们对于客观环境所具有的直接或间接的、真实的、多维度的综合体验[11]。当人们作为感知主体身处城市环境中时，其对于周围环境的感知可以认为是一种包含视觉、听觉、嗅觉、触觉等在内的多感官综合反应[12]。同时，布莱恩·劳森（Bryan Lawson）曾指出在人们中心神经系统获取和处理信息的神经元中，有 2/3 来自眼睛[13]。因此，人们通过视觉对客观环境的观察，以及拾取客观环境的信息，在很大程度上可以认为是人们环境感知的基础[14]。在此基础上，环境心理学将人们对客观环境的感知进一步地划分为 4 个阶段，分别为基于生理感官的感觉、感觉基础上的感知、基于感知信息的知觉分析，以及知觉分析后的行为反馈[15]。同时，以乔恩·朗（Jon Long）为代表的环境行为学家认为，人们对客观环境的感知，并不是简单的信息获取—信息传递—信息理解的过程，而是在人们自身需求和动机驱动下，其主观感知与客观环境之间的动态交互过程[16-17]。

综上所述，人们对城市环境的感知过程可以被概括为以下 3 个阶段：首先是以视觉观察为主要行为的信息获取阶段，即人们受到客观环境的刺激，而在视觉感官层面产生一定的感觉反应的印象。其次在此基础上，将信息传递至大脑，并由人们的大脑根据自身基础性的生理或心理需求做出响应。最后，在人们自身需求和动机的驱动下，对所获得的环境信息和初级感知反应进行更深层次的知觉反应，从而产生对环境的主观感知结果，并影响和指导人们后续的环境行为。对于狭义理解的城市意象而言，人与城市客观环境的相互作用是构成意象的基础关系。城市意象则是由上述 3 个阶段的人与客观环境相互作用和理解的结果所产生的，而由于期间个体主观需求和动机的介入，以及在此基础上对于客观环境的知觉理解，使得人们最终的主观感知结果与城市实际环境之间存在着偏差。

2）象的含义

在城市环境感知等相关研究领域，意象与印象在讨论人对城市环境认知方面很容易产生混淆。这种概念的混淆，使得在对凯文·林奇（*The Image of the City*）一书书名的翻译上就存在《城市意象》和《城市的印象》两种不同的版本，并在对林奇城市意象研究的内容阐述上也存在一定的分异。

意象从字意层面上可以理解为意思的形象或者映像，是感知个体通过观察及接触过客观事物后，在客观事物所传递的表象或感官信息基础上，再经过感知个体独特的思维和心理活动而形成的一种经由主观加工过的形象。早期意象的概念主要来自现代心理学研究领域，其泛指人们大脑中对所接触的事物、环境等所形成的图景，这种图景并不是对所接触事物的真实刻画，而是经由主观加工后的，与现实世界情景存在一定偏差的主观心理图像。作为心理学中的重要概念，著名的皮亚杰（Piaget）学派认为意象是一种承载记忆的结构体，是感知个体与外部物质世界相互作用，在感知个体接触过的客观事物表现信息传递基础上，进行主观加工后的结果。凯文·林奇在《城市意象》（*The Image of the City*）中的研究和论述，也是部分借鉴了心理学中的格式塔（Gestalt）理论，将“意象”一词从以心理学为主的研究领域引入城市研究的范畴中。基于上述内容，文本借助《现代汉语词典》《辞海》等相关词典，以及《牛津高阶英语词典》和《剑桥高阶英语词典》对意象这一概念从中英文双语境下进行综合归纳，进而相对全面地概括解释意象的概念（表 1.1）。

表 1.1 “意象”相关名目词典释义表

<table>
<tr><th>字词名目</th><th>文献名称</th><th>阐述角度</th><th>主要观点及释义</th></tr>
<tr><td rowspan="3">意象</td><td>《辞海》</td><td>美学</td><td>意，指心意；象，指物象。意象即对物象的感性形象与自己的心意状态融合而成的具体形象</td></tr>
<tr><td rowspan="2">《牛津高阶英语词典》</td><td>—</td><td>Image: a mental picture that you have of what somebody/something is like or looks like
译：关于某人、某物的心理图片</td></tr>
<tr><td>—</td><td>Imagery: language that produces pictures in the minds of people reading or listening
译：在阅读、观察或聆听时脑海中产生图示的语言</td></tr>
</table>

续表

字词名目	文献名称	阐述角度	主要观点及释义
意象	《剑桥高阶英语词典》	—	Image: a picture in your mind or an idea of how someone or something is 译：人们脑海中的图画或关于某人、某事物的想法
		—	Imagery: the use of words or pictures in books, films, paintings, etc. to describe ideas or situations 译：在书籍、绘画等中使用图示语言来描述想法或情况
	《现代汉语词典》	心理学	经过心理运思而构成的形象，即客观物象与主观心理行为相互作用和交融而形成的特定形象
意	《新华字典》	—	意思，心思；来意，词不达意 见解，对事物的看法
象	《新华字典》	—	形状，样子；景象，万象更新 用具体的东西表现事物的某种意义

根据表 1.1 中对于“意象”一词的观点和释义，可以发现意象的概念包含两个重要的组成部分：一个是形成意象的感知主体，另一个则是作为意象形成对象的感知客体。因此，意象概念的核心可以被理解为感知主体对感知客体进行观察、接触后，经过主观的知觉分析和加工所形成的结果。相对于印象只是感知主体对其所接触过的客观事物在心理层面上所留下的迹象的描述，意象则更多地反映出在对客观事物进行描述的基础上，感知主体通过心理活动及主观加工后所形成的图景或形象。

1.1.2 城市意象的基本概念

在对城市意象基础性的意象概念和感知含义进行讨论的基础上，城市意象的概念内涵主要包含环境意象和公众意象两个方面。其中，环境意象在一定程度上既反映了城市意象的结果，同时也是城市意象在客观环境层面的内涵构成；而公众意象则主要在感知个体的主观层面，阐释了城市意象的概念内涵。

1）环境意象

根据上文对意象概念的阐述，环境意象是指感知主体与其所处的周边环境相互作用和互动的结果，是城市意象的核心概念内涵。凯文・林奇在其经典城市意象理论中曾指出环境存在着差异和联系，城市中的观察者借助强大的适应能力，并按照自己的意愿对所见事物进行选择、组织并赋予意义[3]。因而，一个可以对个体开展日常城市生活行为起到导向作用的环境意象，首先必须是可读的，即个体可以基于可读的环境意象在一定的城市空间范围内活动；其次，其应当允许认知个体对其所处的环境描绘自己的认知图景。因此，环境意象包含城市环境的可读性和可意象性两个基础性的概念。

——城市环境的可读性。环境意象的个性使得在复杂的城市空间中，一些物质要素或者环境由于其具有独有的特征或清晰的表征，使得其可以较容易地被感知个体所感知到（图 1.1）。因此，一个清晰的城市环境意象图景可以使得人们更好地在城市中活动。而这种清晰的、具有特征的环境意象所反映出的是凯文・林奇经典城市意象理论中的可读性概念。可读性（"Legibility"在某些地方也被译为可识别性）是凯文・林奇经典城市意象的基础概念，其在《城市意象》一书中指出："一个可读的城市，它的街区、标志物或是道路，应该容易认明，进而组成一个完整的形态。"凯文・林奇通过可读性提出了一个相对清晰而稳定的方法来构建人们对于城市结构的感知和理解。在一定程度上，可读性可以被狭义地理解为通过城市空间表征或结构的秩序，通过感知个体视觉感知后的相关联的形态[18]。他将城市的可读性与人们在城市中的寻路行为相互关联，认为具有良好可读性的城市环境意象可以为人们在城市中的日常行为提供参照系[19]；同时，清晰且可读的环境意象秩序也促进了感知个体与外部物质空间建立协调的关系[20]。因此，城市环境的可读性一方面既是环境意象在感知个体感知物质空间构成秩序层面所需要满足的要求[21-22]；另一方面又是环境意象的构成基础，良好的可读性使得感知个体可以轻松地辨别出不同物质要素和

图 1.1 城市环境的可读性分析

资料来源：Abedini A, Ebrahimkhani H, Abedini B. Mixed method approach to delineation of functional urban regions: Shiraz metropolitan region[J]. Journal of Urban Planning and Development, 2016, 142(3).

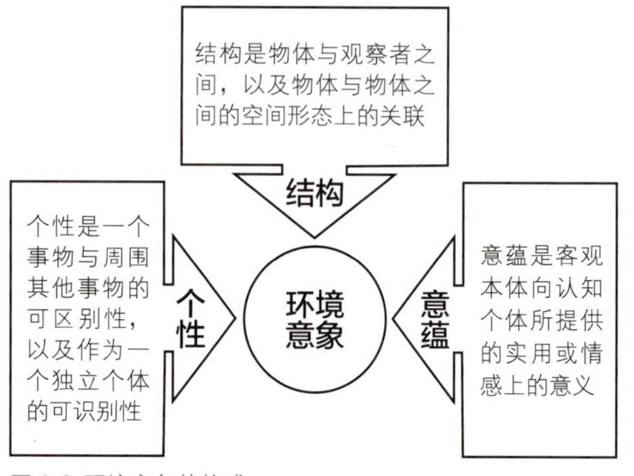

图 1.2 环境意象的构成

环境的个性，从而营造出具有良好秩序的环境意象。

——城市环境的可意象性。城市环境的可意象性可以被理解为更高层次或者具有更大意义的可读性。城市环境的可意象性指城市客观环境及其所包含的物质客体要素，能够唤起任何感知个体对其强烈意象的特性。因此，环境意象的可读性更多地强调城市的客观环境可以被感知个体所看见，并通过看见的客观环境组织和开展活动；而可意象性则强调的是城市的客观环境不应该只是被看见，而是更应该能够被感知个体清晰和强烈地感知到。由于环境意象的产生是感知个体与被认知客体之间一个双向的过程，可意象性在可读性的基础上更加强调感知个体对城市环境进行认知的过程中，能够自己描绘其对所处环境的认知图景；同时，也可以随着周围环境的变化得到加强或者改变。

——环境意象的构成。对于感知个体来说，城市的客观环境意象主要由三个部分构成（图 1.2）。首先是环境意象的个性，其所反映的是一个环境或者城市物质要素有别于其他环境和要素的独特性；其次是环境意象的结构，其体现了客观环境与感知个体，以及不同客观环境及要素之间在城市空间或者形态层面的关联性；最后则是环境意象的意蕴，其所反映的是客观环境对于感知个体的意义，或者感知个体赋予对应物质要素及环境的意义。

2）公众意象

在城市意象形成过程中，由于感知个体在年龄、性别、社会背景、文化程度、职业等方面存在的属性差异[23-24]，以及不同感知个体在观察城市客观环境时，在情绪、精神状态等层面的差异，因此，理论上城市意象是因人而异的，不同的感知个体对于同一个客观环境可能存在不同的意象感知[25]。但是，在城市规划层面，规划师所要面对或期望营造的是一个能够整体上满足不同人群需求的城市环境。因而，其在很大程度上关注的是能够反映城市中绝大多数感知个体，或者城市客观环境整体平均的城市感知意象，即城市客观环境的公众意象[26]。凯文·林奇在经典城市意象理论中认为，公众意象所反映是城市中大多数的感知个体，对于其所处城市客观环境所拥有的共同感知意象[27]。而对于城市规划领域而言，这种不同个体所具有的共同感知意象，在很大程度上代表了城市规划在环境意象以及风貌营造方面所期望能够达到的整体最优方案[28]。因此，本书在对个体感知评价量化测度的基础上，仍然以公众意象作为分析的切入点，从主观感知与客观环境的偏差视角出发，分析城市意象的形成模式。

1.2 经典城市意象理论的再认识

1.2.1 经典城市意象理论概述

将城市意象作为对象的研究开始于20世纪60年代末期，其产生的背景源于当时相关研究领域对城市地理学量化研究方法的批判，以及人文主义思潮的影响。当时城市研究领域对于城市空间、形态、组织及其内部机制的大量实证结论使研究人员认识到，理论量化模型的预测与人们对实际城市空间的感知结论之间存在着一定的差异[6]。因此，基于个体认知行为的研究方法开始被广泛推崇。凯文・林奇是在城市研究和规划设计领域有着重要地位的学者，其所建构和研究的理论涉及城市认知、城市形态、城市规划等众多层面。通过梳理其所发表的重要著作，如《城市意象》（*The Image of the City*）、《此地何时》（*What Time is this Place*）、《良好的城市形态》（*Good City Form*）等，可以发现凯文・林奇所建构的理论和对于城市规划方法的思考与创新均有着浓厚的人文主义特征，而这不仅反映了当时城市研究领域对个体行为的普遍关注，也是其经典城市意象理论产生的重要背景因素。在人本主义思潮影响下，凯文・林奇所提出的经典城市意象理论将基于个体行为和知觉的认知地图方法引入城市空间和形态的研究中，以一种全新的人本角度去观察城市的客观环境[29]，并基于行为个体在城市中的认知行为以及个体的经验来探寻城市客观环境与感知个体行为之间的相互作用。

凯文・林奇所提出的经典城市意象以个体在城市中的寻路行为作为研究的切入点，通过对生活在城市中的人们进行访谈和勾勒认知地图的方法，分别对美国波士顿、新泽西和洛杉矶三座城市进行了研究。根据这三座城市的调研结果，凯文・林奇发现同一座城市中的居民对城市空间认知在结构和要素上具有一定的趋同性，其将这种不同个体对城市认知的趋同性称之为公众意象，并指出“似乎任何一座城市，都存在一个由许多人意象复合而成的公众意象”，即一座城市中大多数的居民对城市所拥有的共同印象[30]。凯文・林奇通过总结上述三座城市意象的调查和研究结果，进一步将城市意象中物质形态的内容归纳为道路、边界、区域、节点和标志物五种元素（表1.2）。经典城市意象五元素之间并不是相互孤立的，而是在一定程度上相互作用、相互组合从而共同作用于人的认知结果，形成人们脑中的整体认知意象。随着城市意象五元素的提出，无论是其基于认知地图的研究方法，还是五元素本身，都对当时和之后很长一段时期内的城市规划、城市环境研究产生了重要的影响[31]。

表 1.2 经典城市意象五元素及其定义

元素名称	定义	图示
道路	道路是城市意象中的线性元素，也是意象中的主导要素。其是城市中感知个体习惯、偶然或潜在的移动通道，也是观察者观察城市环境的主要空间，道路应具有可识别性、连续性、方向性和可度量性。如长途干线、主干道、铁路等	
边界	边界也是城市意象中的一种线性元素。不同于道路，其通常是两个地区的衔接过渡地带，在意象中起侧面参照作用。边界通常具有可见性和连续性，其一方面是分隔不同区域的界线，另一方面也在两个区域之间起衔接、过渡作用	
区域	区域是城市意象中的基本元素，相对于其他要素，区域的空间范围更大。决定区域物质特征的是其主题或者表象特征的连续性，如相同或相近的建筑立面、材质、色彩等。其既可以被感知个体从内部识别，也可以充当外部参照	
节点	节点所反映出的是其在城市空间位置、视觉感知和社会背景中的典型特征。节点是感知个体可以进入的战略性焦点，其在城市物质空间中既可以是交通性的连接点，如路口、车站等，也可以是特定主题的聚集点，如广场等	
标志物	标志物是在尺度上变化多样的简单物质元素，是感知个体的外部参考点。标志物的关键物质特征具有单一性，甚至唯一性。其在城市意象中由于具有清晰的形式，或与图底背景形成强烈的对比，或具有特殊的地理位置而容易被识别	

1.2.2 经典城市意象理论的内容演进

通过重新审视《城市意象》中的内容可以发现，凯文·林奇所提出的经典城市意象理论不仅仅包含了城市意象五元素，其还在一定程度上涉及并讨论了个体对城市空间在个性和意蕴等方面的认知内容[7]。因而，简单地将经典城市意象理论等同于城市意象五元素，并单独针对城市意象五元素在分析城市意象中所表现出的作为单纯结构性要素的局限性进行批判，显然存在一定的问题。前已述及，环境意象是由个性、结构和意蕴三个方面所共同构成的，而这也是感知个体与城市客观环境进行互动的基础逻辑。例如，他在对美国波士顿进行描述时就指出其“是美国城市中特色最鲜明的城市，形态生动”；另外，在洛杉矶的访谈过程中其也指出一些采访者曾描述到在洛杉矶“人们似乎有一种痛苦或怀旧的情绪”，而这些内容也是凯文·林奇通过开拓认知心理学在城市设计中的新领域，指出城市客观环境表征与个体心理之间互动关系对于城市研究所具有的重要意义。

然而，经典城市意象理论之所以被后人批判的关键问题在于，其虽然在阐述了城市客观环境对于个体感知的影响过程，解释了当时背景下城市意象的基本规律，但是其最终并没有重视城市客观环境组成要素及其特征对公众感知的具体影响作用，以及公众感知与城市客观环境之间的互动机制。因而，其提出的城市意象五元素在一定程度上是由于其本身有别于其他元素的特性，以及在个体寻路过程中具有的重要作用来区分城市中的一些道路、节点等结构性的城市空间形态元素，这实际上是将城市空间意象的内容降维到了结构属性的层面[32]。综上所述，结合当前大规模、复杂性城市空间的特征以及个体的城市行为，经典城市意象理论的局限性主要集中在以下几个方面：

——城市寻路行为作为城市意象研究出发点的局限性。根据凯文·林奇的论述，基于寻路行为的城市意象研究，使得城市客观环境中的要素被认为只是个体认知环境的参考系。而环境意象构成中的个性和意蕴，在一定程度上只是被用来区分城市客观环境要素的特征，从而建立要素参考系的过程[33]。因而，基于寻路行为的经典城市意象理论和五要素只体现了个体对城市物质空间整体形态的结构性认知，并没有真正地反映个体对于城市客观环境的认知过程[34]。另外，根据本书前置的问卷调查研究结论发现，当前，人们需要前往一个相对陌生的地点时，55.84% 的受访者表示会直接导航，根据导航提示的路线前往，而只有 3.64% 的受访者表示会根据地标等要素特征判别方向；而当人们计划前往一个相对熟悉的地点时，仍然有 63.38% 的受访者会完全依靠导航或导航的辅助前往。这表明，寻路行为显然已经不是人们当前感知城市或者概括城市空间意象的主要方式，个体对城市物质空间的意象不仅仅是为了在空间中进行定位，城市空间意象的公众感知更加趋向于基于物质空间要素细颗粒度外显特征综合的“格式塔”整体性感知模式。

——空间形态结构性元素等同于城市空间意象要素的局限性。经典城市意象理论最重要的部分就是由道路、边界、区域、节点和标志物构成的城市意象五元素体系。然而，在城市空间意象研究的过程中，单一通过这些元素来理解一座城市的意象显然只能停留在空间整体意象的结构层面[35]。简而言之，通过经典城市意象五元素来分析一座城市的意象，在一定程度上只能标识出城市的意象空间，无法进一步分析城市空间的具体意象表征和对应的公众感知。如基于城市意象五元素对南京城市空间意象进行分析，所得出的结论只表明了紫金山、夫子庙（区域），中央路、北京路（道路），鼓楼、新街口（节点），长江（边界）和紫峰大厦、金陵饭店等（标志物）元素[36]，而个体对于城市客观环境的真实感知结果并未得到体现。其实，通过整理凯文·林奇在《城市意象》中的研究阐述，以及其对三座城市的意象研究可以发现，直接作用于个体的感知、影响意象形成的要素其实是城市空间客观环境的特征，即城市空间客观环境的个性（表 1.3）。

表 1.3 《城市意象》中受访者描述内容所对应的意象感知要素类别

城市	空间描述	意象感知要素
波士顿	红砖的房屋，州议院的金色穹顶和从查尔斯河看过来的沿河景观；城市脏乱，到处都是破败的房子；狭窄的街道堵满了人和车	色彩、景观、环境品质、人群、车辆、建筑等
新泽西	新泽西医学中心非常显眼，一个庞大的白色建筑……高高耸起；人们提及这里的整体环境，总是脏、旧、单调	色彩、建筑、环境品质等
洛杉矶	红褐色体块的比尔特摩酒店作为主要的标志物，加强了这种意象；奥尔维拉街的……它的形状、树木、长椅、人群都被清晰地描述，花砖、鹅卵石（实际上是砖）铺砌的路面	色彩、建筑、植物、公共设施、路面分隔等

——城市意象五元素在规划应用实践中的局限性。通过大量国内外基于城市意象五元素的规划应用效果来看，作为空间形态结构属性的城市意象五元素在分析一座城市的意象的过程中，其方法具有很好的普适性，然而，正是这种均质化的普适性导致基于城市意象五元素的意象分析往往会导致分析结果的雷同性，即任何城市都具有城市意象的五元素，而其中的区别仅仅在于几何结构的构成形式的不同[2]。因而，期望基于城市意象五元素来塑造具有独特性的城市意象显然是无法实现的[37]。同时，前已述及，城市意象其概念内涵所反映的是人作为感知个体与城市客观环境相互作用的过程。因此，在以城市意象塑造为目标的城市规划实践中，既需要考虑感知个体对于城市空间及客观环境的感知印象，同时也要对影响人们感知意象的城市客观环境进行分析[38]。因此，以五元素为着手点，在城市规划实践中进行城市环境意象的营造，在很大程度上只解决了城市空间意象的结构梳理问题，而并未从主观感知与客观环境相互作用的层面，对城市环境所传递出的意象进行深入的完善和优化[39]。

1.2.3 经典城市意象理论的方法更迭

凯文·林奇在经典城市意象理论研究中采用了心智地图和访谈两种主要的研究方法，来了解人们对城市物质空间的感知体验和意象认知。但是，心智地图和访谈作为研究城市的方法，其在一定程度上具有先天性的局限。

——心智地图在研究深度和范围上的局限性。一方面，基于心智地图方法进行城市意象的研究，其实际上反映的是城市中个别认知个体，结合其特殊的背景和城市物质要素对城市意象进行结构性的勾勒和描述。其在很大程度上反映的是人对于空间要素的位置性描述。另一方面，心智地图在很大程度上还受到受访者个人背景、日常活动和其在对象城市中生活时长的影响。阿普莱亚德（Appleyard）采用同样的方法对委内瑞拉圭亚那市的城市空间意象进行研究时，就发现受访者的个体教育水平、经历等对心智地图的绘制结果具有决定性的作用[40]。凯文·林奇研究中的受访者大多数是具有城市规划专业背景，或在对象城市中生活了较长的时间。本书为验证心智地图方法在当前大规模、复杂性城市空间意象研究中的局限性，选取了6位不同性别、不同专业背景和不同生活期限的受访者，绘制其对南京的心智地图（表1.4）。

表 1.4 基于心智地图的南京城市意象调研结果

受访者 1 男性，在南京生活 2 年	受访者 2 女性，在南京生活 2 年	受访者 3 女性，在南京生活 10 年
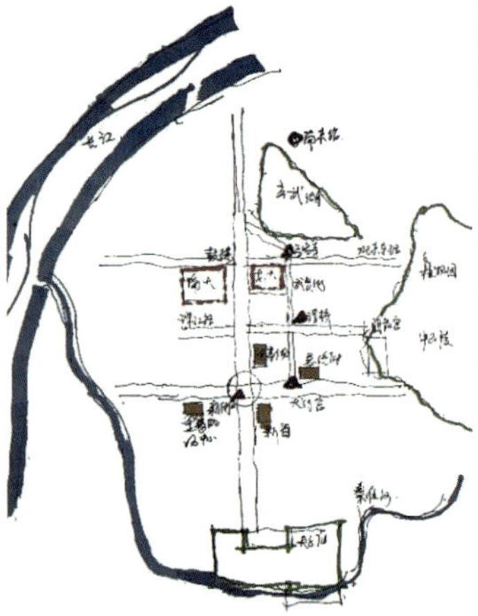	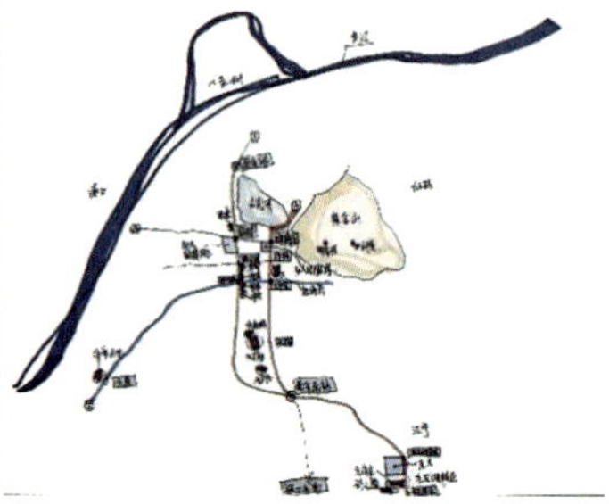	
受访者 4 男性，在南京生活 20 年	受访者 5 男性，在南京生活 1 年	受访者 6 女性，在南京生活 3 年
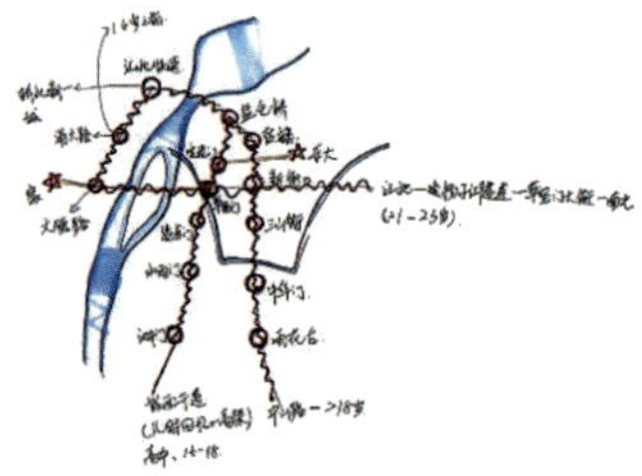	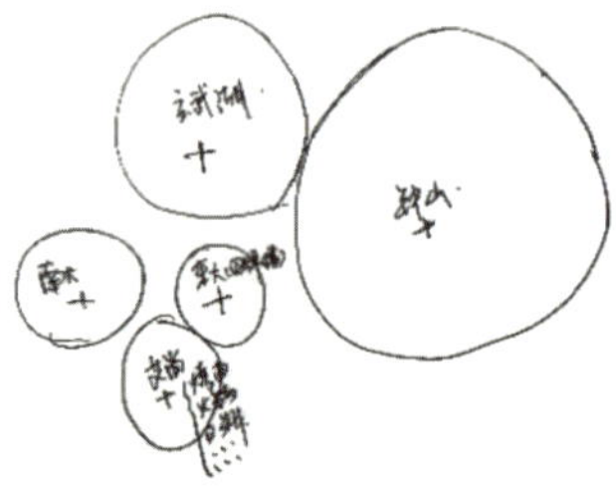	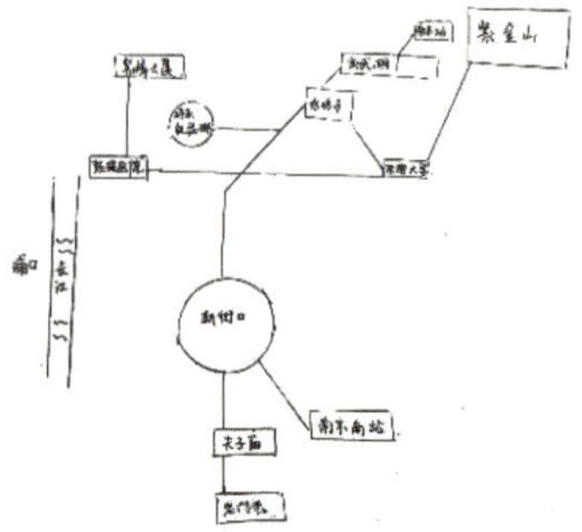

基于表1.4可以发现，心智地图的研究方法虽然在一定程度上可以洞察不同个体对城市的感知印象，但其仍然只停留在结构性层面，对于空间客观环境的外表特征及基于这种特征的个体感知结果并没有得到很好的体现。同时，上述验证结果也表明，不同个体在城市中生活的时长将直接影响心智地图的结果[41]。另外，值得注意的是，凯文·林奇在进

行城市意象研究时，其研究尺度上选择了 3.88~6.47 km^2 的区域进行研究，而按照这一范围显然无法代表整个城市的空间意象。如上表所示，对于大规模、大尺度和高复杂性的现代城市空间，个体更多的是对其感兴趣或带有特殊含义的地点具有意象，而这种带有明显个人动机性的感知行为，显然在一定程度上脱离了城市空间的客观环境，这也说明当前通过心智地图研究以城市客观环境为基础的城市空间意象的巨大局限性。

——访谈在研究样本数量及背景上的局限性。凯文・林奇在开展城市意象研究的过程中，其在波士顿选择了 30 位受访者，在新泽西和洛杉矶分别各选择了 15 位受访者。显然，对于一座在当时拥有超过 20 万人口的中、大城市，这种样本量显然不能够有效地总结和概括出一座城市的真实空间意象[42]。与此同时，凯文・林奇在对《城市意象》进行总结时也指出在研究中由于受访者的样本量过少，且受访者在背景上均偏重具有规划专业或城市管理专业，因此其无法确定对上述 3 座城市的意象描述和总结就是真正的公众意象。而基于此所得到的研究结论在反映城市意象的有效性层面也存在极大的局限性。另外，时至今日，无论是城市尺度、城市的规模、城市空间的复杂程度或是个体认知城市的行为都发生了巨大的变化。毫无疑问，在当前城市发展背景下，通过对城市中 30 人或者更多一些人的访谈来试图勾勒出当前城市的意象及要素几乎是无法实现的。

由此可见，凯文・林奇的经典城市意象理论虽然强调了人们与城市环境在生理和心理等感知层面的互动关系，以及这种互动关系对理解城市规划和设计的重要性，并且将心智地图用于城市环境的研究，在很大程度上拓展了城市研究中认知心理学层面的新领域，并促进了环境行为学和环境心理学的发展。但是，如上文所述，经典城市意象理论以城市的可读性与城市意象之间的关系作为出发点，被大量学者认为并非反映了城市意象本身的内涵[43]。同时，经典城市意象五元素只关注构成城市的实体环境[44]。这种明显地把城市元素平面化、二维化和结构化的意象研究，在忽视了城市意象所具有的主观感知与客观环境相互作用意义的同时，也在城市规划设计领域产生了一些值得注意的问题。因此，在经典城市意象理论的基础上，后续有大量的学者从理论、方法等方面对城市意象进行了研究，在很大程度上扩展了城市意象的理论和方法内涵。

1.3 当代城市意象研究的范式

自经典城市意象理论提出至今的 60 多年间，城市意象一直是研究认知个体与城市空间互动关系的重要方向，许多学者开展了相关的研究，积累了丰厚的成果，扩充了经典城

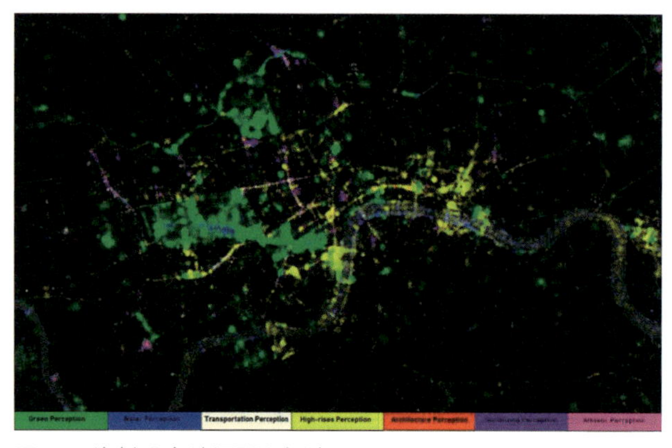

图 1.3 洛杉矶实地调研心智地图
资料来源：刘浏．城市影像研究：从“大数据”走向“学习时代”[C]//中国城市规划学会．规划 60 年：成就与挑战——2016 中国城市规划年会论文集（04 城市规划新技术应用）．沈阳，2016:141-156.

市意象的理论体系。同时，具有典型人本主义思想的经典城市意象理论也被广泛应用于城市规划和建设实践中，塑造具有良好可识别性、可意象性的城市空间。自 1959 年凯文·林奇提出经典城市意象理论之后，一些研究人员相继开始效仿经典城市意象研究的方法或模式，在人本主义思想背景下将研究案例城市扩展到全美甚至全世界，并在这个过程中不断地创新研究方法，从不同的角度扩展城市意象理论的研究范围。与此同时，随着第四次工业革命下信息技术浪潮的不断推进，城市多源大数据、物联网、人工智能等为城市研究提供了新的数据和技术方法[45-46]，大量的研究者也开始通过反映城市状态的各种数据流来洞察城市[47]，在推动新城市科学的发展的同时，也促进了城市规划实践应用范式的转变[48]。在此背景下，在城市意象研究领域也引发了研究方式的数字化转变，图像、语义等多元大数据，深度学习等数字方法开始被逐渐应用于大量的城市意象相关研究中，对人与城市客观环境的感知结果进行更加精细、更加复杂的意象刻画[49]。

1.3.1 客观环境感知主导的意象研究

前已述及，城市意象是人与城市环境相互作用关系的一种体现和结果。城市意象的形成过程可以理解为，人们通过视觉感官获取城市环境信息，对城市环境进行感觉，并在此基础上基于自身主观的动机和需求对所获得的城市环境信息，以及初级的环境感觉结果进行主观知觉分析所产生的结果。因此，人们的主观感知与城市客观环境之间的交互关系、过程和结果，在很大程度上是以客观物质环境为对象的城市意象核心内涵[50]。根据研究的导向和目的，与以客观环境感知为基础的城市意象相关的研究可以归纳为环境行为和空间感知两个方面。其中，环境行为方面的研究主要为理解人与环境的关系，进而在城市意象研究中为分析人们的主观感知与城市客观环境之间相互作用的基础逻辑提供了理论参照基础[51]。在这一方面，李斌以环境行为学和环境心理学中的相关理论为基础，从环境行为与建筑学的关系视角出发[52]，对人与环境的关系进行了分析（图 1.4）。

Bagnolo 等从城市空间形态出发，对人们感知与城市环境的关系进行了说明，研究结论认为人们所形成的环境感知，一方面来自城市环境或形态对人们的刺激作用；而另一方面是人们基于一定的环境感知导向所做出的自我判断[53]。而万融等通过对乔恩・朗的环境行为学理论的分析，对客观环境对人们感知的“供给”与人们需求的功能之间的关系进行了总结，指出了以客观环境为基础，人们对于环境感知所具有的安全、审美、群体意识、认知等功能需求[16]。对此，徐磊青等通过对城市客观环境与人们步行活动及安全感等的研究，进一步说明了客观环境对人们感知的影响作用和两者之间所存在的关联关系[54–55]。

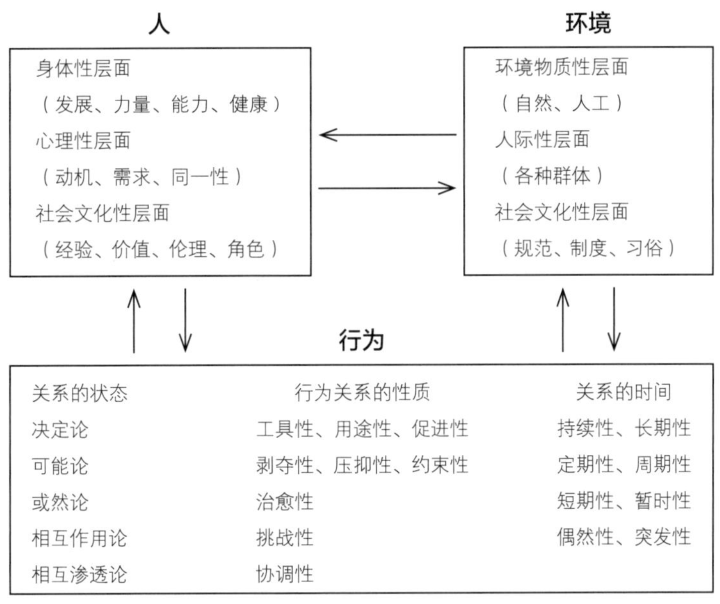

图 1.4 人与城市环境的基本关系
资料来源：李斌 . 环境行为理论和设计方法论 [J]. 西部人居环境学刊，2017,32(3):1–6.

空间感知方面的研究主要以揭示人们对城市客观环境的结果和内在逻辑为目的，在很大程度上为城市意象的研究提供了主观感知与客观环境相互作用层面的理论和方法基础。对于人们对客观环境的感知，郭龙将其划分为记忆和想象两种维度[56]。在以主观感知与客观环境相互作用为基础的城市意象研究层面，“记忆”所反映的是人们对于客观环境的印象，是人们通过观察及体验城市客观环境，在视觉等感官层面获得的客观环境信息，以及对所获取环境信息的直接反应；而“想象”所代表的则是人们基于自身主观经验知识、动机和需求对环境信息的抽象理解和认知[15, 57]。其在一定程度上既是对人们观察和体验城市客观环境结果上的综合理解和知觉分析，同时也是人们对反映城市环境的文本、图片、信息等间接信息的主观认知。基于此，大量学者分别对上述两个空间感知维度进行了研究。本书根据研究内容将其归纳为以“记忆”为导向的环境直接感知和以“想象”为导向的环境间接感知两个方面（表 1.5）。

表 1.5 不同感知类型导向下的现有研究梳理

研究类型	研究方法	研究特点	代表性研究文献
环境直接感知	主观标记、心智地图、现场调研、跟踪观察、问卷调研、访谈、主观评价量表打分、地图标记等	在地性强，人们的主观感知与客观环境相互对应 以真实客观环境为研究对象研究偏向人们的主观性评价研究 尺度较小，通常以绿道、广场、街道等为研究对象	Meng 等基于人们的主观感知对绿地及开放空间进行了研究[58]；李佳敏等基于视觉感知对城市绿道景观意象进行了评价[59]；徐磊青等以广场为对象，对广场空间属性与空间偏好和意象关系进行了研究[22]；张鹏跃对城市公共空间的使用评价进行了研究[60]；Vallejo-Borda 等基于认知地图对城市步行环境品质进行了研究[61]
环境间接感知	VR（Virtual Reality，虚拟现实）沉浸设备环境模拟感知，微博和 Twitter（推特）等互联网主观评价文本数据，Flickr 等个体上传图片数据，小场景实景模拟方法等	可以预设环境感知对象，感知对象变量可控 分析更加深入，可以对主观感知结构进行更加深入的探讨；一定程度上可洞察主观感知与客观感知对象之间的交互关系，并分析两者之间相互作用的机理 研究结果与真实环境感知存在一定的偏差； 主观性仍相对较强	吴梦笛等通过采集百度图片中与城市景观空间相关的图片数据，以图片数据的密度和空间分布为基础对江西武宁县的城市景观意象进行了分析[49]；Seiferling 等基于街道尺度的照片和计算机视觉分析技术，对城市街道环境的绿量感知进行了研究[62]；邓力凡等以微博用户签到数据为基础，通过支持向量机和机器学习研究了深圳、香港地区的城市感知空间结构和意象感知空间[63]；陈金寿通过微博语义文本数据研究了雾霾天气下城市居民的公众环境感知[64]；Roberts 基于推特数据对城市绿地空间的感知进行了研究[65]；宋静文利用 VR 和眼动仪对国内著名步行商业街的侧界面形态和感知进行了研究[66]，为城市空间感知研究提供了虚实交互的研究方法参考

综上所述，对于主客观交互的城市意象研究而言，人们环境感知中的“记忆”与“想象”两个维度并不是相互独立的。在以客观环境为对象的城市意象感知过程中，作为感官对客观环境直接反应的“记忆”，与环境信息理解的“想象”两者通常呈现出交叉缠绕的状态[67]。作为人们对城市客观环境的直接感知，人们通过视觉观察环境，并受到客观环境构成要素

和表征的刺激作用，从而拾取感知对象的信息，并对其进行初级的感知反应，为人们的环境感知意象提供了先决条件。在此基础上，人们基于自身所具有的经验知识、动机和属性，以及获得的有关城市环境的信息，对所拾取的城市客观环境信息进行抽象和综合的知觉分析，形成与客观环境相互关联，但又存在一定偏差的城市感知意象，并在日常生活中与城市实际环境不断地交互验证和修正、完善，进而产生新的环境感知意象。

1.3.2 计算机科学理论驱动的意象研究

数字时代下，大数据、智能技术等与城市的深度融合，使得城市研究与信息技术、计算机科学等学科领域相互交叉，从而推动新城市科学的发展[68]。本书将街景数据作为开展城市空间意象研究的基础数据，在研究的过程中涉及数据的采集、识别、智能算法分析等一系列计算处理步骤，因此显然涉及了计算机科学领域的相关理论知识。同时，计算机科学领域的贝叶斯定理、人工智能等理论和方法也为主观感知与客观环境交互作用下的城市意象研究提供了大数据思维层面的必要支持。

1）基于贝叶斯定理的意象感知研究

贝叶斯定理是英国数学家托马斯·贝叶斯于 18 世纪中叶提出的概率论领域的重要定理。贝叶斯定理的基本思想简而言之就是通过已知事件的先验概率，利用贝叶斯公式，根据后验概率做出最优的决策[69]。

$$P(A|B)=\frac{P(B|A)P(A)}{P(B)} \tag{1-1}$$

式中，$P(A)$ 和 $P(B)$ 分别指代事件 A 和事件 B 独立发生的概率；$P(B|A)$ 则表示在已知事件 A 发生的先验条件下，事件 B 发生的概率。

贝叶斯定理之所以成为计算机科学领域的重要基础理论，是因为贝叶斯定理中所阐述的先验概率理论等在机器学习及人工智能领域广泛应用。基于贝叶斯定理所衍生的贝叶斯分析、贝叶斯网络、贝叶斯分类器、贝叶斯学习以及贝叶斯决策等在人工智能技术开发和应用领域具有基础性的决定作用[70]。与此同时，由于贝叶斯定理所探讨的是个体对概率信息认知加工的过程及规律，因此贝叶斯定理也被广泛地应用于城市规划、城市意象、城市旅游地感知及相关领域的研究中。例如，刘笛基于城市空间 POI（Point of Interest，兴趣点）数据和微博数据，通过高斯－贝叶斯回归模型对城市的热点空间进行了分析[71]。McCloskey 等通过使用贝叶斯网络来识别景观开发与保护之间的潜在兼容性和冲突特征[72]。

崔福全则以京津冀都市圈为研究对象，基于贝叶斯网络对城市扩展进行模拟并研究其形成机制，探讨了贝叶斯定理在城市规划中使用的可能途径[73]。而 Melián-González 等基于贝叶斯模型研究了旅游者对旅游目的地的资源和满意度之间的关系，对本书理解和分析个体认知与不同城市空间表征之间的关系提供了直接的参考[74]。另外，Kim 等还通过贝叶斯理论对城市社会问题及环境感知之间的关系进行了探讨，对研究所在地居民对周围环境景观认知的因素进行了分析[75]。殷炬元等通过贝叶斯空间相关模型，对城市中快速路的安全影响因素进行了研究[76]；董文钱等基于贝叶斯时空模型，完成了对城市市容环境城管事件的时空变化分析[77]，也为本书的研究提供了一定的理论和研究参考。

对于本书所开展的基于街景数据的城市意象感知模式研究而言，一方面贝叶斯理论为研究基于大数据思维解析和探讨人们主观感知与城市客观环境的意象形成逻辑和结果提供了重要的思想参照；另一方面，贝叶斯定理及模型作为相关人工智能方法的基础理论依据，在本书将深度学习、半监督学习、神经网络等重要方法和技术引入城市空间意象研究的过程中提供了基础性的理论支持，并为理解和解释主观感知与客观环境交互下的城市意象形成模式研究方法提供了一定的基础支撑。

2）基于机器学习的城市意象探索

贝叶斯理论在很大程度上可以被认为是相关人工智能方法和技术的理论基础[78]。基于对贝叶斯理论的推理和发展，机器学习作为人工智能方法中的重要分支被广泛应用于城市规划及相关领域的研究中[79]。机器学习不仅仅是计算机科学领域中的重要方法，其还汇集了信息论、心理学、神经生物学等学科的相关理论，因而其具有基于综合数据显现的多维因素，建立从数据描述到概念结果之间的映射关系，是实现数据智能化探索分析的重要途径[80]。对于城市意象研究而言，其意义在于机器学习所具有的“拟人”性的学习过程与人类积累经验、获取知识和发现规律的能力具有很大的相似性[81]。根据机器学习的基础模型（图 1.5），其核心在于通过对所输入数据的自主学习，进而总结经验规律，并将其进一步应用于其他相关的数据分析层面。因而，基于机器学习方法可以对城市相关大数据进行与个体认知行为相关的分析，如图像视觉特征识别、语义分割等。本书主要借助机器学习中的有监督学习、无监督学习和半监督学习三个类型，分别从要素识别、特征分类和提取三个方面对所采集的数据进行分析（表 1.6）。

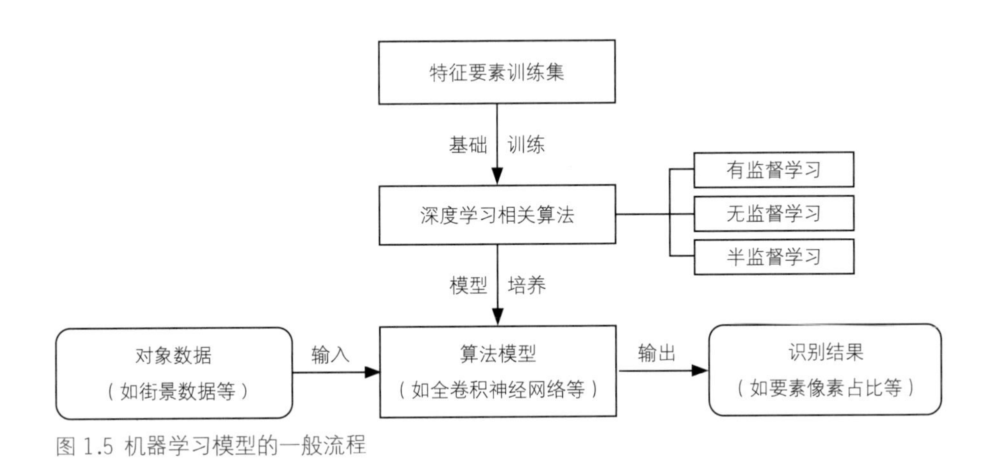

图 1.5 机器学习模型的一般流程

表 1.6 本书所采用的主要机器学习方法简述

学习类型	内容说明
有监督学习	有监督学习又可称之为有导师学习或有监督训练。有监督学习算法通过对特定数据标签训练集的学习，从而根据训练集中包含的要素的参数和学习内容，对其他对象中的对应要素进行智能推断和识别。本书研究所使用的主要为有监督学习中的神经网络学习方法
无监督学习	无监督学习是相对有监督学习的另一种深度学习类型。有监督学习的训练数据集仅包含对象的特征参数，算法通过对训练数据集的学习，自己找到和发现数据之间的内在结构特征，进而通过建模来更好地描述和识别数据。本书研究主要涉及 GAN（Generative Adversarial Networks，生成对抗网络）无监督学习模型
半监督学习	半监督学习可以理解为介于监督学习和无监督学习之间的一种学习类型。半监督学习的训练集中仅包含少量一部分的标签数据集，而大部分则是无标签数据集。半监督学习的目的之一在于利用少量标签数据集来指导无监督学习探索对大量无标签数据的识别

其中，基于有监督学习的环境要素识别是机器学习方法在城市环境感知分析中最主要的应用方面，其主要是对于反映城市客观环境图片所包含的要素识别和分析层面[82]。相关的研究主要基于海量的①城市环境标签数据集，对城市环境图片进行语义分割识别，从而统计和分析城市客观环境的构成要素。在此方面，裴昱等以开源数据集和街景数据为基础，通过语义分割的方法对北京东城区街道的绿色空间进行了分析，并以空间正义为研究导向，对街道环境进行了评估[83]。董彦锋等以街景图片为基础，通过深度学习算法和快

① 由于城市客观环境构成要素的多样性和复杂性，因此为达到较高的识别水平，作为识别基础的标签数据集基本为千万级或以上的量级水平。

速区域卷积神经网络的目标检测方法，探索了对城市客观环境行道树的自动识别及提取技术[84]。Sulistiyo 等则以“citywalk”（城市漫游）为主题，利用城市客观要素标签数据集对人们步行视野下的城市环境进行了语义识别[85]。除了对静态街景图片的识别外，李智等还基于动态街景图片的识别，对国内收缩型城市街道空间的品质变化进行了研究[86]。上述研究，从方法和理论层面均对有监督学习在城市环境感知和测度中的应用进行了探索，为本书研究提供了基础支持和参考。对于有监督学习方法在城市环境感知研究中的应用而言，半监督和无监督学习方法在城市规划研究领域的应用相对较少。其中，近年来与城市意象研究具有关联的研究仅为 Doersch 等人以大规模街景数据为基础，通过计算机自行的计算，进而梳理出能够代表巴黎城市环境的元素，而其研究结果表明通过无监督的计算机自识别，巴黎城市环境的特征要素主要存在于人们日常的市井生活场景中，而并非城市标志物或地标建筑中[87]。Doersch 等的研究对于城市环境感知及意象的意义在于：一方面，其为无监督学习方法在城市环境感知意象研究中的应用提供了参考；另一方面，其研究的结论在一定程度上也对凯文·林奇经典城市意象五元素提出了质疑，促进人们进一步地从主观感知与客观环境双重维度对城市意象进行研究和探索。

本书基于当前机器学习在城市环境感知及城市规划领域的研究成果，一方面通过优化识别数据集和识别方法，进一步提升有监督学习对城市环境识别和感知研究的精确性和有效性；另一方面则以大规模街景数据为基础，基于 InfoGAN（信息最大化生成对抗网络）网络模型对数据内在模式和结构分析的能力，在城市客观环境表征和风貌识别方面进行了一定的尝试和探索。

1.3.3 人工智能技术支持的意象研究

图片作为一种具象化的数据，其在一定程度上可以认为是城市客观环境，以及城市中某些要素在人本视觉尺度中的静态图帧，对从主观感知和客观环境双重视角下研究城市意象具有重要的意义[88]。当前，用于反映和研究城市环境感知的图片数据，根据其内容和属性可以大致分为两类。第一类是基于相关网络平台的城市街景数据，街景数据具有大规模、批量化、客观化的特征，可以对人眼视角下的城市客观环境进行反映[89]。第二类是基于用户上传的互联网图片数据，如 Flickr、微博图片数据等。此类数据在量级层面低于街景数据，主要反映的是人们对城市环境中相关要素的主观印象[90]。以此两类图片数据为基础，在上述计算机技术及相关空间分析技术方法的支持下，基于图片大数据的城市意象研究，根据所侧重图片自身参数和研究内容及结果的不同，可以划分为以图片内容要素为研究对象和以图片元数据为研究对象的两种研究范式。

1）基于图片内容要素的城市意象研究

基于图片内容要素的城市意象研究，主要通过上文所述的深度学习方法去尝试挖掘图片数据在所展示内容层面的要素以及诸多细节，并进而对这些细节进行分析、统计和评价，最终获得城市意象的研究。例如，Li 等通过运用谷歌（Google）街景图片，对美国曼哈顿的一个街区沿街 300 个样本点的绿化指数进行了分析；将同样的方法用于沿街样本点、地块的绿化水平的评估，并与居民的收入水平展开相关性分析[91]。龙瀛等基于谷歌街景图片，运用机器学习的方法，自动识别了街道的行人数量，并在此基础上进行了相关的研究[92]。Harvey 同样基于谷歌街景图片，以及对所采集的街景数据中内容及要素的识别，从中找到相互关联的要素，对街道安全展开评分[93]等。在以图片内容要素为对象的城市意象研究中，相关的既有研究根据对图片内容数据的分析导向和内容的差异，可以被进一步地划分为环境特征性和环境诊断性两类研究形式（表 1.7）。

综上所述，基于图片内容要素的城市意象研究，其侧重“看图说话”，即通过对图片内容的识别来识别城市客观环境的状态，以及其可能对人们环境感知构成的影响。因此，此类研究在很大程度上偏向从单一客观维度来分析城市环境，而非人们主观感知与客观环境相互作用下城市意象的形成模式，以及主客观之间的关联关系及特征。

表 1.7 不同目标形式导向下的相关研究梳理

研究形式	研究特点	代表性研究
环境特征性研究	侧重研究城市环境有别于其他城市的独特性 关注图片数据在建筑风格、自然环境要素、历史环境要素、景观、风貌特征等方面所显现的内容 研究数据大多以用户上传的互联网图片数据为主，部分研究也使用了街景数据 侧重多个城市的横向比较	赵渺希等基于广东省 21 个城市的图片数据，采用图像分析、属性判别以及综合判别的分析方法，对 21 个城市在意象感知层面所具有的共性和特性进行了分类与评价，在一定程度上扩展与补充了凯文·林奇的城市意象理论[94]；曹越皓等则以中国 24 个城市的网络照片为基础，建构了以城市意象要素构成、主导方向、特色度和城市间意象相似度为核心的研究模型，在应用大数据进行意象研究方面做出了很好的尝试[95]；Porta 等则通过对街景图片内容的识别、分析与统计，对两个社区的街道品质展开评价的研究是基于图片内容要素的城市意象研究类型近年中最具代表性的。该研究对两个社区街道空间的天空开放度、街道界面柔性、街道界面连续度、环境视觉复杂度、建筑数量、负面要素干扰度等方面进行了测度和评价[96]

续表

研究形式	研究特点	代表性研究
环境诊断性研究	强调客观环境在品质、安全、舒适、美观、功能等方面对人们主观感知影响的评价 侧重对客观环境内部要素和表征形式的测度 研究数据基本以街景数据为主，通过深度学习对图片要素进行识别和空间分析 研究的尺度通常较大 研究内容以客观环境为主，对主观感知的分析较少	杨俊宴等基于百度街景数据，通过对街景图片中机动车、步行道等相关交通要素的识别，在建构可步行性环境指标模型的基础上，对南京中心城区街道环境的可步行性进行了评价 [97]；徐磊青等基于上海城市街景感知，对公共空间的安全感进行了研究 [55]；Liu 等基于谷歌街景数据和机器学习，提出一种对城市环境品质进行大规模测度的方法 [98]；Keralis 等使用谷歌街景数据，通过建构对城市建成环境的关联测量指标，对建成环境与健康的关联进行了评价 [99]；叶宇等在通过机器学习算法和神经网络对街景数据识别的基础上，进一步叠加空间设计网络分析（Spatial Design Network Analysis，SDNA）的空间网络可达性分析结果，对人本尺度下的街道空间品质进行了测度 [100]；唐婧娴等利用街景数据等，构建了“街道空间—品质评估—品质变化特征识别—影响因素分析”的技术框架，探索开展诊断性意象研究的途径与方法 [101]；郑屹等通过完善城市要素识别数据集，对登封的山体等特征景观要素可视域进行了分析，并将研究成果应用于登封城市修补规划中，提升城市的景观感知意象 [102]

2）基于图片元数据的城市意象研究

图片元数据是指描述图片数据属性的信息，城市的图片元数据包含图片的拍摄位置、上传时间、描述标签、曝光参数、地理信息等 [103]。相对于基于图片内容要素的城市意象研究而言，其更容易揭示城市意象在空间结构上的意义。因此，以图片元数据为基础的城市意象研究，在很大程度上延续了凯文·林奇所提出的城市意象五元素，对城市环境意象的冷点、热点，以及整体空间层面的城市意象结构进行了研究 [104]。

对于以图片元数据为基础的城市意象研究，大多数是以 Flickr、Panaromio 以及微博等为代表的用户上传互联网图片为基础，通过对图片数据所对应的上传空间点位信息、属性信息等与城市意象相关联进行研究。此类研究中最具有代表性的是埃里克·费舍尔（Eric Fischer）基于 Flickr 图片元数据对城市意象轨迹的研究 [105]。其通过 Flicker 图片数据的搜索 API（Application Programming Interface，应用程序接口）中检索照片位置，根据用户拍摄时间的跨度、拍摄坐标的距离等数据，得到快速或慢速的通行状态，并在它们之间绘制线条，从而制作出城市意象领域第一个能够反映城市意象轨迹的地图集。通过这种方式去跟踪一系列上传照片的路径和轨迹的意义在于，其表明了人与城市物质空间的关系是持续的、活动的，而不只是空间中的几个意象的结构节点[106]。根据 Eric 的研究，在很大程度上可以认为，在城市意象形成过程中，人们更多关注的是其能够观察到的客观环境，并根据客观环境的信息以及主观对其所产生的特定的感知。

Vu 等同样基于 Flicker 图片数据，针对香港本地居民和外地游客旅游行为和对香港城市印象的差异性进行了剖析[107]。Hu 等综合 Flicker 图像数据的空间点位信息、属性信息和图片信息对多个城市的旅游热点区域特征展开分析[108]。相似地，曹越皓等借助新浪微博数据，通过深度学习技术对重庆主城区的城市意象认知进行了实证研究，对重庆在城市自然以人文等要素层面，以及整体城市意象结构所存在意象缺失等问题进行了探讨，为城市意象的研究提供了新的方法路径[109]。此外，李云等还利用互联网搜索引擎中的城市图片景观数据，以及城市夜间遥感数据等对珠海市的城市空间夜景意象进行了多尺度的研究，丰富了城市意象研究的内容[110]。另外，近年来随着抖音等短视频软件的走红，城市中也出现了因抖音短视频、博客等高度集聚和评价而出现的城市“网红”空间。“网红”空间作为城市意象范畴中具有特殊意义的感知空间，也引起了学界对其的关注。例如，张琳等利用抖音短视频数据对重庆市内的三处网红打卡地所具有的空间意象特征从空间性、独特性和时间性三个方面进行了分析[111]。毛万熙则利用抖音短视频所具有的城市地标 AR 特效为例，对信息媒介、数字平台等技术在城市意象感知形成中所具有的意义进行了分析，探讨了信息时代下互联网等数字媒介对城市意象的塑造作用[112]。

参考文献

[1] Lowenthal L. Literature, popular culture, and society[M]. Englewood Cliffs: Prentice-Hall, 1961.
[2] 顾朝林，宋国臣．城市意象研究及其在城市规划中的应用 [J]. 城市规划，2001，25(3): 70-73, 77.
[3] 林奇．城市意象 [M]. 方益萍，何晓军，译．北京：华夏出版社，2001.
[4] 黄开栋．城市意象批判与城市图景建构：雷蒙・威廉斯城市文化思想探析 [J]. 江汉论坛，2019(12): 135-139.
[5] 王建国．现代城市设计理论和方法 [M]. 南京：东南大学出版社，1991.
[6] 汪原．凯文・林奇《城市意象》之批判 [J]. 新建筑，2003(3): 70-73.
[7] Al-ghamdi S A, Al-Harigi F. Rethinking image of the city in the information age[J]. Procedia Computer Science, 2015, 65: 734-743.
[8] Lynch K. Good city form [M]. Cambridge: The MIT Press, 1984.
[9] Bell S. Landscape: pattern, perception, and process[M]. London: E & FN Spon, 1999.
[10] Regan D. Human perception of objects[M]. Sunderland: Sinauer, 2000.
[11] Rollero C, De Piccoli N. Place attachment, identification and environment perception: An empirical study[J]. Journal of Environmental Psychology, 2010, 30(2): 198-205.
[12] Hall E. The hidden dimension[M]. New York : Anchor Books, 1996.
[13] 劳森．空间的语言 [M]. 杨青娟，韩效，卢芳，等译．北京：中国建筑工业出版社，2003.
[14] 陈子文．城市视觉属性感知的量化方法研究 [D]. 湘潭：湘潭大学，2020.
[15] 王一睿，周庆华，杨晓丹，等．城市公共空间感知的过程框架与评价体系研究 [J]. 国际城市规划，2022, 37(5): 80-89.
[16] 万融，卢峰．人本主义诉求之“人”的回归：乔恩・朗的环境行为学理论介述 [J]. 西部人居环境学刊，2020, 35(5): 77-82.
[17] 赵航疆．浅析拉普卜特的环境行为学研究：从宅形到城市 [J]. 建筑与文化，2020(10): 165-166.
[18] Ahmadpoor N, Smith A D. Spatial knowledge acquisition and mobile maps: The role of environmental legibility[J]. Cities, 2020, 101: 102700.
[19] Taylor N. Legibility and aesthetics in urban design[J]. Journal of Urban Design,

2009, 14(2): 189-202.

[20] Yavuz A, Ataoğlu N C, Acar H. The identification of the city on the legibility and wayfinding concepts: A case of Trabzon[J]. Journal of Contemporary Urban Affairs, 2020, 4(2): 1-12.

[21] 张意．“可读性城市” 及其街道空间的辩证法：以“宽窄巷子” 和“大慈寺－太古里” 街道为例 [J]. 社会科学研究，2018(6): 178-185.

[22] 徐磊青，刘宁，孙澄宇．广场尺度与空间品质：广场面积、高宽比与空间偏好和意象关系的虚拟研究 [J]. 建筑学报，2012(2): 74-78.

[23] He J, Dang Y X, Zhang W Z, et al. Perception of urban public safety of floating population with higher education background: Evidence from urban China[J]. International Journal of Environmental Research and Public Health, 2020, 17(22): 8663.

[24] 李志轩，张凡．巴塞罗那兰布拉大道公众意象的调研与分析：以不同背景人群为样本 [J]. 城市设计，2016(3): 78-91.

[25] Melnychuk A, Gnatiuk O. Public perception of urban identity in post-Soviet city: The case of Vinnytsia, Ukraine[J]. Hungarian Geographical Bulletin, 2019: 37-50.

[26] Liepa-Zemeša M, Hess D B. Effects of public perception on urban planning: Evolution of an inclusive planning system during crises in Latvia[J]. Town Planning Review, 2016, 87(1): 71-92.

[27] 丁瑜，李爽．基于公众感知的广州花城广场意象研究 [J]. 世界地理研究，2018, 27(6): 65-76.

[28] 余伟，叶麟珀，李星月．因观为景，由感而知：基于景观感知的城市景观风貌规划之创新探索 [J]. 中国园林，2020, 36(S2): 138-141.

[29] 刘祎绯，李雄．基于城市景观图像学兴起的城市意象研究评述 [J]. 风景园林，2017(12): 28-35.

[30] Lynch K. Reconsidering the image of the city[M]//Rodwin L, Hollister R M. Cities of the Mind. Boston: Springer, 1984: 151-161.

[31] 徐磊青．城市意象研究的主题、范式与反思：中国城市意象研究评述 [J]. 新建筑，2012(1): 114-117.

[32] Sağlik E, Kelkit A. Evaluation of urban identity and its components in landscape architecture[J]. Uluslararası Peyzaj Mimarlığı Araştırmaları Dergisi, 2017, 1(1): 36-39.

[33] Chan C S, Marafa L M. Perceptual content analysis for city image: A case study of Hong Kong [J]. Asia Pacific Journal of Tourism Research, 2016, 21(12): 1285-1299.

[34] 郑屹，杨俊宴，代鑫，等．数字化背景下城市意象认知模式探究与反思 [J]. 城市建筑，2020, 17(13): 54-58, 62.
[35] Wessel G, Karduni A, Sauda E. The image of the digital city: Revisiting lynch' s principles of urban legibility[J]. Journal of the American Planning Association, 2018, 84(3/4): 280-283.
[36] 杨俊．基于城市意象理论的南京主城核心区意象空间认知研究 [J]. 艺术与设计 (理论), 2017, 2(2): 64-66.
[37] 沈益人．城市特色与城市意象 [J]. 城市问题，2004(3): 8-11.
[38] 刘敏，沈小华，汪大伟．基于城市意象理论的泰州城市形象塑造研究：以泰州海陵区为例 [J]. 江苏城市规划，2015(2): 34-36, 40.
[39] Campos A, Campos-Juanatey D. The representation of imagery of the city: The impact of studies and imagery ability[J]. Japanese Psychological Research, 2019, 61(3): 179-191.
[40] Appleyard D. City designers and the pluralistic city[M]. Berkeley: Institute of Urban and Regional Development, 1969.
[41] Nasar J L. Perception, cognition, and evaluation of urban places[M]//Altman I, Zube E H. Public Places and Spaces. Boston: Springer, 1989: 31-56.
[42] Jackson S L. Research methods and statistics: A critical thinking approach[M]. [S.l.]: CENGAGE Learning, 2015.
[43] 刘祎绯，牟婷婷，郑红彬，等．基于视觉感知数据的历史地段城市意象研究：以北京老城什刹海滨水空间为例 [J]. 规划师，2019, 35(17): 51-56.
[44] 沈益人．对城市意象五元素的思考 [J]. 上海城市规划，2004(4): 8-10.
[45] 龙瀛．在城市化的十字路口，拥抱第四次工业革命科技 [J]. 城乡规划，2020(3): 13-15.
[46] 杨俊宴，曹俊．动·静·显·隐：大数据在城市设计中的四种应用模式 [J]. 城市规划学刊，2017(4): 39-46.
[47] Batty M. The new science of cities[M]. Cambridge: The MIT Press, 2013.
[48] 王建国．基于人机互动的数字化城市设计：城市设计第四代范型刍议 [J]. 国际城市规划，2018, 33(1): 1-6.
[49] 吴梦笛，赵渺希，黄俊浩．互联网场景下城市景观意象的规划应用探索：以江西省武宁县为例 [C]// 中国城市规划学会．规划 60 年：成就与挑战——2016 中国城市规划年会论文集 (04 城市规划新技术应用). 沈阳，2016: 1026-1039.
[50] Chaitanya T S K, Harika V S, Prabadevi B. A sentiment analysis approach by identifying the subject object relationship[C]//2017 2nd International Conference

on Communication and Electronics Systems (ICCES). Coimbatore, India. IEEE, 2017: 62-68.
[51] Greene R. Human Behavior Theory and Social Work Practice[M]. New York: Routledge, 2017.
[52] 李斌．环境行为学的环境行为理论及其拓展 [J]. 建筑学报，2008(2): 30-33.
[53] Bagnolo V, Manca A. Image beyond the form. representing perception of urban environment[J]. Architecture, Civil Engineering, Environment, 2019, 12(2): 7-16.
[54] 徐磊青，江文津，陈筝．公共空间安全感研究：以上海城市街景感知为例 [J]. 风景园林，2018, 25(7): 23-29.
[55] 徐磊青，施婧．步行活动品质与建成环境：以上海三条商业街为例 [J]. 上海城市规划，2017(1): 17-24.
[56] 郭龙．记忆与想象：城市认知的双重维度 [J]. 建筑学报，2016(12): 94-97.
[57] Nenko A E, Kurilova M A, Podkorytova M I. Analysis of emotional perception of urban spaces and "Smart city" development[J]. International Journal of Open Information Technologies, 2020, 8(11): 128-136.
[58] Meng Y, Xing H F, Yuan Y, et al. Sensing urban poverty: From the perspective of human perception-based greenery and open-space landscapes[J]. Computers, Environment and Urban Systems, 2020, 84: 101544.
[59] 李佳敏，余艳薇，李婷婷，等．基于骑行视觉感知的绿道景观意象评价：以武汉东湖绿道二期为例 [J]. 华中建筑，2020, 38(9): 87-93.
[60] 张鹏跃．基于环境行为学的城市公共空间使用后评价：以昆明老街为例 [J]. 城市建筑，2020, 17(21): 62-63.
[61] Vallejo-Borda J A, Cantillo V, Rodriguez-Valencia A. A perception-based cognitive map of the pedestrian perceived quality of service on urban sidewalks[J]. Transportation Research Part F: Traffic Psychology and Behaviour, 2020, 73: 107-118.
[62] Seiferling I, Naik N, Ratti C, et al. Green streets - Quantifying and mapping urban trees with street-level imagery and computer vision[J]. Landscape and Urban Planning, 2017: 93-101.
[63] 邓力凡，谭少华．基于微博签到行为的城市感知研究：以深港地区为例 [J]. 建筑与文化，2017(1): 204-206.
[64] 陈金寿．雾霾天气下基于微博数据的公众环境感知研究 [D]. 兰州：西北师范大学，2020.
[65] Roberts H V. Using Twitter data in urban green space research: A case study and critical evaluation[J]. Applied Geography, 2017, 81: 13-20.

[66] 宋静文．基于 VR 和眼动仪的步行商业街侧界面形态设计与感知研究 [D]. 徐州：中国矿业大学，2020.
[67] 胡正凡，林玉莲．环境心理学 [M]. 3 版．北京：中国建筑工业出版社，2012.
[68] 龙瀛．颠覆性技术驱动下的未来人居：来自新城市科学和未来城市等视角 [J]. 建筑学报，2020(S1): 34-40.
[69] Downey A. Think Bayes: Bayesian statistics in python[M]. [S.l.]: O'Reilly Media, 2013.
[70] Li Y P, Cao G, Wang T, et al. A novel local region-based active contour model for image segmentation using Bayes theorem[J]. Information Sciences, 2020, 506(C): 443-456.
[71] 刘笛．基于高斯 - 贝叶斯回归的城市热点分析 [D]. 昆明：云南大学，2017.
[72] McCloskey J T, Lilieholm R J, Cronan C. Using Bayesian belief networks to identify potential compatibilities and conflicts between development and landscape conservation[J]. Landscape and Urban Planning, 2011, 101(2): 190-203.
[73] 崔福全．基于贝叶斯网络的城市扩展模拟与形成机制研究：以京津冀都市圈为例 [D]. 济南：山东师范大学，2013.
[74] Melián-González A, Moreno-Gil S, Araña J E. Gay tourism in a Sun and beach destination[J]. Tourism Management, 2011, 32(5): 1027-1037.
[75] Kim E J, Kang Y. Relationship among pollution concerns, attitudes toward social problems, and environmental perceptions in abandoned sites using Bayesian inferential analysis[J]. Environmental Science and Pollution Research, 2019, 26(8): 8007-8018.
[76] 殷炬元，李铁男，孙剑．基于贝叶斯空间相关模型的城市快速路安全影响因素研究 [J]. 交通信息与安全，2016, 34(3): 27-33, 40.
[77] 董文钱，董良，向琳，等．基于贝叶斯时空模型的城管事件时空变化分析 [J]. 地球信息科学学报，2020, 22(5): 1073-1082.
[78] Efron B. Bayes' theorem in the 21st century[J]. Science, 2013, 340(6137): 1177-1178.
[79] Goodfellow I, Bengio Y, Courville A. Machine learning basics[J]. Deep learning, 2016, 1: 98-164.
[80] 何清，李宁，罗文娟，等．大数据下的机器学习算法综述 [J]. 模式识别与人工智能，2014, 27(4): 327-336.
[81] Alpaydin E. Introduction to machine learning[M]. Cambridge: The MIT Press, 2020.
[82] Yang Q, Liu Y, Chen T J, et al. Federated machine learning: Concept and applications[J]. ACM Transactions on Intelligent Systems and Technology, 10(2): 12.

[83] 裴昱，阚长城，党安荣．基于街景地图数据的北京市东城区街道绿色空间正义评估研究[J]. 中国园林，2020, 36(11): 51-56.

[84] 董彦锋，胡伍生，余龙飞，等．深度学习的街景行道树自动识别提取研究[J]. 测绘科学，2021, 46(2): 139-145.

[85] Sulistiyo M D, Kawanishi Y, Deguchi D, et al. CityWalks: An extended dataset for attribute-aware semantic segmentation[C]// Proceddings of the 2019 Electric, Electronic and Information Engineering Related Society Tokai Sectors Joint Convention, 2019.

[86] 李智，龙瀛．基于动态街景图片识别的收缩城市街道空间品质变化分析：以齐齐哈尔为例[J]. 城市建筑，2018(6): 21-25.

[87] Doersch C, Singh S, Gupta A, et al. What makes Paris look like Paris?[J]. Communications of the ACM, 2015, 58(12): 103-110.

[88] 龙瀛，周垠．图片城市主义：人本尺度城市形态研究的新思路[J]. 规划师，2017, 33(2): 54-60.

[89] 孙光华．基于城市街景大数据的江苏省街道绿视率分析[J]. 江苏城市规划,2019(11): 4-6, 29.

[90] Taecharungroj V, Mathayomchan B. The big picture of cities: Analysing Flickr photos of 222 cities worldwide[J]. Cities, 2020, 102: 102741.

[91] Li X J, Zhang C R, Li W D, et al. Who lives in greener neighborhoods? The distribution of street greenery and its association with residents' socioeconomic conditions in Hartford, Connecticut, USA[J]. Urban Forestry & Urban Greening, 2015, 14(4): 751-759.

[92] Yin L, Cheng Q M, Wang Z X, et al. 'Big data' for pedestrian volume: Exploring the use of Google Street View images for pedestrian counts[J]. Applied Geography, 2015, 63: 337-345.

[93] Harvey C. Measuring streetscape design for livability using spatial data and methods[D]. Burlington: University of Vermont, 2014.

[94] 赵渺希，徐高峰，李榕榕．互联网媒介中的城市意象图景：以广东 21 个城市为例[J]. 建筑学报，2015(2): 44-49.

[95] 曹越皓，龙瀛，杨培峰．基于网络照片数据的城市意象研究：以中国 24 个主要城市为例[J]. 规划师，2017, 33(2): 61-67.

[96] Porta S, Renne J L. Linking urban design to sustainability: Formal indicators of social urban sustainability field research in Perth, Western Australia[J]. U Urban

Design International, 2005, 10(1): 51-64.
[97] 杨俊宴，吴浩，郑屹．基于多源大数据的城市街道可步行性空间特征及优化策略研究：以南京市中心城区为例[J]. 国际城市规划，2019, 34(5): 33-42.
[98] Liu L, Silva E A, Wu C Y, et al. A machine learning-based method for the large-scale evaluation of the qualities of the urban environment[J]. Computers, Environment and Urban Systems, 2017, 65: 113-125.
[99] Keralis J M, Javanmardi M, Khanna S, et al. Health and the built environment in United States cities: Measuring associations using Google Street View-derived indicators of the built environment[J]. BMC Public Health, 2020, 20(1): 215.
[100] 叶宇，张昭希，张啸虎，等．人本尺度的街道空间品质测度：结合街景数据和新分析技术的大规模、高精度评价框架[J]. 国际城市规划，2019, 34(1): 18-27.
[101] 唐婧娴，龙瀛，翟炜，等．街道空间品质的测度、变化评价与影响因素识别：基于大规模多时相街景图片的分析[J]. 新建筑，2016(5): 110-115.
[102] 郑屹，杨俊宴．基于大规模街景图片人工智能分析的精细化城市修补方法研究[J]. 中国园林，2020, 36(8): 73-77.
[103] 钱建伟，魏洁文，邓宁，等．基于Flickr图片元数据的国际旅游目的地形象感知研究：以杭州为例[J]. 创意城市学刊，2019(1): 17-30.
[104] 章丹音，丁辉，杨安康．基于互联网图像的城市意象研究评述[J]. 华中建筑，2019, 37(1): 13-16.
[105] Straumann R K, Çöltekin A, Andrienko G. Towards (Re)constructing narratives from georeferenced photographs through visual analytics[J]. The Cartographic Journal, 2014, 51(2): 152-165.
[106] Bahrehdar A R, Adams B, Purves R S. Streets of London: Using Flickr and OpenStreetMap to build an interactive image of the city[J]. Computers, Environment and Urban Systems, 2020, 84: 101524.
[107] Vu H Q, Luo J M, Ye B H, et al. Evaluating museum visitor experiences based on user-generated travel photos[J]. Journal of Travel & Tourism Marketing, 2018, 35(4): 493-506.
[108] Hu Y J, Gao S, Janowicz K, et al. Extracting and understanding urban areas of interest using geotagged photos[J]. Computers, Environment and Urban Systems, 2015, 54: 240-254.
[109] 曹越皓，杨培峰，龙瀛．基于深度学习的城市意象认知方法创新与拓展：以重庆主城区为例[J]. 中国园林，2019, 35(12): 90-95.

[110] 李云，赵渺希，徐勇，等．基于互联网媒介图像信息的多尺度城市夜景意象研究 [J]. 规划师，2017, 33(9): 105-112.

[111] 张琳，朱文一．抖音短视频空间意象初探：以三处重庆网红打卡地为例 [J]. 城市设计，2020(1): 36-45.

[112] 毛万熙．公共空间的共同生产：数字媒介如何形塑城市意象——以抖音地标 AR 特效为例 [J]. 北京电影学院学报，2020(9): 31-39.

了解人类的知觉及其感知的方式以及感知的范围，对于各种形式户外空间和建筑布局的规划设计来说，都是一个重要的先决条件。

——扬·盖尔（Jan Gehl）

机理：主客观交互的意象形成理论模型

城市意象是人们主观感知与客观环境相互作用的结果，凯文·林奇在经典城市意象理论中表明城市意象的基础是城市环境及人们根据城市客观环境内部的要素及要素的视觉特征所形成的环境意象[1]。因此，对于城市意象的探讨主要包含两个部分，即作为感知对象的客观环境表征和作为结果的主观环境感知。在此基础上，根据经典城市意象的相关理论基础，环境意象主要是通过客观环境及内部构成要素的视觉特征，要素之间通过相互联系所共同组成的环境表征，以及客观环境要素视觉特征和环境整体表征形式所传递出的内涵和意蕴。同时，根据辩证唯物主义认识论在数字信息时代的特征和逻辑[2]，个体与外部环境的相互作用和认识过程中由浅入深包含感官、感觉和知觉三个认知阶段。因此，主观感知与客观环境相互作用下的城市意象可以认为由客观环境表征、人们基于视觉感知环境的过程和环境感知的结果所构成。其中，客观环境表征体现并反映了人们基于视觉观察行为所获得的外部环境的客观信息；个体对于客观环境的感觉则是人们基于所获取的外部客观环境表征信息与自身心理及生理的反应相互作用后得到的对于客观环境的初步认识；而环境感知则是人们结合自身的主观属性所产生的对外部客观环境的印象和认知，同时在一定程度上也是对客观环境的反馈、评价与响应。因此，基于本书前述的研究边界和研究对象，本章以基于街道客观环境作为对象，根据人们的观察行为和所观察到的客观环境图景，从客观环境表征、环境感觉过程和环境感知结果三个方面，以主客观相互作用和偏差的视角来探析城市意象。

2.1 意象的基础：客观环境表征

2.1.1 客观环境的可意象性

城市的客观环境表征是指由城市空间中客观实在的物质要素，通过彼此之间相互联系和组织形成的外显表征，是人们通过观察进而产生对城市感知意象的基础和对象。在城市空间意象的研究中，客观环境表征既是对空间中客观要素及其组织形式的直观外显反映，同时在一定程度上由于客观环境所具有的相关特征，使其能够被人们所清晰地观察到、拾取相关的表征信息，进而使人们产生特定的感官体验并建构感知结果。

2.1.2 街道作为主要感知的来源

街道是城市中面积最大、最主要的开放空间，同时也是人们观察城市、感知城市环境，并进行一系列社会活动的重要场所。街道的客观环境一方面体现了其中所包含的物质构成要素的比例，以及要素间相互组合所形成的外显表征；另一方面，其也是人们与客观环境相互关联和交互的主要媒介，在一定程度上具有与人们主观行为需求和动机相关联的环境意蕴。因此，不论是凯文·林奇等经典城市意象相关研究所基于的个体寻路行为的可读性感知，还是叶宇等[3]、孟岭超等[4]以街景数据为基础的客观环境人本视角评价与分析，街道都是城市空间意象的重要研究对象。因此，本书以街道环境为主要研究对象，展开主观感知与客观环境偏差视角下的城市意象理论的分析和探讨。

1）街道环境的感知维度

以街道环境为基础，人们对其的意象感知主要来源于两个方面。首先是对街道环境内部构成要素及外显表征的观察。在此方面，人们主要通过观察和记忆街道客观环境中的构成要素，以及外显性的景观表征来进一步产生对环境的主观感知。在此过程中，客观环境所具有的要素构成及组合形式，以及视觉层面的特征对人们的感知具有主要的导向作用，其反映的是街道环境对人们主观感知的刺激和影响[5]。人们对于街道客观环境意象感知的另一来源，则是人们从自身使用或在街道环境中进行活动的动机和需求出发，对于客观环境所能够提供的“载体”以及内涵的理解和感知[6]。在此方面，人们主要通过对街道环境的体验，并在自身动机和需求的驱动下主动地理解和认知所拾取的街道客观环境信息[7]。基于上述两个方面，以街道环境为基础，人们对其的感知维度可以划分为景观和功能两个维度（图 2.1）。

——基于观察行为的景观维度。人们对于街道环境景观维度的感知，主要基于人们的观察行为，对街道环境因其内部不同的构成要素，以及要素所占比例的不同，从而在视觉层面所显现出的景观特征的感知。其所反映的是城市意象形成过程中，人们对于城市环境“个性”和客观环境内部“结构”的感知。对于街道环境景观维度的感知，包含人们对于街道环境所具有的色彩、风貌、绿化等风貌的感知，以及整体环境品质的感知等方面。人

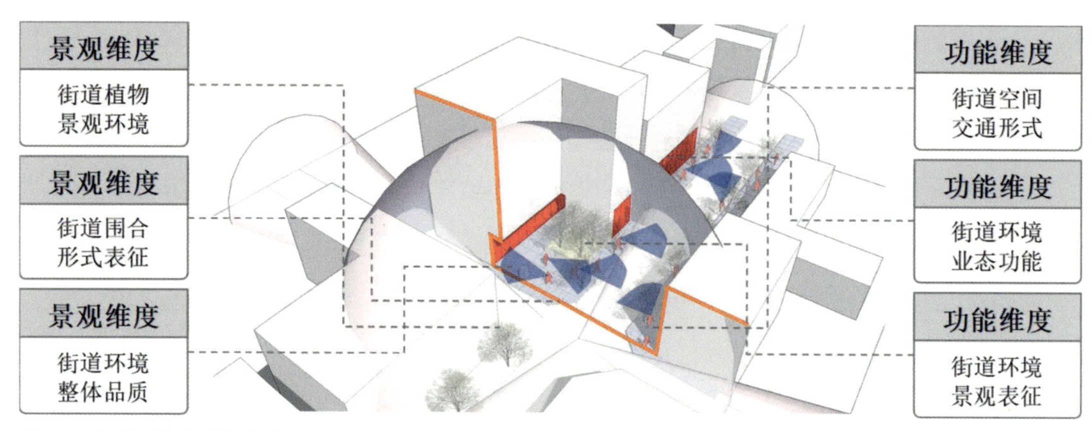

图 2.1 街道环境的感知维度

们对于街道环境在景观维度的感知结果一般表现为，街道环境在景观氛围（绿化多或少）、环境舒适性（干净的或杂乱的）和环境品质等方面的感知意象[8]。

——基于使用行为的功能维度。人们对于街道环境功能维度的感知，主要与人们主观的动机和需求相关联。其所反映的是从人们使用空间的行为出发，在自身生理或心理动机及需求的驱动下，对于通过观察所拾取的街道环境信息的主动信息理解和知觉分析，以及在此基础上进一步指导人们环境行为的过程和结果。在很大程度上，其所反映的是城市意象形成过程中，人们对于城市环境“意蕴”的感知，以及街道环境与人们主观感知之间所具有的交互作用关系。人们根据观察拾取到的街道客观要素构成及表征信息，与自身不同的行为动机和需求相关联，进而对街道环境做出如商业类、商务类、生活服务类、景观休闲类等不同的功能感知判断，进而影响人们在街道环境中进一步的活动行为。

2）街道环境的感知对象

街道环境作为意象感知的基础，根据不同的感知维度，街道环境的感知对象可以大致划分为街道环境的要素构成及表征形式，以及街道环境的整体氛围两个方面。

——要素构成及表征形式。街道环境内部的要素构成、占比，以及视觉层面所显现出的表征形式是人们对街道环境最主观的感知内容。其一方面包含了街道环境中建筑、树木、道路、行人、机动车等构成要素，以及这些要素在人们环境观察中，因占比不同而在要素空间可见性和像素占比上呈现出分异。另一方面，其也包括了如街道空间的围合感、色彩及风貌表征、高宽比等街道环境在以视觉为基础的环境感知中，所具有的环境客观表征形式[9]。

——街道环境的整体氛围。街道环境的整体氛围是在要素构成及表征形式基础上，通过相关要素之间的组合，以及不同构成要素和表征之间的相互关联，在街道环境整体层面所显现出的氛围感受。例如，由色彩昏暗、低矮且密集的建筑所围合形成的街道环境，会使人产生不舒适、不安全的感受，进而产生破败、杂乱等负面的街道环境意象感知氛围；两侧由实体围墙所组成、界面不通透，且色彩单一、狭窄、昏暗的街道会使人感到危险，进而产生负面的环境感知意象。

2.1.3 基于街道的客观环境特征

根据上文对基于街道的客观环境构成要素和关系形式的阐述，客观环境作为人们在城市中的主要观察和感知的对象，是城市空间意象产生的物质性基础。人们对于空间环境的印象及感知都来源于其在城市中所观察到的，或者基于观察和活动行为所感受到的客观环境内涵意蕴。而客观环境之所以在人们的感知和空间意象形成过程中具有基础性的作用和影响，在一定程度上取决于客观环境本身所具有的特征。凯文·林奇将客观环境的意象归纳为个性、结构和意蕴三个部分[1]，这在很大程度上解释了人们感知城市环境过程中，主观对客观事物的感知逻辑。但是，他对环境意象的归纳在一定程度上并没有揭示客观环境本身所具有的特征，以及这些特征在城市空间意象建构过程中的意义。对此，本书依据凯文·林奇及阿普莱德（Appleyard）等经典城市意象理论中关于客观环境的研究内容，结合本书所开展的基于街景数据的研究过程，将客观环境的特征总结为要素外显性、外在表征性和内在自明性三个主要方面（图 2.2）。其中，客观环境的要素外显性是基础特征，其在一定程度上决定了另外两个特征存在的合理性；而外在表征性则是在要素外显性的基础上，体现客观环境构成要素的特性，以及要素之间相互联系所构成的表征形式；内在自明性则是在客观环境表征基础上，对于客观环境要素构成和组合形式所传递的客观内涵的表达。

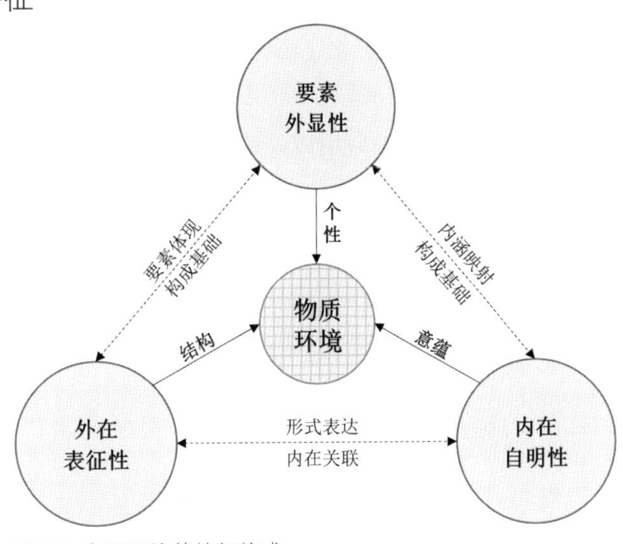

图 2.2 客观环境的特征构成

1）要素外显性

人们对城市空间感知来源于对客观环境的观察，客观环境中各构成要素所具有的外显特征是其所包含的客观要素以及通过相互之间的关联组合所传递出的整体环境特征能够被人们所观察的前提。客观环境的要素外显性在一定程度上可以被概括理解为城市空间中一切能够被人们直接看到、直观感受到和体验到的要素及信息[10]，是客观环境的外在表达和体现，街道空间中两侧的建筑、景观、界面等均为显性维度的构成部分。因此，从感知与环境交互作用的视角来分析城市空间意象时，客观环境及其构成要素所具有的显性维度，以及这种要素外显性所体现出来的直接视觉表征特性，使得客观环境的要素外显性特征成为环境感知和意象的基础性特征。另外，客观环境的要素外显性之所以在人们感知的过程中具有首要的意义，是因为城市客观环境是城市中最容易被个体识别和观察的部分，是人们感知城市空间的主要对象，也是城市空间意象的形成基础。在个体感知外部环境的过程中，视觉所占据的主导地位，使得城市空间意象形成的前提和基础是客观环境及其构成要素能够被个体所观察到，或者说客观环境对于人们的视觉来说是明显的。另外，客观环境作为本书研究视角下的独立变量，其构成的要素外显性特征也是客观环境基于内部构成要素组织形成的结构秩序所具有的外在表征性，以及在此基础上，反映客观环境功能属性、客观意蕴等内在自明性特征的基础。

2）外在表征性

在要素外显性的基础上，客观环境的外在表征性主要指客观环境内部各构成要素以及要素间相互联系和组织在个体视觉层面所具有的特征。在城市空间显性维度下，客观环境由其客观构成要素直观独立形成的视觉形象，是客观环境外在形式特征的直接显现，也是人们置身于街道中所观察和感受到的主要客观信息及对象。基于客观环境要素外显性的特征，个体与环境之间的互动存在一种基础的“面对面”关系，即人们通过视觉观察城市的客观环境。在这种“面对面”的关系中，客观环境及其构成要素所具有的客观性、物质性、图示性等属性，使得对于个体的视觉观察来说，客观环境是一个相对稳定的场景，而外在表征性就是这一相对稳定的环境场景所具有的显性信息的直接、客观呈现，其所反映的是客观环境向人们展示或传递形式图景的外向表征特性。人们在城市环境当中活动及感知环境的基础行为是来源于自身的生理性反应和潜意识感觉。对于健全的感知个体而言，视觉观察行为在感知城市的过程中占极大的比例。而客观环境在要素占比、构成、图景结构、色彩等方面的不同，将直接导致客观环境的外在表征呈现出显著的差异（图 2.3），并进而作用于个体对街道环境表征信息的获取、理解和感知。因此，在共时性的空间意象感知行为中，客观环境所具有的外在表征性在很大程度上作用于人们观察和获取客观环境信息的过程，是客观环境与个体感知相互作用的重要影响要素，其在很大程度上决定了个体对环境的基础印象，进而影响个体对环境的感知结果。

（a）景观主导型环境表征　（b）建筑主导型环境表征　（c）交通主导型环境表征　（d）要素混杂型环境表征

图 2.3 街道空间客观环境外在表征性的差异

3）内在自明性

相对于客观环境的外在表征性主要反映的是客观环境在外在视觉观察及感知层面所具有的表象特征，客观环境的内在自明性则是对客观环境内部要素构成所具有的秩序，以及这种秩序或要素组织序列所反映的环境内涵特征的体现。客观环境构成要素及要素间相互关联和组织的内在逻辑、秩序及呈现出的环境图景序列，通过与人们对环境的“格式塔”感受模式相互作用，在很大程度上使得人们在对客观环境表征进行观察的基础上，能够感受到其所处环境所具有的客观内涵。例如，街道环境因要素组合结构和序列的不同，而使人们对环境的安全性、舒适性等内涵特性产生不同的感受，并进而作用于人们在环境中的行为以及对客观环境的感知结果。因此，客观环境的外在表征性在一定程度上是空间客观环境“形式特征”的体现，而内在自明性则是“象征特质”的体现[11]。客观环境所具有的内在自明性在一定程度上是对空间外在表征性的深化，其是在空间外在表征性对客观环境图景表征形式显现的基础上，对客观环境所蕴含的环境特质或深层属性的体现。结合客观环境所具有的外在表征性和内在自明性两者之间的关联关系，在城市空间意象感知形式过程中，人们观察和获取客观环境客观信息的过程可以分为具有递进关系的两个方面。一方面是上文所提及的外在表征方面，这一方面可以理解为客观环境对个体直接的视觉冲击，是空间场景外向性的信息传递，其目的是将空间客观环境的视觉表征传递给个体，使得个体对外部环境产生初步的感官印象。另一方面，在此基础上，内在自明性是客观环境与人们感知之间内外沟通和相互作用的体现。此处，内在自明性所基于的仍然是城市客观环境及其构成要素，并没有进阶到主观感知阶段，其主要是基于客观环境的形式特征，将这种形式所具有的象征特质的信息传递给个体，使得个体在视觉观察的基础上，能够对客观环境产生更深的认识。以街道环境中的景观为例，空间场景的外在表征性所传递的信息是街道空间中树木、植物的多少；内在自明性则是基于街道空间中树木、植物等景观要素的构成比例和组织方式，以及在整体环境绿视率及景观感受等具有空间象征导向信息的体现。因此，内在自明性特征虽然是对客观环境客观内涵的映射和体现，但其对个体的环境感知具有一定的导向性作用。

综上所述，客观环境所具有的要素外显性、外在表征性与内在自明性三者特征之间存在着一种内在联系，并影响和作用于环境与感知之间的交互过程。客观环境的要素外显性特征强调的是对于环境中物质性构成要素的客观呈现，即客观环境的构成要素可以被观察到；外在表征性则是在客观环境构成要素能够被观察到的基础上，反映出各要素的视觉特征，以及要素之间相互组合所形成的整体环境表征形式，并作用于人们观察和认识环境的过程；而作为更深层的内在自明性则在一定程度上是客观环境客观表征的“出口”，是对客观环境客观内涵及整体氛围的映射和传递。基于上述客观环境所具有的特征，客观环境在感知与环境交互作用下具有基础可见性、视觉特征性和感知导向性三个基础感知条件，分别与客观环境的要素外显性、外在表征性和内在自明性相对应。

2.1.4 基于街道的环境感知条件

根据上文对基于街道的客观环境构成和特征的探讨，城市的客观环境能够被人们所感知的基础主要包含三个具有递进关系的条件。首先，客观环境作为一个客观实体，其内部的构成要素及环境表象能够被人们所观察到，即环境及其要素的基础可见性；其次，环境对于人们的视觉具有一定刺激性，客观环境内部各构成要素以及要素相互组合所形成的图景在人们的观察过程中具有较为明显或特殊的表征形式，从而对人们的视觉感官造成一定的刺激作用，进而使人们能够对其产生特定的印象以及感受，即视觉特征性；最后，客观环境在客观表征的基础上，对于个体的环境感知具有一定的导向性，能够影响和作用于人们的环境感知，即感知导向性。通过感知与环境交互过程中个体行为的动机和需求相呼应，人们能够在对客观环境表征观察和感受的基础上，进一步产生特定的环境感知结果。

1）基础可见性

人们能够对客观环境产生感知的前提是作为实体的客观环境其内部的客观构成要素以及整体形式特征能够被个体所清晰地看见（图 2.4）。客观环境的基础可见性就是界定作为空间意象表征部分的城市客观环境能否被个体看到的基础特性，其是客观环境要素外显性特征的延续，是客观环境的基础门槛感知条件。前已述及，基于视觉的个体观察行为在城市空间感知及意象的形成过程中占据主导的地位，而客观环境及内部构成要素的可见性是人们日常观察和感受客观环境，或是客观环境通过视觉向个体传递表征信息的基本方式。可见性是个体通过视觉体验空间场景过程中最基本、最直接的观察层面，是一种以个体生理视觉为主导的生理性、无意识或潜意识的行为[12]。人们对外部环境最初级、最原始的感知体验和客观环境表征信息的获取就是依靠这种生理性、可见性的方式进行的。因此，客观环境的基础可见性一方面体现了纯生理动机下个体对环境的感知，是一种最直接、最基本的客观环境表征信息的拾取行为；另一方面，基础可见性也直接地体现了客观环境的基本空间属性。对于本书关注的城市街道空间环境而言，客观环境在可见性感知条件方面具有两个主要的特征：一是以人的视觉观察为出发点的人本可见性尺度；二是城市客观环境通过可见性由局部到整体向个体传递空间表征信息的层次。

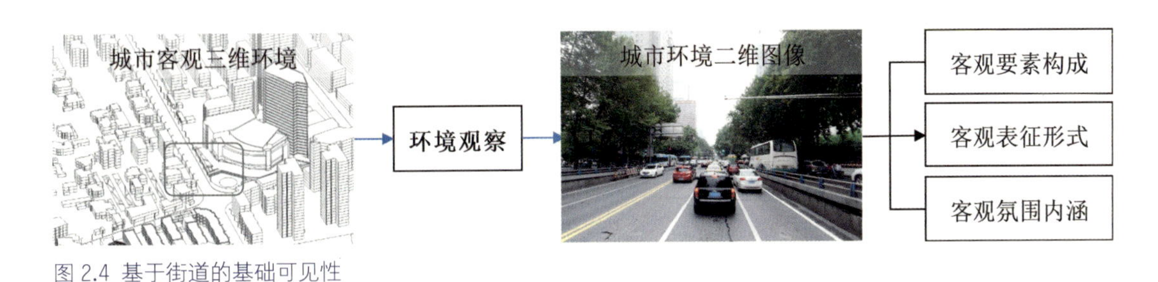

图 2.4 基于街道的基础可见性

——视觉观察的可见性尺度。对于城市整体环境而言，空间意象中的可见性存在两种尺度：一种是城市空间在整体结构和形态尺度上的可见性，其一般通过肌理、结构、整体格局等向人们传递城市空间形态尺度层面的表征信息；另一种是城市空间在三维场景尺度上的可见性，其主要通过客观环境所具有的形式特征，向个体传递视觉层面的表征信息。整体结构和形态尺度上的可见性在城市规划及城市意象研究领域经常被认为是“上帝视角”，其所侧重的是空间的结构是否清晰，或者是否能够被梳理。而这种尺度上的可见性显然与人们日常生活中观察城市环境的方式完全不同，也无法使得人们产生基于客观环境的感知意象。而城市空间在三维场景尺度上的可见性则是从人实际观察和感受客观环境的行为出发，以人眼视点高度上的三维空间场景及其映射的二维平面图景来体现空间客观环境的可见性。在这一尺度层面，客观环境的可见性可以回归到其最本质的内涵，即让人们能够看到。以街道环境为例，街道作为城市中最大也是最主要的开放空间，在传递城市空间客观环境表征信息的过程中发挥着极其重要的载体和信息发送器的作用。人们在街道中行走、驻留等活动的过程，就是不断地、生理性地接收由街道环境中的界面、植被、建筑等可见性要素在人体尺度所传递出的环境表征信息。同时，基础可见性作为客观环境感知的基础门槛条件，其内部构成要素占比的不同和相互之间形成的遮挡效应也会对人本尺度上可见性层面的信息拾取造成较大的影响。

——局部－整体的可见性层次。在客观环境人本尺度可见性的基础上，可见性可以进一步划分为整体和局部两个层次，并且在个体视觉观察的行为层面具有从整体可见性到局部可见性，再回归整体可见性的作用逻辑。在人们通过视觉感官对客观环境进行生理性观察的过程中，首先会被整体环境层面的可见性所吸引，进而初步地拾取空间客观环境的整体表征信息。这是由于客观环境的整体可见性对于个体生理性、无意识的观察行为在感知与环境交互的第一阶段更加直接和简要，同时人们在最初观察的过程中并不会刻意地观察客观环境中的某些个别或局部要素。在此基础上，随着人们在城市空间中驻留及活动时长的增加，客观环境中局部层次的可见性开始作用于人们的观察行为。个体开始对于那些在一开始的空间场景整体可见性中较为模糊的、片面的局部空间及要素进行逐步地关注，并希望能够更加清楚地“看见”这些空间或要素，进而基于整体与局部可见性的关联和信息融合，最终获得客观环境整体的观察结果。因此，对于客观环境而言，整体与局部之间良好的协调和统筹关系会在很大程度上强化客观环境的可见性，使得人们能够更好地通过生理性、无意识的视觉观察行为获得初步的环境感知。

2）视觉特征性

在基础可见性的基础上，视觉特征性所强调的是客观环境及其内部构成要素在视觉表征层面所具有的区别于其他空间及要素的个性。在感知与环境交互作用的过程中，要使个体对客观环境产生特定的感知意象，客观环境及其内部构成要素需要对个体造成一定的感官刺激，从而使得个体能够对某一城市空间环境，或者环境中的某一要素产生特定的印象，进而再通过主观对信息的处理形成特定的感知意象。因而，客观环境的视觉特征性条件包含两个主要方面：一是环境表征所具有的视觉刺激性，其主要强调客观环境及其内部构成要素及要素之间相互组合所形成的图景对个体在视觉感官上的刺激作用；二是城市中不同空间在环境表征上的差异性对个体感知所带来的反差效应，其进而使得人们在体验和观察不同环境的过程中，逐渐形成对应的、特定的感知结果。

——视觉刺激性。客观环境对个体在视觉感官层面的刺激作用是个体感受环境进而形成对应空间意象感知的基础。从城市空间意象中感知与环境的交互作用来看，视觉刺激性主要取决于客观环境表征形式给人们带来的视觉层面上最直接的生理感官刺激，以及可以被观察到的显著特征。客观环境的视觉刺激性由于尺度、规模和对个体感知影响的不同大致可以分为两个层级。第一个层级是客观环境单个组成要素在整体场景中的视觉刺激性，进而使得人们可以清晰地辨别环境中的某一要素并产生深刻的记忆和印象。如图 2.5 所示，南京紫峰大厦在建筑立面、形态、色彩、建筑风格等方面与其所在街道空间中的其他要素形成鲜明的对比，从而使得其自身在空间中具有显著的视觉刺激性，进而使得人们在空间的感知过程中会在很大程度上忽视其他的环境要素，进而留下对紫峰大厦的特点感知。这一层面的视觉刺激性在凯文·林奇对美国新泽西的调研结果中也有同样的体现："新泽西医学中心非常显眼，一个庞大的白色建筑从岩壁的边缘高高耸起，显得十分怪异。"[1] 他正是根据在美国波士顿、新泽西和洛

图 2.5 客观环境特征要素的视觉刺激性

杉矶城市意象调研中的此类表述，提炼出了城市意象五元素之一的“标志物”。然而，标志物对于城市空间意象的意义更多的仍是在结构性意象层面，即辨别位置，并非反映人们对客观环境的整体感知。因此，根据个体感知行为的“格式塔”心理学特征，视觉刺激性的另一个层级则是由客观环境各组成要素相互联系和作用所共同形成并外显的整体环境视觉刺激性。这一层级的视觉刺激性所强调的是空间客观环境对个体所展现出的整体形式特征，也是人们对空间进行感知的主要构成。例如，凯文·林奇在对波士顿中央公园进行调研时，其所得到的对于中央公园的阐述更多的是“林木茂盛、意象丰富、平易近人”等词句，而其所反映的正是波士顿中央公园内各客观环境要素相互组合和联系的结果。因此，城市客观环境在这一层级意义上的视觉刺激性更能够体现人们对空间环境而非空间形态的感知。

——表征差异性。基于上文所述，客观环境的视觉刺激性是使得城市中的某一空间得以被人们观察并产生感知意象的基础，其所强调的是城市中某一空间因其内部要素的组成而对个体形成的视觉刺激，进而使个体产生针对性的感知意象。客观环境的表征差异性则是基于基础的视觉刺激性体验，城市中不同的环境由于外在表征、整体氛围上的差异性，从而使得人们产生不同的感知结果。客观环境的表征差异性主要包含两个方面。一方面，客观环境的表征差异性与上文所述的视觉刺激性相关联。在很大程度上，客观环境所具有的视觉刺激性条件是构成表征差异性的基础。正是由于城市中不同空间环境所各自具备的独特表征，以及给人们造成的视觉刺激作用，人们才能在城市整体环境层面感知到不同空间所呈现出的表征差异性。由于人们往往对不同空间或要素之间的对比和差异更容易产生反应，因此如果城市整体的客观环境不具备表征差异性，那么所有的环境表征以及传递给人们的视觉感受都是类似的，这就是“千城一面”问题所导致的城市环境的单调均质化。相对的，如果一座城市可以给人们呈现出独特的、不同的客观环境表征，那么人们就会通过这种不同环境表征之间的对比和差异性去理解和发现城市更深层次的意象，同时也会增强城市环境的可感知性。另一方面，客观环境的表征差异性在一定程度上也强化了视觉刺激性，从而使得人们能够更加清晰地对城市中的不同空间形成特定的感知结果，并进而作用于城市空间意象的整体公众感知。如图 2.6 所示，南京建邺 CBD（Central Business District，中央商务区）和夫子庙在街道场景中，由于在建筑高度、材质、轮廓及空间尺度等方面所显现出的表征差异性，从而在形成各自感知意象的同时，通过环境表征之间的对比进而强化了个体分别对两者所形成的特定感知结果。而南京北京西路和经济技术开发区在场景绿视率、天空可视域、街道界面等方面的差异性，同样也使得两者之间显现出明显的环境表征差异，进而导致个体产生不同的感知意象。

（a）南京建邺 CBD 空间景象

（b）南京夫子庙空间景象

（c）南京北京西路空间景象

（d）南京经济技术开发区空间景象

图 2.6 南京市四类不同的环境图景

3）感知导向性

客观环境作为城市空间意象中的独立变量，其在表征城市环境特征，以及对人们产生视觉感官刺激的基础上，也对个体产生空间感知的过程和结果具有重要的导向作用。对于城市空间意象中感知与环境的交互关系而言，一方面客观环境的感知导向性是环境客观表征信息转换为感知的能力，即客观环境整体或内部的构成要素能否使人们对其产生特定的感知；另一方面，客观环境的感知导向性也体现了城市空间内部所蕴含的更深层次的，与个体空间行为需求与动机相呼应的，影响人们对于环境体验和使用行为的综合性要素。因此，客观环境的感知导向性可以从上述两个特征层次进行探讨。

——环境特征导向性。环境特征导向性是指在环境基础可见性和视觉特征性的基础上，客观环境的客观表征通过在个体视觉感官层面的影响，使个体基于客观环境的景观及表征形式而产生的与主观需求或动机相关联的感受和对应的感知结果。环境特征导向性在一定程度上是对要素基础可见性和表征视觉特征性的延伸，也是基于个体对客观环境生理视觉观察结果向个体主观心理视觉感知的转换。环境特征导向性具有两个主要的特点。首先，环境特征导向性是基于客观环境表征信息的抽象表达。空间场景的可见性和特征性对于客观环境特征的表达更多的是将环境的表征信息传递给人们。在基础可见性和视觉特征性两个感知条件层面，个体无意识的、生理性的视觉观察行为所拾取的客观环境表征信息更多的是“看到什么就是什么”的简单观察结果。环境特征导向性则是对基于基础可见性和视觉特征性条件的城市客观环境表征信息的复合表达与传递，即“看到什么从而感觉到什么”的整体环境显性特征。例如，在街道中，环境特征导向性更多地体现为描述一条街道的整体客观环境品质或生理性的视觉感受，如明亮的、阴暗的、整洁的、脏乱的等（表 2.1）。另外，环境特征导向性在很大程度上是由生理视觉观察引发的，与个体环境景观体验相结合的城市环境初阶心理视觉感知。这一特点反映了环境特征导向性与基础可见性、视觉特征性在客观环境显性表征传递维度上的不同。客观环境的可见性和特征性向人们所传递的是环境的表面构成要素及形式特征，如建筑的高度、色彩、景观植物的多少等。而环境特征导向性向人们所传递的更多是客观环境所具有的客观秩序及景观特征，其主要体现在环境内部构成要素组合所呈现出的视觉景观秩序导向，如围合度、开敞度及空间通透度等。另外，环境特征导向性所反映出的客观秩序特征，使得环境特征导向性在城市客观环境客观表征信息向主观感知评价转换过程中具有一定的中介作用，例如，不同通透度、绿视率、开敞度的街道空间场景秩序特征，会对个体在安全度、舒适度等感知方面产生分异。

表 2.1 南京代表性街道环境感知导向

街道名称	功能导向	环境导向	街道环境图景
三牌楼大街	生活服务型	杂乱的、狭窄的	
		可步行性较差、空间舒适度较差、有趣的	
虎踞南路	交通通勤型	开阔的、尺度大、绿化少、单调的	
		可步行性较差、不安全的、不舒适的	
陵园路	景观休闲型	开阔的、绿化多、整洁的、空间尺度适宜	
		舒适的、可步行的、美观的，安全的	
中山路	商业商务型	有趣的、整洁的	
		可步行的、安全的	
新民坊路	历史人文型	整洁的、空间尺度适宜的、有趣的	
		安全的、单调的	

——功能特征导向性。客观环境的客观表征除影响人们的生理视觉感知之外，还会对人们基础性的心理判断构成一定的影响，进而作用于人们在城市空间中的活动及行为。客

观环境的功能特征导向性就是基于城市空间中的内部要素构成向个体传递出的其所处外部环境所能承载或提供的日常生活行为的功能类型。与环境特征导向性相比，功能特征导向性更加强调城市客观环境的客观内涵，以及这种内涵对个体行为的主导影响作用。功能特征导向性仍然基于的是人们对于客观环境构成要素和表征形式的视觉观察，以及城市客观环境的客观要素构成。环境特征导向性在个体视觉感官层面的不同影响，主要体现在环境的表征形式和内部秩序特征两个方面。一方面，客观环境的功能特征导向性所体现的在很大程度上是城市空间中主导性的要素或者某些特殊性的要素通过视觉传递给个体，从而使得个体对某一类空间或要素产生与其行为或需求动机相关的感知导向。例如，具有连续步行空间和丰富景观植被的街道空间，会使人更愿意漫步、驻留等；而机动车较多且非宜人尺度的道路空间，则会使人想快速地通过。另一方面，功能特征导向性更加注重在城市客观环境表征形式及内部秩序特征的基础上，通过对空间内部某些构成要素表征形式及特征的观察，进而体现客观环境更深层次所具有的客观内涵特征。例如，在街道场景的视觉表征层面，通过对街道两侧建筑轮廓、立面形式以及主导的色彩等表征信息的观察，可以在一定程度上对街道场景客观内涵特征的感知判断具有导向性，如历史型街道、现代商务型街道等（表 2.1）。

2.2 意象的过程：环境初级感知

环境初级感知是指客观环境表征形式及其客观特征被个体通过视觉观察拾取后，在个体生理及心理层面引起的直接反应①。基于客观环境的客观表征，人们对于环境的感知一方面来源于环境外显表征对人们在感官层面的刺激作用；另一方面则是个体对客观环境的识别和初步分析。因此，个体对于环境的初级感知阶段在主观感知与客观环境的交互作用中具有承上启下的过渡和进阶作用。个体对环境的初级感知既是客观环境所具有的表征形式和特征对个体的直接影响，以及这种影响所引发的个体反应；同时，其也是主观环境感知的基础构成，是主观感知与客观环境的初步融合，其既包含了客观环境所具有的客观表征形式，也在一定程度上体现了个体对客观环境进行体验和理解的主观能动性[13]。对于环境初级感知阶段而言，客观环境仍然占据主导的影响地位。因此，环境的感知结果虽然

---

① 在环境心理学领域，个体对环境的感知过程被划分为两个阶段：一是外部客观环境及景象在人脑中引起的反应，是人体接收到外部环境传递的信息后，潜意识的发自体内的刺激特性；二是在此基础上个体主观知觉通过对所拾取信息的综合理解和判断，最终形成的对于客观环境的感知。

显现出了一定的主观性，但是实质上其所反映的仍然是个体在受到客观环境的形式及特征的影响下所做出的反应（图 2.7）。

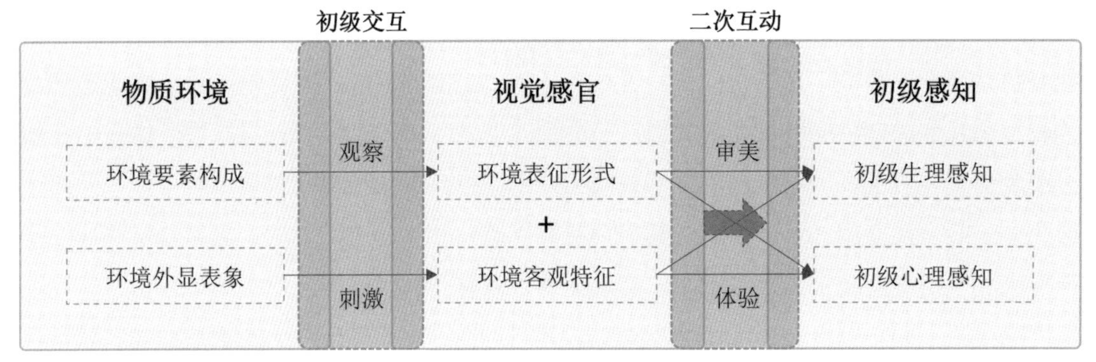

图 2.7 环境初级感知的形成逻辑

2.2.1 环境感知类型

基于视觉感官的空间可读性是人们体验和感知周边环境的基础[14]，同时也是城市空间意象形成的重要条件。正如凯文·林奇在经典城市意象理论中所指出的，客观环境作为城市空间意象中的独立变量，其所具有的清晰的景观表征和独特且可读的特性能够在很大程度上唤起人们对于环境的特定感受。客观环境在人们视觉感官层面所显现出的，能够被人们所观察到的表象及特征，其不仅会对人们造成视觉生理观感层面的刺激并引起个体生理层面的响应；同时也会在此基础上，随着客观环境的信息被传递至大脑而进一步引发基于视觉感官的心理反应，并进而作用于环境感知的形成。

1）生理感知

环境的生理感知主要基于客观环境所具有的基础可见性和视觉刺激性两个基础感知条件，并由此引起人们对于客观环境的反应。人们通过观察环境所形成的初级生理感知具有两个层面的内涵。首先，基于视觉感官的环境生理感知在人们整体的环境感知中具有重要的基础工具性作用[15]。这种生理视觉的工具性一方面体现在对于客观环境显性信息的拾取和传递层面。人们对于环境的体验以及进一步的感知都来自以可见性或者可读性为基础的客观环境所具有的鲜明表象特征和结构形式，以及客观环境中构成要素对人们的视觉信息传递。因此，生理视觉层面的环境感知主要是通过个体对环境的观察将客观环境所具有的表象特征传递至大脑中，来收集和拾取客观环境所具有的浅层表象信息。另一方面，生理视觉的工具性作用在个体环境感知的过程中还包含了对于客观环境显性信息的过滤和选择。由于个体视觉观察行为所具有的特性，人们对客观环境的观察在很大程度上容易被某些具有鲜明表象特征或结构形成的要素所吸引，进而在关注这些具有鲜明特征的要素的同时，会忽略掉客观环境中的其他一些要素，甚至只关注于客观环境中的某一类要素进而基于此类要素进行环境的感知。例如，对于一条行道树占比很高的街道环境，人们对其观察后通常会只留下“树多”或者“绿”等生理性的视觉感官体验，进而忽视了街道中机动车数量、路面宽度等其他环境影响要素，这一现象在色彩层面更加显著。也因此，基于视觉感官的环境初级感知开始出现与客观环境的偏差。其次，在工具性基础上，生理性的环境感知还体现为客观环境显性信息所引发的个体对环境的潜意识感受。由于个体所具有一些基础生理性的条件反射，使得人们在环境观察的过程中，受到客观环境某些特定构成要素或者整体表象结构在视觉层面影响而产生下意识的浅层生理反应。环境复杂性与个体环境感知的相互作用是这种浅层生理反应的典型表现。环境的复杂度既包括了其内部构成要素类型的复杂性，也包括了客观环境在色彩、风貌、要素占比结构层面的复杂性。客观环境的复杂性对环境的观察和感知结果具有直接的影响，其体现为个体对于环境的生理性感知与环境复杂度之间的非正相关函数关系 [16]，即个体通过观察客观环境的表征形式，进而在生理视觉层面对环境感知并不会随着环境复杂度的增加而提升（图 2.8）。在一定程度上，环境复杂度越高，人们对于环境的感知反而越差，人们往往会觉得混乱和无序；而环境复杂度越低，人们同样也越不易具有正向的感知结果，对于复杂度过低的街道环境，人们会感觉单调和枯燥。

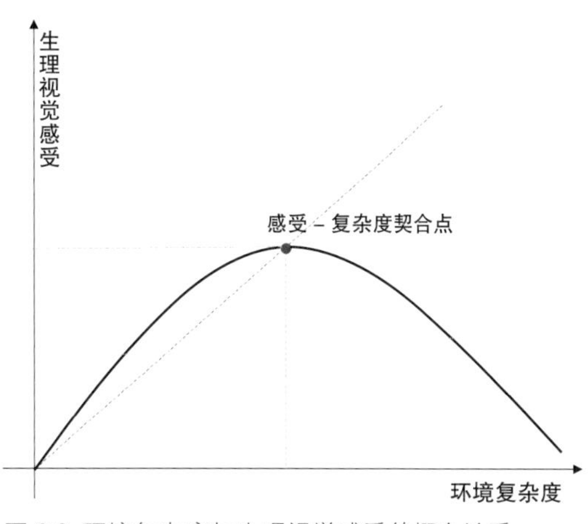

图 2.8 环境复杂度与生理视觉感受的概念关系

2）心理感知

随着生理层面个体视觉对客观环境显性信息的传递和初级感知反应，以及人们通过观察所获取到的客观环境表象信息向大脑感知层面的“内移”，人们在心理层面对于客观环境的感知反应开始出现，并在感知与环境的交互过程中发挥着重要的中介作用 [17]。此处，个体对环境的心理感知并未完全进阶到主客观交互的环境感知层面，个体的主观属性、动机和需求等尚未起到重要的作用，其仍然是客观环境及其内部构成要素通过视觉感官对人们产生的影响，即客观环境所具有的感知导向性在个体对环境的感知过程中所发挥的作用。

因此，心理视觉层面的环境感知在很大程度上可以理解为是以客观环境外显可见的客观特征为基础，通过视觉感官所引发的个体内在深层反应。个体对环境的初级心理感知体现在客观环境客观特征及刺激性与个体基本心理反应和需求的联系，以及基于初步环境心理感知的个体观察环境的选择性两个方面。首先，人们通过对观察所获得的客观环境及其构成要素所具有的客观特征信息的整理和浅层分析，会下意识地联系并引起个体自身的基本心理反应，从而做出对环境的感知判断。例如，机动车数量多且人行道不连续的街道环境会使人自然地感受到不安全。此处，客观环境客观特征与个体基本心理反应的关系，并不完全是个体基于其自身的动机和需求对客观环境进行的主动感知，其在很大程度上是个体通过观察受到客观环境客观特征的影响而做出的与个体基础性需求所关联的心理意识反应。因而，在一定程度上这种个体对环境的心理性感知是客观环境所具有的深层客观特征的外显表现。而个体对环境观察的选择性则主要是指，客观环境中某些构成要素因其所具有的独特客观表象而使得人们在心理层面产生下意识的兴趣，从而使得人们会自然地选择对客观环境中某些要素进行关注。另外，这种兴趣的导向性会使得个体进行主观环境感知时具有更大的主观能动选择，从而在一定程度上作用于整体的环境感知，并使得主观感知与客观环境之间出现偏差。

2.2.2 环境感知内容

在感知与环境交互的过程中，人们对于外部环境的视觉观察以及环境表征对视觉感官的刺激作用是环境感知形成的基础，人们通过对客观环境客观信息的拾取、接受、转化等过程来认识和感受环境。根据环境感知的类型，以客观环境为基础，视觉观察为主要途径的初级环境感知内容可以被划分为两个层级，即环境表征形式和环境客观内涵。

1）环境表征形式

环境表征形式是指人们通过观察其周围的外部环境，并对客观环境外显性的信息进行拾取和理解所获得的结果[16]。在城市空间意象感知与环境相互作用的过程中，个体的视觉感官处于相对前沿和基础的位置。当人们置身于城市环境中，其一方面受到客观环境在视觉感官层面的刺激，从而被动地获得客观环境的表征信息；另一方面，人们也通过其在城市中的行为活动，主动地观察和拾取客观环境所具有的特征和信息。基于这种环境－感官，以及感官－环境的主动和被动相结合的方式对客观环境的表征信息进行拾取、转化和理解，客观环境所具有的外显表象被人们编译为颜色、要素占比等一系列的信息，即环境表征形式。如图 2.9 所示，南京市太平南路、丹凤街和马道街在街道环境要素构成、整体

图 2.9 南京三类不同街道图景的色彩表征形式

风貌及色彩表征上的不同，使得人们对其产生不同的环境感官体验，进而使得人们产生不同的感知。在个体对环境的感知过程中，环境表征形式具有两个方面的特征。首先是表征信息的整体传导性，即影响人们感知结果的不是客观环境中单一的构成要素，而是这些要素通过组合所显现出的整体氛围。在这一层面，客观环境中各个构成要素对个体环境感受的影响，需要放在整体环境的视角下进行讨论，即人们对于环境的感知来自环境各构成要素之间通过函数关系组合所显现出的整体表征。例如，给人以舒适和良好景观感受的街道环境，虽然占比相对多的景观要素对个体的环境感知具有重要的影响作用，但更深层的原因是街道环境中各构成要素之间良好的构成比例关系和组合形式。否则，即使有较多的景观要素，街道环境仍然可能会使人感到单调或冗杂。其次是个体对于环境观察和体验结果的抽象性。本书前期研究的问卷调研发现，非城市规划与研究相关专业背景的参试者对于环境感受结果的表述基本上为带有一定主观判断的抽象概括性词语，如“混乱的”“明亮的”“漂亮的”等。由此可见，人们对于客观环境表征的初级感知结果并不是直接对客观环境观察结果的描述，而是经过大脑对观察所拾取的环境表征信息进行分析和初步理解后得到的具有一定抽象性和概括性的判断，其中既包括了对于各构成要素所具有的影响权重的判断，也包含了对于客观环境构成要素的过滤和整合。这种抽象性的判断和感受结果在一定程度上既反映了客观环境内部构成要素之间相互组合所传递出的整体环境氛围，同时也体现了个体所具有的生理反应特征与客观环境表征之间的交互作用。

2）环境客观内涵

基于环境表征形式，对于环境内涵感知是人们的内在感知察觉系统受到来自外部环境表征信息刺激后所产生的初级响应，是人们在观察环境外显表征的基础上对其所处外部环境特征属性的主观反应。人们对于客观环境的初级感知阶段在很大程度上仍然取决于客观环境的构成要素及其外显表征对个体生理视觉感官层面的刺激作用，以及客观环境引起的个体心理反应。但同时，由于人们在环境感知行为中所具有的基于自身背景和主观条件的能动性，使得环境内涵感知在很大程度上体现了主观与客观之间相互作用和融合的关系。同时，个体对于环境内涵感知结果也会在一定程度上作用于人们在城市中的行为活动和进一步的主观深度环境感知。环境的客观内涵特征在个体的环境感知过程中的意义包含两个层级。一方面，环境的形式内涵是个体在感受外部环境中的对象。人们对于客观环境的感受来自人们观察环境所获得的表征信息和所识别的客观环境构成要素之间的组织及表征形式，是通过环境表征形式所显现出的客观特征，即客观环境的内在秩序；另一方面，环境的形式内涵在很大程度上也是个体对环境感受结果的“出口”。环境的客观内涵特征与个体在城市中的行为和活动相关联，是人们在城市空间中通过活动等行为所能够体验和感受到的客观环境所蕴含的整体意义或功能特征，即个体对客观环境进行共时性体验后产生的初步认识和理解[18]。

——环境的内在秩序感知。环境的内在秩序感知是城市环境中的构成元素通过相互之间一定的组合所显现出的形式，并向人们传递出的客观环境所具有的客观形式内涵特征，使人们进一步感受空间及形成感知意象的基础条件。因此，在一定程度上人们基于环境表征形式对其所具有的客观内涵的感知，是人们通过观察，拾取客观环境表征信息，并进行初步过滤、分析和理解的延伸。人们通过观察所感受到的外部环境客观形式内涵，在一定程度上就是由其内部组成要素通过彼此之间排列组合、占比数量、分布关系、大小逻辑及组织结构等所形成的环境秩序。城市客观环境通过其内在各要素所构成的秩序形式，从而与个体感知城市环境过程中的主观心理活动相契合，进而影响人们对于客观环境的整体感知结果。例如，具有不同内在要素构成秩序的街道空间，会使人们在安全性、舒适性等偏向于基础生理性的环境感受方面产生直接的影响，并进而作用于个体主观环境感知的形成。景观丰富多样、步行道尺度宜人且连续的街道环境，会使人们感到安全和舒适，进而愿意进行进一步的活动。因此，环境的内在秩序感知在很大程度上是环境初级感知过程中主客观交互的基础层级，影响着个体对于环境感知的初始判断。另外，由于个体主观能动性在环境感知过程中的介入，客观环境中各构成要素对于人们的影响并不是相同的，而是在一定程度上受到个体的主观性判断而对人们的环境感知产生不同的影响权重，并在此基础上综合作用于个体主观感知环境的过程。

——环境的内涵特征感知。相对于环境的内在秩序，人们对于环境的内涵特征的感知一方面是个体对客观环境更深层次的心理性体验，另一方面也是主客观交互作用下人们对于环境感知的输出结果。在对环境表征形式和内在秩序感知的基础上，人们对于外部环境的理解开始逐步深入由环境客观要素所构成并蕴含的环境内涵属性层面。在这一层级中，人们对于环境的感知逐渐从客观环境对个体感官刺激的初级生理视觉层面过渡到对信息具有更加抽象和综合性的心理感知层面。人们对于环境的内涵特征的感知结果在很大程度上是基于人们观察所拾取的客观环境表征信息，以及对物质环境要素构成内在秩序视觉感知结果的收敛和汇集。例如，景观丰富且多样的街道会使得人们感到舒适，由暖色系的建筑立面及要素构成的场景会使人感觉温暖等。因此，人们对环境的内涵特征的感知结果在一定程度上可以被认为是个体感知行为前半段的节点，是人们对客观环境观察及对其表征信息处理和分析由生理性的感官观察和初级感受，向基于个体的动机和需求以及大脑对所拾取的客观环境表征信息进行更深层次分析和综合感知过渡的节点。其在感知与环境的交互关系中具有承上启下的重要作用，其既是个体基于视觉感官拾取客观环境表征信息并对其客观内涵进行环境初级感知的“出口”，也是个体被环境表征影响向主观感知与客观环境相互作用的“开端”，个体对于客观环境的视觉感官体验和感知从浅层的视觉感官刺激和环境秩序及客观内涵逐步深入对于客观环境整体性和综合性的感知与环境互动层面。

2.2.3 环境初级感知过程

视觉在感知与环境交互关系中所具有的重要作用，使得观察成为人们获取外部客观环境信息的主要行为。在很大程度上，人们对外部环境的感知首先源于个体对客观环境客观形式的视觉观察行为，以及客观环境对个体在视觉感官层面所产生的影响作用。

1）环境的感知尺度

在人们观察城市空间的过程中，观察尺度、范围和影响条件的不同，会直接导致个体对客观环境表征信息拾取存在内容和层次上的差异，进而影响环境感知的结果和城市空间意象的层次。因此，在阐述基于观察行为的环境感知过程前，需要对本书研究所述观察行为的基本条件进行必要的界定和说明。由于人们观察城市空间的高度、位置的不同，其所观察到的空间场景和拾取的环境表征信息内容存在较大的差异。如图 2.10 所示，当站在南京紫金山天文台上进行观察时，个体的观察尺度更偏向于宏观和整体层面，其所拾取的

图 2.10 个体观察城市环境的不同尺度及范围

信息更多的是如紫峰大厦、玄武湖等在城市整体层面较为突出的标志物或者重要的自然景观要素；而当置身于城市街道中时，个体的观察尺度则相对具象，其主要侧重于个体脚下和身旁范围的客观环境及其构成要素，因而所拾取的表征信息主要有街道环境中的植物、道路、建筑等构成要素，以及街道环境表面所显示出的颜色、材质等信息。对于城市意象而言，前者所得到的结果类似于凯文·林奇的城市意象五元素，所反映的是城市空间整体及宏观形态层面的特征及要素；而后者则体现的是人们日常生活中所实际观察到的客观环境表征及构成要素信息，在一定程度上更能够体现和反映出客观环境与人们主观感知之间的紧密互动作用，因此其也是本书研究所基于的个体环境感知的基础观察尺度及范围条件。

在观察尺度及范围之外，人们在观察城市过程中也会受到速度和能见度的影响。一方面，人们在观察过程中所基于的骑行、步行、驾车等不同的方式所导致的不同观察速度，会对人们观察城市环境的角度、范围和信息拾取造成不同的影响。速度越快，观察的角度和范围往往越小，所能拾取的客观环境表征信息也更加宽泛；速度越慢，观察的角度和范围则相对更大，所能拾取的环境表征信息也相对更加全面和具体。另一方面，人们观察城市环境时的天气及能见度条件也会对观察的结果造成一定的影响。天气晴朗、能见度较高的条件相对于雾霾等能见度较低的条件而言，更加有利于个体观察城市环境并拾取客观环境的表征信息。综上所述，基于文本的研究目标和内容，并结合人们在对环境进行观察和感知过程中的主要活动行为[19]，本书主要以个体在城市中的步行速度（2~5km/h）、天气晴朗、能见度高的情况下所观察到的街道环境和尺度为基本条件来展开研究。

2）环境的感知过程

在明确人们观察环境的尺度、范围和条件的基础上，人们通过视觉观察行为来拾取客观环境表征信息，进而形成初级环境感知的过程可以划分为以下四个主要阶段（图 2.11）。

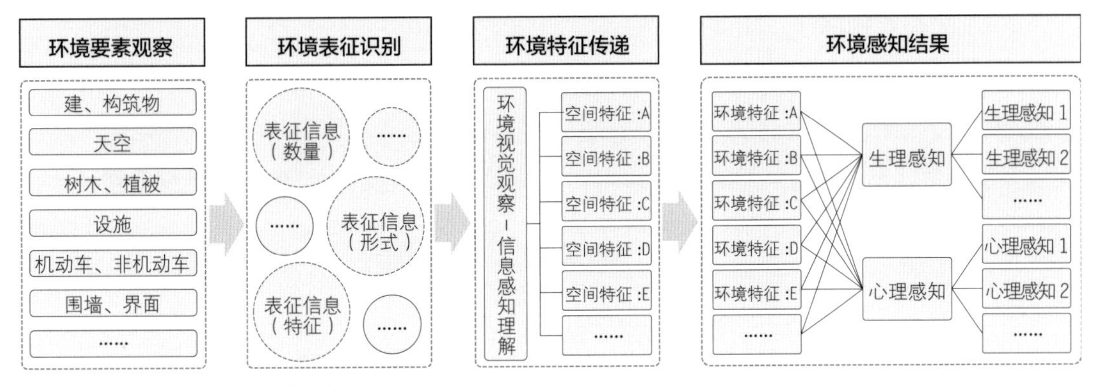

图 2.11 环境初级感知的形成逻辑

（1）信息捕捉。基于客观环境所具有的基础可见性，信息捕捉主要是指当人们置身于城市空间中时，无论对该空间是否熟悉，都会下意识地对周边客观环境直接显现的客观表征信息进行初步的识别和拾取。这一过程在一定程度上可以理解为个体通过视觉器官对客观环境的“摄像”过程，即通过视觉直接地获取客观环境的一帧帧图景。因此，这一阶段在人们观察外部环境、拾取空间表征信息的过程中的主要作用是对客观环境表征信息的输入，即观察作为工具性的生理层面感知基础。

（2）要素识别。在上一阶段的基础上，客观环境的要素识别在环境表征信息拾取过程中的作用则可以理解为是对客观环境内部构成要素及表征形式的信息初步处理。基于客观环境的视觉刺激性，在视觉观察所拾取的客观环境表征信息的基础上，个体开始结合自身的基本知识和常识，对客观环境中所包含的要素及场景表征信息进行识别。这一阶段主要包含两个部分：首先是对观察所获得的环境图景中的构成要素类别进行提取，即识别和分类提取出空间客观环境中所包含的，如建筑、植物、天空、机动车等客观要素；其次是在此基础上对这些客观环境构成要素的表面形式特征进行拾取，如建筑的色彩或材质、道路的宽窄、车辆或者植物的多少等，进而形成基于视觉感官的客观环境初步感知结果。

（3）信息传导。在前述两个阶段的基础上，客观环境的信息传导具有两方面的作用。一方面，信息传导是对个体观察城市客观环境及所拾取的环境表征信息的汇总与整理。人们通过对其观察所捕捉到的客观环境表征信息以及要素形式信息识别的结果进行对应与汇总，从而产生与实际客观环境相对应和匹配的知觉图式并用以描述城市环境的图景。另一方面，在信息传导阶段，随着观察所获得的客观环境信息的“内移”，以及个体在观察过程中对环境构成要素和表征信息进行的潜意识筛选和过滤，客观环境的表征信息开始影响并引发人们潜在的心理反应和感知，使得人们开始对所获取的客观环境要素及其表征信息进行综合判断与理解。

（4）初级感知形成。通过信息传导，以及客观环境表征信息对个体心理层面的影响作用和个体对客观环境构成要素及整体表征形式的判断，个体开始对所获取的客观环境信息做出响应，最终形成对客观环境的初步感知结果。而随着环境初步感知这一中间节点的形成，感知与环境的交互关系开始进入主客观交互的作用过程，个体基于自身背景、动机和需求开始对客观环境及其表征信息进行综合的理解和主动的感知，并在结果形式层面表现出更具有整体性、概括性和主观情绪性的特征。

2.3 意象的结果：主观环境感知

在个体受客观环境及其构成要素表征形式影响而产生初级环境感知的基础上，随着个体主观属性、动机等主观能动性因素开始在感知与环境的交互过程中发挥一定程度上的重要作用，人们对于客观环境的感知结果逐渐显现出主客观对等交互的特征。因而，在人们对客观环境表征形式及客观内涵特征的初级感知基础上，个体对城市空间环境的感知开始表现出具有一定情绪性或主观描述性的结果。另外，个体对客观环境初级感知中所具有的选择性等特征，也使得人们对于城市空间环境的主观感知与客观环境的实际表征出现一定的偏差，而这种偏差也将影响主观感知与客观环境交互下的城市意象形成。

2.3.1 主客观交互的环境感知基础

不同于初级环境感知过程中客观环境中的物质构成要素表征形式及特征等对个体的主导影响作用，主客观交互下的环境感知随着个体主观性因素的介入，使得人们对于客观环境的感知逐渐从“看到什么”向“感到什么”进阶。在此过程中，个体的基本属性及在城市空间中进行活动的需求和动机等对环境感知结果具有重要的影响作用。

1）个体的基本属性

由于个体所具有的性别、年龄、社会背景等基本属性的不同，因此不同个体对于城市的感知和所形成的意象也存在差异。这种受个体基本属性影响的感知差异，以及传统访谈、问卷等社会学研究方法的局限性，使得将单一个体作为独立变量的城市意象研究很难开展。因此，凯文·林奇在经典城市意象理论中将不同个体对于客观环境感知的共性认为是具有一定普适意义的意象结论，即公众意象[20]，并以此反映人们对于一座城市的感知结果。而将这种基于个体感知的高概率感知的重合，实际上反映了个体对于环境的主观感知与城市公众意象存在偏差的客观事实。同时，也在很大程度上折射出个体所具有的属性对于城市感知的影响作用。在主客观交互的环境感知过程中，个体基本属性对环境感知结果以及主观感知与客观环境偏差的影响，主要包含以下三个方面：

（1）性别。在主观感知与客观环境的交互过程中，个体的性别作为基础的生理属性，其对于环境感知的过程无疑起着重要的影响作用，并直接导致不同性别个体的环境感知结果差异。以环境中的基础方向感知为例，根据本书前期对于 202 位男性和 183 位女性受访者的调查问卷结果，男性受访者中有半数表示其能够明确辨别方向，而女性则与此相反，有超过半数的女性受访者认为其不能明确地对方向进行感知（表 2.2）。

表 2.2 不同性别的环境方向感差异

性别	能辨明方向	不能辨明方向	方向不重要	小计
男	108(53.47%)	61(30.20%)	33(16.33%)	202
女	58(31.69%)	96(52.46%)	29(15.85%)	183

由此可见，在对城市环境的体验和感知过程中，男性与女性在基础生理和心理条件上的不同，使得两性在城市环境体验方式、感知要素、刺激反应及感知思维逻辑等层面具有较为明显的区别。在环境感知的过程中，男性往往更加理性，而女性则相对感性[21]。基于此，男性和女性对于街道环境中的构成要素具有不同的关注程度，男性更加关注建筑的外立面，以及车流、人群等动态的环境要素；而女性则更关注街道的景观、色彩氛围等静态的环境要素。另外，客观环境的构成要素及其表征形式特征等对于男性和女性的影响权重也是不同的，女性受到环境表征在感知层面刺激后的反应往往比男性更加敏感，她们对于街道环

境的安全性、舒适性等方面的感知敏感度要高于男性，并且更容易受到客观环境中相关要素的影响，进而在环境的主观感知层面出现差异。

（2）**年龄**。年龄作为个体另一个重要的生理属性，其对于环境感知的影响主要反映在不同年龄群体基于自身生理或心理需求对客观环境中不同构成要素的感知程度，以及客观环境的表征形式及构成要素对于不同年龄群体的影响权重差异。如本书的问卷调查结果所示（表 2.3），25 岁以下的青年群体对于环境品质、公共服务设施及业态功能等都具有较高的关注度；而对于 26~45 岁，以及 45 岁以上的群体，公共服务设施相对其他因素则是上述群体最为关注的客观环境构成要素，占有主导地位。因此，从环境行为学理论中有关个体和环境的互动关系，以及“格式塔”完形心理学理论的角度来看，不同的年龄段群体由于其对于客观环境构成要素的关注不同，其在受到客观环境在感官层面刺激后的行为响应也会出现一定的差异，进而使得不同年龄阶段的个体对于环境的感知也出现区别。然而，值得注意的是，虽然个体的年龄属性会对环境感知的结果造成一定的差异，但与性别对环境感知结果的影响程度相比，相近的年龄群体的环境感知在一定程度上表现出了趋同的现象，从而显现出了人们对于客观环境的“共性感知”的特征；另外，基于本书的问卷调查结果，虽然不同年龄群体对于环境要素的感知存在差异，但是城市公共服务设施对于各个年龄群体都是最主要的关注要素，这也反映出个体在环境感知层面具有的共性，即凯文・林奇所指出的环境的公众意象。

表 2.3 不同年龄群体的环境要素关注差异

年龄	数据修正	公共服务设施	文体活动	业态功能	自然景观	地标建筑	公园与广场
25 岁以下	43(25.28%)	86(50.3%)	7(4.07%)	22(12.79%)	7(4.07%)	2(1.16%)	4(2.33%)
26~35 岁	28(19.72%)	86(60.56%)	9(6.34%)	9(6.34%)	1(0.70%)	0(0.00%)	9(6.34%)
36~45 岁	4(19.05%)	16(76.19%)	0(0.00%)	0(0.00%)	1(4.76%)	0(0.00%)	0(0.00%)
45 岁以上	10(20%)	29(58.5%)	0(0.00%)	1(3%)	2(4.5%)	1(3%)	5(11%)

（3）**社会及专业背景**。不同的社会及专业背景对个体感知环境的深度、客观性以及全面性等方面具有重要的影响作用。阿普莱德（Appleyard）和古德柴尔德（Goodchild）通过认知地图对不同社会阶层群体的城市意象进行研究后发现，处于社会富裕阶层人们的城市意象认知地图往往比一般或贫穷阶层人们的意象认知地图范围要广。富裕阶层的人们对于客观环境中具有美学价值及特殊文化意蕴的城市景观更加关注，而一般或贫穷阶层的人们则主要关注客观环境中的功能性要素，如较为便宜的商场或者娱乐场所等[22]。同时，

不同社会阶层受教育程度的不同，也会使得对于客观环境的感知出现差异。受教育程度较低的个体往往只是基于客观环境的可见性和视觉刺激性等条件，对客观环境的表征形式进行简单的描述。而受过良好教育的人们对于客观环境的感知往往相对客观，其更能够发现客观环境表征形式下所蕴含的环境客观特征，也更能够将客观环境中各要素的特征进行联系和分析，从而更加综合地理解和感知客观环境。另外，通过凯文·林奇在经典城市意象研究中的调查样本的局限性也可以发现具有城市规划及相关专业背景与不具有相关专业背景的人们在环境要素侧重和环境感知结果层面也会出现一定程度的差异。本书的问卷调查结果同样证明了这种差异性的存在，即具有城市规划及相关专业背景的人们对于客观环境构成要素的感知往往更加全面和客观，其不仅会关注最基础的公共服务设施，也会对环境品质、业态功能等进行关注（表 2.4）。

表 2.4 具有或不具有城市规划背景个体的环境要素关注差异

专业背景	环境品质	公共服务设施	文体活动	业态功能	自然景观	地标建筑	公园与广场
是	55(28.94%)	91(47.89%)	8(4.23%)	20(10.52%)	3(1.58%)	1(0.53%)	12(6.31%)
否	30(15.54%)	126(65.28%)	8(4.15%)	12(6.22%)	7(3.63%)	2(1.04%)	6(3.11%)

综上所述，个体的基本属性作为主客观交互下的主观环境感知的基础，在一定程度上决定了个体感知环境的方式和内容，对于环境感知的过程及结果具有重要的影响作用。

2）感知的基本动机

城市意象的形成一方面如上文所述来自客观环境的表征形式及客观内涵，以及表征形式通过感官对个体在生理和心理两个层面造成刺激作用；另一方面，城市的感知意象作为具有典型主观信息加工性质的结果，在形成的过程中毫无疑问会受到个体主观能动性的影响。根据马斯洛需求层次理论，以及环境行为学中个体—行为—环境的三元互动关系[21]，在客观环境构成要素及客观表征的基础上人们对于环境的感知动机可以划分为两个层级，即基础性的生理需求和满足社交等更高层次的行为需求。其中，生理需求在一定程度上可以被看作是个体对环境的初级认知，或是基于客观环境的可识别性及可感知性的个体环境感知反应；而行为需求则是在个体生理需求得到满足的基础上与客观环境及其构成要素主动、积极的互动行为，其所反映的是个体主动体验以及感知外部环境的过程。因此，环境主观感知中的行为需求所注重的是城市空间所具有的可使用性，或者说是以个体行为活动为导向的环境感知。在本书以街道客观环境为研究对象的主观环境感知探析中，基于上述个体感知环境的两类动机，城市客观环境与人们主观感知之间的因子互动联系，大致可以从心理感知与功能需求层面被分为四个不同属性的象限（图 2.12），从而理解主观感知与客观环境之间的对应关系。

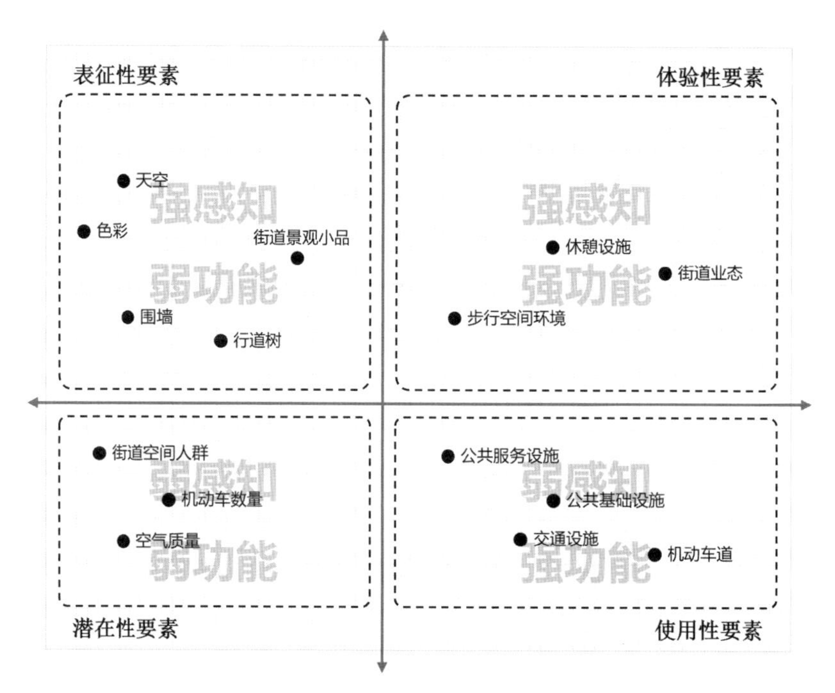

图 2.12 基于感知动机的街道空间要素类型分布

——生理动机。个体自身所具有的生理需求是人们体验和感知客观环境的基础动机。人们对客观环境及其构成要素的生理性感知在很大程度上决定了人们在城市中的后续行为，以及能否产生后续感知城市的动机。因此，个体感知城市的生理动机在一定程度上是人们受到其所处外部环境表征性要素的刺激和潜在性要素的影响，并对其进行的潜意识主观响应。当人们置身于城市环境中，无论其对于所处环境是陌生还是熟悉，人们的首要行为就是辨明其所处环境的性质，明确所处环境的基础属性，并潜意识地在大脑中与自身的生理需求进行对应。根据马斯洛需求层次理论，以及与之相关的空间客观影响要素类型，人们对于城市环境感知的生理需求首先取决于个体对其所处环境的安全性判断，即城市的客观环境能够使人感觉到最基础的安全保障，避免人们感觉到恐惧和焦虑。对环境安全性的判断，在很大程度上是个体感知环境的基础动机，人们首先要判断其所处的环境是否能够使其进行更深层次的感知，或者说人们通过对环境安全性的判断来决定是否继续对客观环境进行更深入的观察及感知。在安全性基础上，人们对客观环境的感知动机还来自其对环境稳定性的判断。如果说对空间安全性的判断是个体被动受到外部环境刺激后的主观能动反应，那么对稳定性的识别则更加强调人体感知客观环境的主动动机。个体对环境稳定性的需求和判断，一方面体现了人们基于生理需求主动从城市空间中获取和分析信息的诉求和感知城市的动机；另一方面其也是人们对城市客观环境的最初感知结果，可以理解为是个体基于生理动机感知城市环境的第一印象。人们对于环境稳定性的感知动机体现在客观环境构成要素的可识别性和整体环境场景感知的明晰度等方面，即客观环境对个体感知行为而言是稳定的、可感知的。

——行为动机。人们对客观环境的感知一方面来自生理动机驱使下对客观环境表征信息的判别；另一方面则来自个体通过在城市空间中的活动和使用行为对客观环境进行的积极且主动的感知，这种以行为需求为感知动机的主要目的是满足人们从客观环境中获取其所需要的要素，并支撑人们在城市中进行多种行为与活动，即通过对客观环境内在的功能性和可使用性要素的判别来满足个体在城市中开展活动的需求。基于人们在城市开展活动过程中对于客观环境及要素之间的互动和需求层次，个体感知客观环境的行为动机可以分为基础行为动机和体验行为动机两个方面。其中，基础行为动机是人们在环境感知过程中所具有的共性动机，凯文·林奇在经典城市意象理论中指出的个体在空间中的寻路行为就是基础行为动机的代表，其包含对于空间方位的辨别和个体行动路径的探索。在这一层面，个体对环境的感知主要局限于客观环境所显现出的视觉表征，其动机诉求主要是通过观察客观环境的客观表征形式来明确自身与城市空间之间的基础状态，为进一步的感知行为明确基本环境条件。在此基础上，人们对于客观环境的体验行为动机则表现为在个体不同属性和诉求差异条件下与客观环境更加积极和主动地互动，即城市客观环境所具有的不同主导功能与个体感知行为和结果之间的相互作用。因此，不同于个体在基础行为动机方面所具有的共性特征。在体验行为动机层面，一方面由于个体的基本属性不同，其所产生的空间体验诉求也不同，如休闲行为、通勤行为等；另一方面，由于个体不同的体验行为类型，以及客观环境在客观表征层面所显现出的不同特征，人们对客观环境的感知结果呈现出以主导功能为代表特征的分异性（图 2.13），进而影响城市意象框架下的整体主观环境感知的建构和结果。

3）信息的综合理解

人们对于客观环境的主观感知可以认为是个体通过观察和环境感知进而形成的对城市客观环境相对稳定的观念或看法。人们对于客观环境的感知来源于前两个阶段个体对客观环境表征信息的观察拾取，以及对于环境客观内涵特征的感受结果，进而对所获得的客观

图 2.13 南京市四类不同功能的街道类型

环境表征信息和客观内涵特征结论进行综合处理和分析，从而形成人们对于城市客观环境的主观感知结论，即信息的综合理解。由此可见，不同于前述两个步骤中个体与客观环境之间的直接作用，个体对客观环境的主观感知在很大程度上是客观环境表征信息及特征通过个体的理解和分析而形成的对于城市客观环境的综合释义，是在个体观察和感知客观环境基础上的深度响应与反馈，以及个体主动积极与周围客观环境互动和作用的过程及结果。

基于人们通过观察和体验行为所分别拾取的客观环境表征信息及环境客观内涵特征，主观环境感知形成过程在很大程度上是个体对所获取的客观环境信息或图景从观察、解构、分析再到理解、反馈建构的过程。同时，对于客观环境表征信息的综合理解、分析和联系整合也是主观感知的核心，人们对于客观环境的感知也因此具有很强的概括性，反映出客观环境某一典型的属性。在街道的客观环境中，人们对于所拾取到的信息的综合理解的概括性主要体现在两个层面。首先是人们对客观环境视觉感知结果的概括性。在这一层面，人们对于街道环境场景的视觉感知不再局限于对街道场景中某些构成要素或特征的关注，而是通过对观察到的客观环境表征信息及元素的理解、分析进而在大脑中形成与之对应的总体感知或看法。例如，人们通过对街道环境中步行道的宽度、连续度，街道围墙的色彩、材质，街道中车辆和行人数量等的观察结果，以及人们对街道场景整体氛围的体验感受等信息进行综合理解和分析，形成对这一街道空间是否美观、是否整洁等整体性的环境视觉感知结果。概括性另一个层面体现在人们对客观环境内涵意蕴的概括及抽象感知。对于客观环境的主观感知的结果在这一层面往往表现为更加抽象和具有一定的价值判断，或者带有一定主观情绪表达的概括性形容，如明亮的、单调的、有趣的、无聊的等。显然，对于这些具有抽象和概括性的环境感知形容，虽然仍然能够发现其与客观环境在视觉感知及客观构成要素和表征形式信息层面的联系，但是很难将其与某种或某些具体的环境构成要素或表征进行完全准确的对应。需要指出的是，对于不具有城市规划或相关学科专业背景的普通市民而言，这种抽象且概括的形容是其对于客观环境感知结果的主要表达形式。

2.3.2 主客观交互的环境感知特征

基于前文所述，主观感知与客观环境作为城市意象的两个构成方面，它们之间存在着一种从客观环境表征信息呈现到主观信息感知理解和收敛的互动和进阶关系。城市的客观环境作为城市意象的客观表征，将城市环境的表面形式等客观信息及特征展现并传递给人们；而人们则通过对客观环境的观察行为获取其所处外部环境的表征信息，并进行筛选、分析和综合理解，最终形成作为城市意象主观构成部分的感知结果。在此过程中，由于个体观察、感觉和感知空间客观环境行为所具有的主观能动性对所获取客观环境信息的处理作用，因而基于空间客观环境的公众感知在感知行为上具有整体性，在获取和理解环境表征信息的感知过程中具有一定的选择性。受到感知行为整体性和感知过程选择性的影响，感知结果呈现出主观感知与客观环境的偏差性。

1）感知行为的整体性

人们感知客观行为的整体性体现为个体对城市空间环境的第一印象，即个体对其所处外部环境的直接总括性观察和表面信息理解。人们对于客观环境的感知必然会受到环境内部各构成要素的影响，城市的客观环境本身也是由这些不同类别的要素所组合形成的。但是，人们的感知行为往往更加注重其所能观察到的环境整体形式，而非局部构成要素的特征。正如当我们看到一个陌生人时，首先会对其的整体外在形象进行感知，并不会抛开整体而专注于对其穿着、五官、皮肤等组成部分的观察和感知。在城市意象研究领域，人们感知客观环境行为的整体性被认为具有典型的“格式塔”心理学特征，即个体对城市客观环境整合所生成的感觉形式。城市中的“格式塔”代表了客观环境最容易被个体所捕捉到的，可以通过视觉直接感知的城市中最具象、突出和显著的整体形式，其既是对客观环境各要素组成形式的直观反映，同时也是基于各要素组成形式对客观环境特征的集成强化表现。因此，基于“格式塔”心理学理论，人们对于城市环境的感知行为的整体性可以从整体环境感知等于局部要素的组合，以及整体环境感知大于或小于局部要素组合的两种不同现象来理解。

一方面，城市的客观环境是由其内部各客观要素通过相互联系组合形成的，因此人们感知环境的整体性就是对这些客观构成要素组合形式的整体对等体现，即客观环境的整体形式等于各要素的组合形式。这一层面的整体性是“格式塔”心理学理论所认为的客观环境在形式的建构上与人们主观感知在形式上具有同一性的体现，即什么样的要素空间组合形式就会使得个体产生与之对应的感知图景[23]。例如，空间开阔、绿化丰富、景观多样的街道环境就会使人们自然地产生与之相对应的舒适和美观的空间感知；而界面混乱、破败，空间阴暗的街道则会使人产生对等的危险、肮脏的空间感知。另一方面，人们感知环境的整体性更多地体现为整体形式感知与要素组合形式的不对等性，即在空间客观环境的整体形式和感知不完全等同于其内在各构成要素的组合形式，进而表现为空间的整体感知大于要素之和或小于要素之和的现象，即空间客观环境各构成要素的组合形式，并不一定与人们对其的环境感知完全对等。例如，街道树木越多、绿视率越高并不意味着人们会产生景观优美的整体感知；另外，街道界面招牌及颜色的整洁度越高，人们对其的整体感知体验也并不一定是正向的。对此最直接的实际案例体现就是上海静安区常德路的街道立面改造过程（图 2.14），原本的常德路街道界面虽然略显杂乱，但能够给人造成相对接地气的环境印象；第一次改造后虽然店铺的字体和背景色进行了统一，但反而使得人们对其产生单调和乏味的负面感知，而 2020 年的改造，虽然整体界面形式变得美观协调，但却使人更难形成明确的环境感知。

图 2.14 上海静安区常德路 2017 年 3 月—2020 年 2 月的立面形式变化

2）感知过程的选择性

感知过程的选择性是在人们对客观环境整体性感知行为的基础上，随着人们在城市空间中停留时间的增长，其对所处外部环境的观察和感知会基于客观环境构成要素的特征和自身的感知动机对环境的内部构成要素及客观内涵特征进行更深入和针对性的关注。结合上文所述，人们对于客观环境的感知可以分为两个阶段。第一个阶段是通过客观环境的表面形式进行整体性的印象感知，在这一阶段人们对于环境的视觉观察通常是被动地接受客观环境的表征信息，即城市空间向人们传递其表征信息的过程；而第二阶段则是在此基础上，人们基于其生理或行为的动机开始积极主动地选择其所想要观察的环境内部要素，从而使得人们在环境感知过程中显现出主观动机驱动下的选择性特征。事实上，积极的选择性本就是人们视觉观察及环境感知行为的基本特征，正是这一基本特征才使得个体对环境的感知呈现出差异性。综上所述，人们感知环境过程的选择性主要包含被动选择和主动选择两个方面。被动选择是人们受到空间客观环境构成要素的视觉冲击，而被某些要素所吸引所造成的视觉感知的被动选择；而主动选择则取决于人们自身对于城市空间的生理及行为的动机需求，从而对客观环境中与其动机需求相对应的构成要素进行的主动关注。

人们感知环境的被动选择性的产生主要是由于个体对于客观环境的观察视线受到环境中具有显著或特殊表征形式、清晰且易识别的构成要素的吸引，因而使个体在环境的感知过程中对其产生特别的关注和特殊的印象。例如，在两侧都是灰白的居民住宅的街道空间中夹杂着一座颜色亮丽的建筑，人们无疑会对这座具有与其周边环境显著表征差异的建筑进行更多的观察和感知理解，并在一定程度上将其标记为整体空间客观环境中的感知节点，用以代表其所在的街道环境。在被动选择性方面，人们对环境中某一要素感知选择的初始动机并不是主观性的，其是受空间客观环境要素特殊表征形式影响而产生的感知反应。相对于被动选择性，人们感知城市环境的主动选择性则与其自身的生理及行为动机直接相关，其对客观环境场景构成要素主动感知选择的目的是使其自身能够获得对于其所处外部环境能否满足或与其动机需求相对应的判断。以生理动机中的安全性为例，当人们置身于街道中时，根据其基础的安全性需求人们首先会对城市空间环境中会对其人身安全构成潜在威胁的要素，如机动车数量、步行道连续性、空间的通透度等进行主动观察，基于对这些选择要素的观察来感知和评判其所处环境的客观表征与个体安全性生理动机之间的匹配度。同样，人们出于不同的使用行为，也会对客观环境中的某些要素进行与其计划开展的活动和行为需求相关的选择性观察。值得注意的是，由于受到个体基础属性（性别、年龄、背景等）的影响，原则上个体对客观环境构成要素的被动和主动选择都是因人而异的，即每个人所选择的要素都可能互不相同。然而，由于本书研究的是空间客观环境对人们造成的共性影响以及基于街道环境的人们共性感知，即城市环境的公众意象，因而没有对单独个体属性与环境感知之间的关系和机制展开深入的研究，此部分内容将在后续的研究中进行更深入的探讨。

3）感知结果的偏差性

城市意象作为客观环境与人们主观感知相互作用的结果，由于客观环境对于人们的视觉观察来说是相对稳定的、静态的和客观的，因此人们通常认为基于客观环境及其静态客观构成要素的感知与实际的客观环境表征是准确对应的，即所见为所知（眼见为实）。然而，由于人们环境感知行为及过程的整体性和选择性对个体综合理解客观环境信息的影响，在实际中人们对于环境的主观感知结果往往与客观环境的实际表征之间存在一定程度的偏差，即“眼见不为实”的偏差效应。这一偏差效应产生的原因是人们对于客观环境的感知虽然来自其对客观环境表征信息的观察和整体的感受，但是最终的感知结果并不是简单地将观察所得到的表征信息或感受体验进行直接的传递，而是人们通过对所获得信息的整理、分析和理解而建构的主观感知。因此，人们对于环境的感知在一定程度上体现并还原了客观环境所具有的表征形式，但同时也存在与客观环境实际表征不对应、不相符的偏差结果。根据人们感知环境的动机和机制，主观感知与客观环境之间的偏差性主要体现为观察结果偏差和理解结果偏差两个方面。

观察结果偏差是指人们对客观环境的观察结果与环境的实际表征形式之间的偏差，如苏轼在《题西林壁》中所述的“横看成岭侧成峰，远近高低各不同”的视觉感知偏差效应。在个体对客观环境的视觉观察过程中，由于受到客观环境和主观感知行为的影响，使得人们对于客观环境表征信息的捕捉存在遗失，对于客观环境内部构成要素的特征信息识别存在失真，对于城市空间场景的视觉表征记忆存在偏差，最终导致人们对其所处外部环境的感知结果无法与客观实际环境形成准确的对应，进而产生主观感知与客观环境的偏差。

相对于观察结果偏差，主观感知与客观环境之间的理解结果偏差主要是指个体在对客观环境进行观察和获取信息的基础上，在对信息进行分析和理解的过程中，由于人们主观上的偏见和与动机相关的潜意识选择而造成的感知结果与实际客观环境之间的偏差。例如，一条空间开阔、绿视率高、边界明确的街道，单就其空间环境表征来说可能相对较好，但是由于绿化和景观在个体感知环境的某些动机和需求中并不是重要的感知要素，因而人们并不会对这样的街道环境产生与其环境表征相对应的感知程度。对于城市意象而言，这种主观感知与客观环境之间的偏差性在很大程度上体现了人们对环境的感知与城市空间本身客观环境表征之间的作用和影响关系。基于这种偏差特征可以发现，传统的从空间形态指标来分析城市的意象显然无法真实地反映个体与城市客观环境之间的相互作用机制。因而，对于城市意象的研究需要回归城市客观环境本身，本书基于街道客观环境的维度，从主观感知与客观环境偏差的视角入手，从真实客观环境图景出发来剖析意象产生的客观环境表征基础；同时，将主观感知作为对城市客观环境的评价和反馈，与客观环境的量化测度相呼应，从主客观两个维度来进一步地探讨城市的环境意象。

2.3.3 主客观交互的环境感知偏差

基于上文，受到客观环境外显特征与主观环境感知动机和机制的共同影响，客观环境与人们的主观感知之间由于环境信息获取和理解偏差等原因，使得人们对于环境的主观感知与客观环境之间存在孪生、偏差和分离三种主要的对应关系。

1）主观感知与客观环境的孪生

主观感知与客观环境的孪生关系是指作为城市空间意象两个部分的客观环境与主观感知在实际表征形式与感知结果层面的统一对应。在这一方面，人们通过观察所拾取的客观环境表征信息及视觉感官特征，经过个体大脑主观的信息分析和理解之后，其最终所得到的对于城市外部环境的主观感知与客观环境实际表征所传递出的客观显性表征是相似或相同的。这种主观感知与客观实际环境的孪生对应模式根据客观环境的构成和个体的感知行为，主要表现为“所见即所感”和“所感即所知”的客观环境表征到主观环境感知的两个具有递进关系的方面。

“所见即所感”所体现的是人们在环境中通过观察和体验过程所拾取及获得客观环境表征信息和印象感受与客观实际环境表征形式及特征内涵之间的准确映射关系。这种个体主观感受与客观环境之间的准确映射所反映的是个体在对城市空间环境的感知过程中能够将客观环境所具有的表征形式及特征进行无损的信息拾取，使得人们对客观环境的观察和感受与空间环境及其构成要素的实际表征在外显信息的完整性、信息的特征性等方面具有对等的同一性，即在个体的大脑中对其所处城市环境及其构成要素的表征形式进行准确刻画，如街道中树木植物的占比情况、行人的多少，以及街道界面的围合度或通透度等。

在“所见即所感”的基础上，人们的感知与客观环境之间的“所感即所知”所体现的则是在经过与客观环境的初步互动后，人们所拾取和感受到的空间客观环境外显信息在经过大脑的分析和综合理解后的感知结果与客观环境所具有的内涵之间所具有的较好的对应关系。例如，尺度宜人、景观丰富、界面积极的街道空间场景一般会使得人们产生与其空间内在所蕴含特性相同或相似的舒适、美观、整洁的感知结果。相对于人们通过观察和感受对客观环境表征信息的准确获取，感知与环境之间的对应在这一层面由于个体的主观属性及动机介入对外部客观环境表征信息的综合分析和理解的过程中，从而使得人们的主观感知与客观环境的实际特征很难实现完全对应和契合，进而造成主观感知与客观环境之间更为常见的对应关系，即两者的偏差。

2）主观感知与客观环境的偏差

在城市意象研究的理论框架下，主观感知与客观环境之间的偏差特征是个体对环境的感知结果与客观环境实际表征相互作用最普遍的对应关系。根据人们对环境表征信息理解的选择性和抽象性特征，以及个体对于所失去的环境表征信息“格式塔”式的理解和对应关系，主观感知与客观环境之间存在正向和负向两种偏差现象。

主观感知与客观环境之间的正向偏差主要表现为人们对于客观环境的主观感知结果优于客观环境的实际表征，或者说客观环境向人们传递的表征信息超出了人们对于环境最初的感知期望。在这一层面中，客观环境中各构成要素的单独表征形式或许较为普通，但是各要素之间的具有良好和均衡的比例关系，要素的明晰可见性、良好的感官刺激度、合适的环境信息负载以及有序的整体表征组织结构使得客观环境的整体外显表征形式对人们的主观环境感知形成了正向的溢出效应，即“1+1 ＞ 2”的正向效应，从而使得人们对实际表征形式普通的客观环境产生了特定和良好的感知意象。

而主观感知与客观环境的负向偏差则与之相反，主要表现为人们对于客观环境的感知结果劣于客观环境的实际表征，或者说客观环境向人们传递的表征信息没有达到及满足人们对于其所处城市环境的感知动机或需求期望。在这一层面中，主观感知与客观环境主要反映了一种“1+1 ＜ 2”的客观环境构成要素与整体主观感知之间的不对等关系，即当城市客观环境中的各构成要素被独立观察和感知的时候具有良好的效应，如街道中的植物占比较高、街道界面积极等，但是当这些要素被组合在一起作为城市空间环境的整体表征被人们感知时，各要素之间的比例失衡、组织无序等使得人们对其产生混乱、单调等负面的环境感知结果。以城市中的某一街道为例，当我们对其环境场景中的局部要素进行感知时，或许得到的结果是街道色彩丰富、界面积极、景观多样等正面的单要素感知结果。然而，当这些要素被同时集中在街道空间中并同时以图景的形式被人们所观察和感知时，其表征信息的过载或者对个体视觉感官的过度刺激等原因反而会在一定程度上使人感觉到混乱和无序，从而造成负面的感知结果。同样，一些界面整齐、统一的街道也会使人产生无趣、单调的感知结果，甚至无法形成明确的主观感知。

3）主观感知与客观环境的分离

主观感知与客观环境之间的分离是主观环境感知结果与客观环境实际表征之间相对极端的对应关系。但是，在实际中，这种较为极端的分离现象在人们对客观环境的感知结果中却是较为普遍的，因为人们并不会对城市中的所有空间环境都产生对应且明晰的感知意象，而那些没有对应主观感知的城市空间在很大程度上体现了主观感知与客观环境之间的分离现象，也在很大程度上构成了城市感知意象结构中的意象盲区。主观感知与客观环境的分离关系主要体现在两个方面。一方面是空间客观环境的客观表征形式对个体的视觉感官和感知刺激程度较弱，无法唤起人们大脑的感知建构行为，即客观环境向个体感官传递的信息量不足以构成个体感知形成所需要的环境刺激度。当人们在街道中通过行走或驻留感受其外部环境的过程中，客观环境表征形式在基础可见性之上的视觉感官刺激作用是个体产生进一步环境感受和感知的直接驱动力。因此，当街道环境中的构成要素在局部或整体层面都表现得过于普通和均质，以及与城市中的其他空间差别不大时就无法使人们产生清晰的环境感知。另一方面则是客观环境对于个体来说是没有意义的，即人们感知环境的需求和动机与客观环境通过表征向人们所传递的功能内涵信息不具有对应的联系性，不足以使人们对其形成感知。

综上所述，主观感知一方面是个体受到客观环境的刺激并接收到客观环境所传递现象后的反应。个体对环境的主观感知是在对其所处外部环境生理性的视觉感官体验和感觉的基础上，结合自身需求和动机的信息记忆、理解和反馈。另一方面，个体对客观环境的主观感知也是基于其自身的需求和动机，主动地体验和认识客观环境的过程。因此，在主客观交互视角下，主观感知与客观环境之间存在从客观环境信息拾取到主观理解的递进关系；同时，更为重要的是两者之间存在刺激到反应、感知到反馈的互动关系，并在此基础上逐步形成基于客观环境表征的城市意象。

2.4 主客观交互偏差的意象感知模型

自 20 世纪 60 年代，凯文・林奇的经典城市意象理论提出至今，城市意象作为反映主客观交互下的城市感知结果，在城市研究领域、环境心理学及环境行为学领域被广泛讨论。当前，有关城市意象的研究讨论主要可以被划分为城市的总意象、景观环境意象和城市意象的形成机制三个方面[24-25]。其中，城市的总意象主要是将城市作为一个整体感知对象，来研究人们对其产生的总体印象。例如，以苏州为代表的水网纵横密布的江南城市，人们对其会产生“东方威尼斯”的总意象；而美国新泽西和新加坡的总意象则是“花园城市”。景观环境意象则是以人们实际观察到的场景为对象，来探讨人们对其产生的感知和印象。自凯文・林奇之后对城市意象的形成机制的研究大多集中在心理学领域，其主要探讨个体的心理感知行为。然而，通过回顾城市意象方向的既有研究可以发现，包括凯文・林奇在内的大多数研究在一定程度上只关注被人们所识别的，诸如道路、标志物等意象要素，或者关注人们在意象形成过程中的心理机制。而在城市规划领域，对于城市客观环境构成要素能够被人们所识别和产生感知意象的原因，主观感知与客观环境之间的相互关系、两者之间的偏差，以及这种偏差所代表主客观交互下意象感知模式却鲜有研究。因此，基于上文对于客观环境表征、环境初级感知和主观环境感知三个层级的阐述内容，本书提出了主观感知与客观环境偏差视角的意象感知模型，用以解释从客观环境表征到主观环境感知的城市意象形成逻辑。在此基础上，通过采用大数据、小数据①结合和数字化技术辅助的方法来测度客观环境的表征、基于视觉感官的环境初级感知，以及主观环境感知。进而探讨主观感知与客观环境之间的交互作用及偏差关系，从而通过主客观双视角讨论城市意象的构成及内在规律。

2.4.1 主客观偏差视角的意象感知模型

对于城市意象或者城市环境感知结果的形成过程，其基础性的内在逻辑是人们在城市空间中一系列复杂行为都来自个体对其外部客观环境的信息和条件反应[25]。行为心理学家约翰·布鲁德斯·华生（John Broadus Watson）用“SR 公式”（Stimulation-Response，刺激—反应）对这一过程进行概括[26]。然而，对于完整的城市意象建构过程而言，客观环境客观表征的“刺激”与个体主观生理及心理的“反应”在很大程度上只反映了城市意象形成过程的前半段，即客观环境的客观表征对个体的感官进行刺激作用，从而使得个体对其进行反应。显然，基于“刺激 - 反应”的内在逻辑无法用来全面地解释主观感知与客观环境交互下的城市意象形成过程。前已述及，主观感知与客观环境之间的偏差关系表明了客观环境的外显特征与个体主观感知是相互作用的，主观感知与客观环境互为意象的主体与客体，客观环境既被个体主观地感知，同时也刺激和影响着个体的感知；同样，个体的主观感知既被客观环境的表征形式所影响，同时也基于自身的属性、动机和需求主动地感知外部客观环境[27]。因此，在主观感知与客观环境偏差视角下，城市意象的形成包含了客观环境及信息的解构、主观环境感知的建构以及主客观交互的过程，体现了一种“观察—记忆—分析—反应—认知—反馈”的作用关系。

基于上述主观感知与客观环境之间的作用关系，本书通过主客观偏差视角的感知模型（图 2.15）对前文所述的客观环境表征、环境初级感知和主观环境感知进行集成和总结，对主观感知与客观环境相互作用下的城市意象进行解释。该感知模型主要存在三个

---

① 本书所采用的大数据主要为南京中心城区批量的静态街景图片；所采用的小数据主要指通过问卷调研等研究方法获得的个体主观数据；研究所使用的数字化技术主要包含全卷积神经网络、有监督深度学习、InfoGAN 半监督学习、语义分割及本书所搭建的街道主观感知数字化评价平台。

关键的环节。

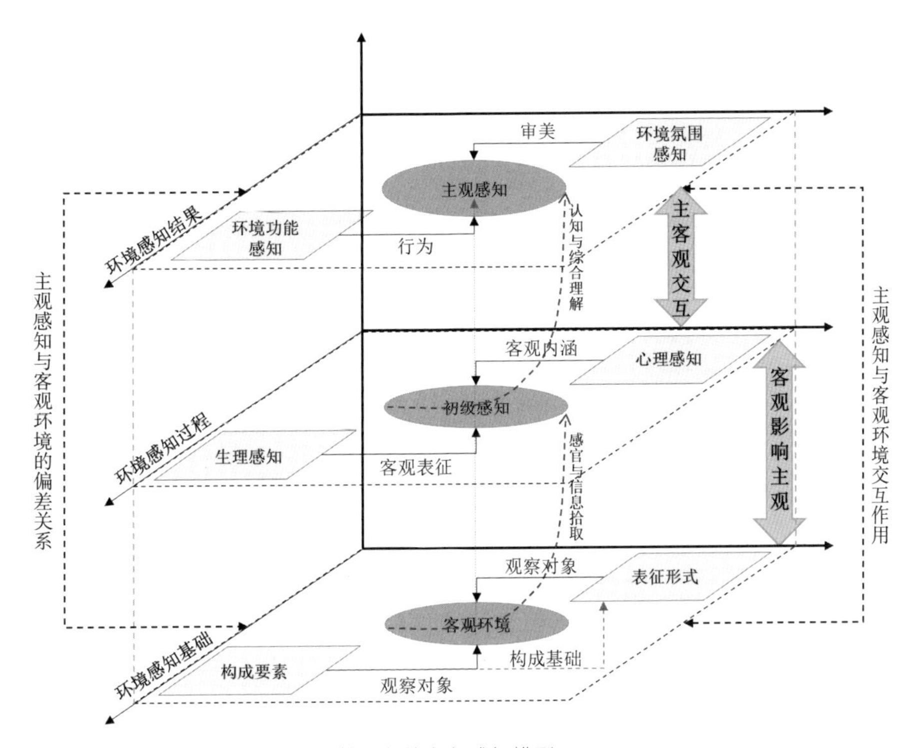

图 2.15 主观感知与客观环境偏差视角的意象感知模型

首先是作为环境感知的基础及被感知对象的客观环境。在客观环境内部，包含客观环境的构成要素和表征形式两个部分。其中，客观环境的构成要素对于环境感知而言，其既是人们观察环境过程中的直接观察对象，如植物、建筑、机动车等；同时，其也是客观环境表征形式的内在构成基础。而客观环境的表征形式则是基于构成要素之间的组合关系和结构，在环境整体层面所显现出的图景和形式。一方面，客观环境的构成要素作为独立的观察对象，其自身所具有的视觉特征及在整体环境中的占比会对人们的感知行为产生直接的刺激，从而影响人们对环境的初始印象。另一方面，由客观环境构成要素组合形成的表征形式在一定程度上可以被看作是客观环境内部构成要素的集成，将客观环境的要素信息传递给感知个体；同时，客观环境的表征形式在很大程度上也表现出了客观环境的整体视觉特征，并在此基础上向感知个体传递客观环境的内涵特征信息，进而激发个体对环境的生理及心理反应。

其次，在客观环境的基础上，环境初级感知作为感知模型中的第二个环节，是个体对客观环境直接的生理和心理反应。环境的初级感知是主观感知与客观环境交互作用的开始，同时也是客观环境对个体进行感官刺激和信息传递的节点。如前文所述，环境的初级感知既是感知与环境相互作用的节点，同时也是环境感知的形成过程。环境初级感知是个体受到客观环境在视觉感官层面的刺激后，在生理和心理方面引发的被动反应。例如，以灰黑色调为主的街道空间，往往会使人们感到压抑和单调，而以暖色调为主的街道环境则会给人以相反的感受。环境感知与主观感知之间的区别在于，环境感知仍是客观影响主观，个体受到客观环境刺激和拾取环境表征信息的阶段。因此，环境初级感知在一定程度上可以被认为是客观环境向主客观交互环境的延伸，但是其并没有完全进阶到主观认知的层级，环境初级感知更多的是对客观环境客观构成要素和表征形式信息的拾取、提炼和概括。

最后，随着对客观环境所传递信息的不断深入，以及个体开始在环境初级感知的基础上更加综合地理解和认知其所处的外部环境，并结合自身所具有的属性、动机和需求对所理解的环境信息进行选择和主观性的认知，主观环境感知开始逐渐形成，构成了感知模型的第三个环节。在此环节中，个体主观的价值判断和动机需求开始介入对客观环境信息的理解过程中，并基于个体自身的主观能动性对客观环境的信息进行选择、整合及分析理解。主观环境感知作为环境初级感知的延续和进阶，其一方面基于的是环境初级感知环节中，个体受到客观环境在感官层面的刺激作用所引起的生理和心理反应，并通过对所传递信息的选择和理解，在主观感知环节进一步强化或修正了环境初级感知的结果。另一方面，以个体动机和需求为基础的主观价值判断在此环节中开始发挥作用，并作为主观环境感知的内在驱动因素将环境初级感知环节中的生理和心理感知响应，与个体对环境的审美判断和行为需求相结合，进而对环境的整体氛围和功能进行感知和判断[28]。个体对环境的主观感知作为感知模型的最后一个环节，在一定程度上可以被认为是个体对其所处外部环境的认知出口，以及个体对客观环境的反馈。

综上所述，客观环境是城市意象形成的基础，个体通过对其构成要素的识别和表征形式的观察及信息拾取，以及客观环境对个体感官的刺激作用，使得个体产生与之相对应的生理和心理基础感知，这种基础性的环境感知伴随着个体对信息理解程度的不断深入，以及主观行为需求和价值判断的融入进而产生对客观环境的主观感知。在这一复杂过程中，客观环境及环境初级感知环节是城市意象的第一阶段。这一阶段人们更多的是出于下意识的观察行为来拾取客观环境的客观信息，并被动受到客观环境客观表征的感官刺激，即客观环境影响主观感知。人们对环境的主观感知则可以被认为是城市意象的第二阶段，即主客观交互及契合的理解和认知过程。因此，城市意象的形成并不是简单的个体认知和记忆城市空间环境的过程，而是个体的主观感知与客观环境交互影响的复杂作用关系，主观感知与客观环境的偏差就是这一交互关系的体现。本书基于该感知模型，从主观感知与客观环境交互作用出发，对客观环境表征、环境初级感知和主观环境感知进行逐一的解析，并从主观感知与客观环境偏差的视角来剖析城市意象的形成过程，讨论主观感知与客观环境之间的作用关系。

2.4.2 主客观偏差视角的意象研究逻辑

1）主观感知与客观环境共同作为城市意象的构成部分

前已述及，城市意象是个体主观感知与客观环境共同交互作用的结果，因此不能简单地将城市空间的主观感知看作是客观环境单向作用的产物。事实上，主观感知既是城市意象的结果体现，代表城市环境的“意”，同时也是对城市客观环境的反馈。而城市的客观环境一方面是主观感知产生的基础，其影响和作用于主观感知的产生；另一方面也是城市空间意象中的“象”，是城市空间的环境表征。因此，在城市意象研究框架下的主观感知与客观环境的偏差，其实际上所反映的是客观环境的“象”与主观感知的“意”之间存在的非对称性和非均衡性的相互作用结果。对城市客观环境进行视觉层面的观察是城市意象主观感知的形成基础和前提，而人们所观察到的对象正是空间客观环境所传递出的表征信息。对此，本书根据意象产生的机理将研究的逻辑分为环境特征和感知特征两个方面（图2.16），改变城市意象研究中原有的客观环境—公众感知—城市空间意象的思路，将城市空间的客观环境和与之对应的主观感知看作是城市意象的两个同等重要的组成部分，进而分析两者之间的交互作用及偏差机制；同时，在凯文·林奇从空间形态层面提出的经典城市意象理论的基础上，以街道环境为研究对象，从城市客观环境的客观表征形式、个人主观环境感知和两者间的交互作用出发，探究城市意象的特征及机理。

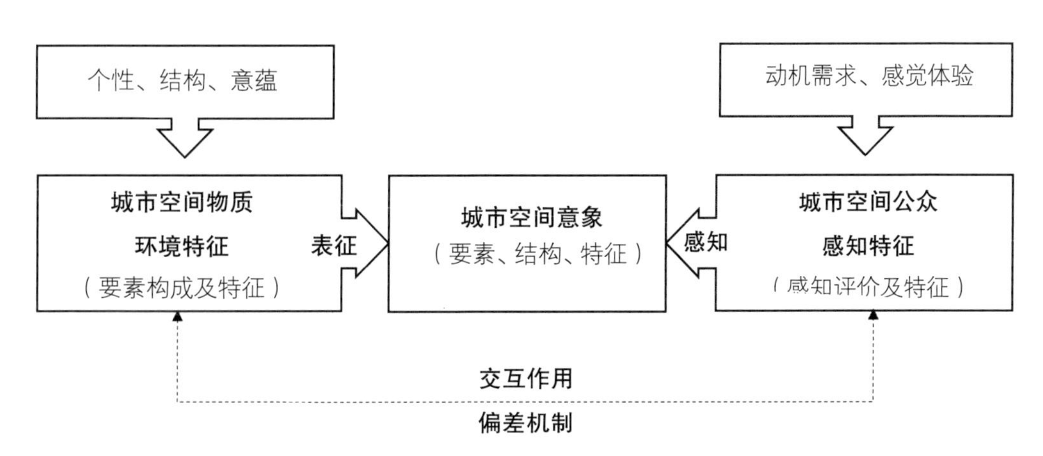

图 2.16 城市意象研究整体逻辑

——客观环境作为空间意象的表征。经典城市意象研究将客观环境看作是感知的对象，而更加侧重于探讨当人们处于城市空间中时，从环境的可读性和可识别性，以及个体的寻路行为出发对客观环境的反应和感知印象。这一过程中，更多地强调了人们对于城市空间及所处外部环境的印象和看法。但是，在很大程度上忽视了客观环境本身对于城市意象的重要意义。城市空间客观环境所具有的客观层面的表征形式及内涵特征同样也是城市意象的组成部分，与人们的主观环境感知具有同等的重要性和意义。客观环境既是城市意象中的被个体感知到的对象和感知的形成基础，同时也是城市意象本身所具有的显性表现。前已述及，本书可以将城市意象的形成过程看作是由信息传递及获取到信息分析与反馈的主客观交互作用所构成的。因此，城市客观环境在客观层面所具有的外显性特征构成了城市意象的客观环境表征信息，也是向个体传递进而构建主观环境感知的信息源。同时，城市客观环境内部要素在构成比例及组合形式上的差异，使得城市的客观环境在客观表征层面呈现出多样性、独特性的特征。个体正式通过对其所观察到的客观环境所传递出的不同信息进行获取和心理分析，从而最终构成对一座城市或是城市中某一个空间的主观感知意象。

——主观感知作为城市意象的结果和反馈。如上文所述，客观环境是城市空间的表征信息和向人们传递并形成主观感知的信息源，因此，基于客观环境的主观环境感知的过程就是对这种客观信息的拾取、反应、理解与反馈（图 2.17）。首先，当个体处于城市空间中时，其会受到来自所处空间客观环境的刺激影响。前已述及，这一阶段个体感知城市环境的行为在很大程度上是被动的，个体在客观环境的感官刺激作用下形成基础性的生理及心理感知。在此基础上，当个体通过观察等方式接受和获取到城市客观环境的表征信息并进行识别后，会对如颜色、材质、形式等进行反应，从而初步过滤了城市客观环境中一些影响较弱或者不易被识别的要素。进而，结合自身的动机和需求对过滤后的客观环境要素及表征信息进行更深层次的选择、分析和理解，最终产生与客观环境相对应的主观环境感知结果。

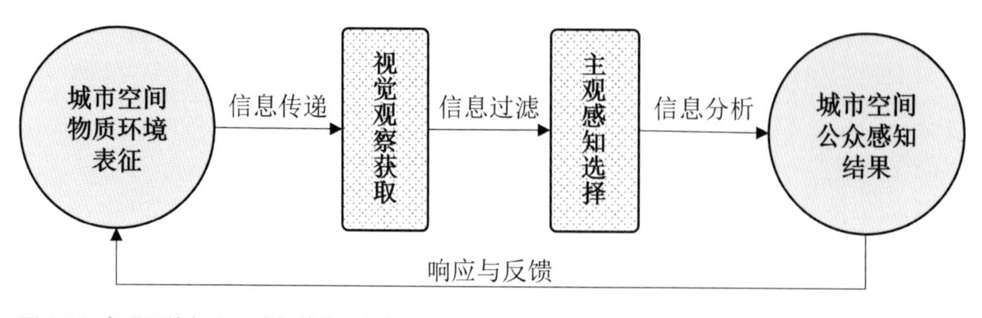

图 2.17 客观环境与主观感知的作用逻辑

2）人本尺度的感知行为作为城市意象的研究内容

在研究内容方面，基于心智地图的城市意象在很大程度上所反映的是个体根据自身经验的环境印象产物，其所展示的是个体对城市客观环境的心理印象。通过梳理凯文·林奇经典城市意象的研究逻辑可以发现，其关注的重点是了解人们对于城市的经验看法和印象，而城市客观环境的特征在很大程度上被认为是个体区别于空间形态或者结构性要素的基础。城市客观环境因其所具有的个性、结构和意蕴在向个体传递环境客观表征信息时，会对感知个体造成特定的感知结果，并影响个体对客观环境的主观感知结果。而作为对客观环境外显表征信息的响应与反馈，个体对客观环境的感知结果更多的是通过视觉的观察行为对其所处外部城市环境表征信息进行拾取和理解，进而产生对客观环境整体性特征的感知。在研究人们对客观环境的主观感知方面，结构主义观点认为，个体对城市的认知大致可以依次划分为感知、认知和评价三个阶段[29]。其中，感知是与城市客观环境特征关系最为紧密的步骤，个体通过感觉器官与客观环境相关联，从而形成对其所处外部环境的感觉和知觉。从这一层面出发，城市意象其研究内容的重点更应关注城市客观环境所具有的环境场景特征。因此，结合上文对城市意象研究逻辑的讨论，本书所开展的城市意象研究将个体受到客观环境影响下的感知行为作为研究的基础条件，从空间形态层面回归到城市客观环境本身，从而探析客观环境的内在客观要素构成及传递出的表征信息与人们对城市环境主观感知之间的关系和特征。

——基于客观环境的感知范畴。人们对客观环境的感知，最初源于对其在城市空间中，通过观察对客观环境构成要素及其表征形式和特征的识别及感知。以经典城市意象理论中所提出的城市意象五元素为例，人们对这五类空间形态层面元素的认知也是由这五类元素内部所具有的客观环境表征形式及其对人们感官特有的刺激作用所决定的。在人们感知客观环境的过程中，往往首先对其所处外部环境中包含的色彩、形状、风格、轮廓等表征信息进行客观层面的视觉特征感知，这一阶段是城市客观环境被个体识别和观察的基础阶段。在此基础上，人们通过参与和沉浸到城市环境中，在城市环境的体验过程中对城市客观环境要素之间相互联系和关联所形成的整体氛围及内涵特征进行感知，并对所获得的客观环境表征信息进行选择和理解。最后，人们通过与客观环境相互作用的结果和基于自身体验及动机产生对客观环境的主观感知和评价。因此，城市意象一方面取决于客观环境及其向个体传递的表征信息和对个体视觉观察所产生的刺激机制；另一方面其来源于人们置身于城市环境之中，并结合自身的背景与客观环境互动和体验的综合感受，是对城市客观环境的生理及心理响应、信息综合理解与反馈。因此，本书将对城市意象的探讨和研究回归到客观环境本身，以及基于客观环境的主观感知评价层面，以客观环境的构成要素及表征形式为感知对象，而不是以城市空间总体形态结构为对象，将个体观察客观环境的行为作为感知的基础模式来分析主观感知与客观环境之间的关联、偏差及作用机制，并基于此讨论城市意象的理论内涵。

——基于环境观察的感知模式。感知模式在很大程度上所反映的是城市意象研究中对个体感知城市的行为和动机的预设。个体对客观环境感知模式预设的结果将会直接使得对城市意象的研究方向和结论出现差异。经典城市意象是将生理性的寻路行为作为个体感知城市的模式，进而对城市的空间意象进行分析。然而，由于寻路行为的基础动机是基于客观环境中个别具有典型特征的要素来辨别方向和明确人们在空间中的方位，并非关注个体在与客观环境相互作用过程中的感受与感知；因此，在这一层面上的城市意象要素更多偏向于空间形态及结构性层面，作为体现城市客观环境外显特征的内部要素及其意义在很大程度上被忽视了。相对于寻路行为，基于观察体验的感知模式则更能反映个体视觉尺度上的客观环境特征，并通过无特殊目的性的观察体验行为洞察人们对城市空间客观环境的真实感知印象，以及个体与客观环境的相互作用机制。以街道为例，基于寻路行为的感知模式更多的是将其看作是城市空间形态层面的线性路径，其感知目的是通过某条街道在视觉层面有别于其他街道的特征来获得对该条街道的印象，并在日常的寻路行为中发挥路径的作用。而基于观察体验的感知模式是将街道看作是一个城市客观环境的场景，通过在街道空间中的行走、驻留等体验行为对街道环境中的客观构成要素如界面、植物、道路、建筑等进行观察、信息拾取并产生感知互动，其感知结果更多地表现为诸如“美丽的”“安全的”“肮脏的”“舒适的”等带有价值判断的主观感知。相比而言，基于观察行为的感知模式更贴近实际生活中人们对城市环境的体验和感知过程。因而，本书选择以观察体验的感知模式作为主观感知与客观环境偏差视角下城市意象研究的预设动机和研究角度。

2.4.3 主客观偏差视角的意象研究方法

如上文所述，基于主观感知与客观环境偏差视角的城市意象研究，在很大程度上是将城市意象的研究逻辑从单一关注个体主观或客观环境，以及以寻路行为作为研究出发点的结构性城市意象研究转变为以个体在城市环境的观察行为，以及主观感知与客观环境相互影响和作用下，反映个体对环境的主观感知，以及客观环境作用于个体主观感知的城市意象研究。因此，对于主观感知与客观环境偏差视角下的城市意象研究不仅需要对作为感知对象的客观环境进行精细化的测度和解析，也需要对环境的主观感知进行一定程度上的量化探讨。基于此，本书一方面以街道环境为基础研究对象，通过批量化的城市街景数据对环境内部构成要素的量化测度来分析客观环境的表征信息；另一方面，本书研发了街道主观感知评价平台，通过数字化的方法，并结合传统问卷调研方法来探究环境的主观感知，分析两者之间的偏差机制并总结和探讨人眼维度的城市意象。

1）基于批量街景数据的客观环境客观表征解析

经典城市意象研究所采用的心智地图方法存在两个突出的局限。首先是其无法对城市空间的客观环境进行量化分析，这使得其研究的结果往往表现为城市空间形态层面二维的地理位置信息。因而，虽然将人作为一个重要变量对城市环境进行研究，但最终获得的结果往往偏向结构性，所展示的信息颗粒度较大，无法表现城市真实客观环境的表征信息，也无法探究客观环境与主观感知之间的内在作用机制。其次，心智地图具有心理学背景，这也导致基于该方法的经典城市意象理论对城市规划和城市设计领域的影响远远小于其对人类学、社会学和认知地理学领域的影响作用。上述方法的局限性主要源自当时的研究技术无法实现对城市客观环境大规模且精细化的量化测度和分析，而城市大数据及对应的深度学习技术则在一定程度上弥补了城市意象在对客观环境量化测度技术和方法部分的局限性。

——客观环境的数据量化测度。城市大数据所具有的大规模、全覆盖和所包含的城市空间环境多维信息量是其被用于对城市空间及客观环境进行量化测度的基础属性。人在城市空间中行走或者驻留的观察行为就是人们通过视觉对于城市客观环境表征信息的捕捉，而这种捕捉的信息在很大程度上可以被理解为城市空间环境的图像帧，人们通过对所获得的图帧中包含的要素和信息进一步分析和选择来建构其所处外部客观环境的感知和意象。因此，对于客观环境图景的量化测度需要依托合适的、包含客观环境内部构成要素，同时能够反映客观环境表征形式信息的图像类型城市大数据。

在此方面，城市街景数据在很大程度上可以被认为是最适合对个体视觉感知视角下的客观环境图景进行客观量化测度的数据源。一方面，街景数据所反映的街道环境是城市中面积最大、分布最广的公共空间，也是城市意象五元素中最重要的空间意象元素，是人们观察和感知城市环境的主要对象；城市中的街道环境既包含作为主要感知对象的建筑外部形式和表象特征，也包含植物、车辆、天空、步行道等城市客观环境的其他客观构成要素，因而能够较为全面和真实地反映客观环境现状。另一方面，街景数据在图像的采景高度上基本与人眼高度相似，图像内容包含了较为完整的客观环境构成要素。因而，街景数据在图像角度、图幅范围和图像属性维度等层面最能够反映个体观察城市空间的场景图像，在一定程度上与个体在城市环境通过视觉观察所获得的图像帧信息具有较高的类似性

（图 2.18）。因此，本书的研究通过百度 API 官方提供的开源数据获取渠道采集街景数据对客观环境进行客观量化测度。

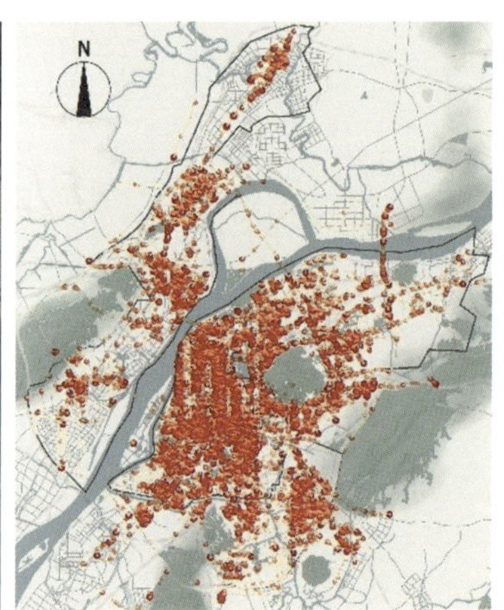

图 2.18 城市街景数据特征

——客观环境的要素量化识别。基于街景数据对城市客观环境进行客观解析和量化测度的关键是对街景数据中所包含的能够被人眼所观察到的客观构成要素进行精确的识别和量化统计分析。人们对于城市客观环境的感知一方面来自对空间客观环境表面视觉特征的直接观察；另一方面则是在空间客观环境要素构成基础上的整体氛围感受和体验，如街道空间植物的多样性和色彩丰富性向人们传递出的舒适感和良好的审美感受等。然而，传统的城市意象研究和调研方法大多只能获得个体对空间客观环境感受的“果”，而无法对造成人们对客观环境不同感知结果的“因”进行探究，即无法通过对客观环境的客观量化测度来探讨客观环境与主观感知之间的交互和影响作用。这造成基于传统社会学或心理学的城市意象研究，最终的结果往往只是将空间客观环境的共性主观感知结果映射到城市空间整体的形态或结构层面，而无法从客观环境和主观感知两个维度探究城市意象的形成过程，以及受到信息传递及主观特性影响下的主观感知与客观环境的偏差关系。因此，对城市客观环境内部要素的客观量化识别与测度是主观感知与客观环境偏差视角下城市意象研究的重要内容，需要通过更加量化和客观的方法对作为感知基础的客观环境构成要素进行识别。对此，机器学习作为通过计算机和神经网络模拟或实现人类学习活动之一智能行为的方法，可以在很大程度上从视觉图示特征层面对街道空间内部的构成要素及整体氛围进行解析。通过机器学习中的有监督学习和无监督学习，可以从空间图景的视觉表征信息层面对城市客观环境中的构成要素和整体氛围进行精确的识别和统计。首先，基于城市街道场景构成要素开源数据集和全卷积神经网络的有监督学习[①]可以对客观环境中所包含的主要构成要素进行语义分割识别，从而统计各个要素在城市客观环境中的构成比例（图2.19）。其次在此基础上，通过引入环境安全度、舒适度、色彩氛围指数等计算函数，对客观环境的表征信息进行分析，并与个体的主观感知评价相关联对城市意象进行探讨。

图 2.19 街景数据识别结果示意

2）基于数字化感知评价平台的主观环境感知分析

如何将城市意象中的主观感知与客观环境表征形式及特征相互关联，从而分析主客观之间的作用机制和偏差特征，进而探析城市意象的内涵和形成过程一直都是相关研究领域在方法层面的难点。传统的具有社会学和心理学背景的访谈、问卷和心智地图等方法所获得的结果虽然能够在一定程度上反映和体现个体对客观环境的感知，但是由于所获得的信息在属性和维度层面与城市客观环境无法很好地对接和进行耦合关联分析，因而之前的研究大都强调个体作为城市意象自变量的意义，而将城市的客观环境简单地看作是个体观察的对象，侧重从个体对城市环境的反馈和记忆印象层面来探讨城市空间意象。然而，城市意象的产生并不是单向的个体观察和感知客观环境的过程，而是由个体被客观环境视觉特征所刺激，进而观察和感知客观环境，最终通过评价等形式再对空间客观环境进行响应和反馈的闭环过程。另外，如前文所述，单一以问卷调研和访谈的方法进行城市意象的研究，由于样本量的局限性，使得以问卷调研或访谈的个体对环境的共性作为环境公众意象的研究结论在很大程度上存在有效性和可靠性的问题。同时，问卷调研和访谈方法在结果形式上主要以主观描述为主，很难与图景化的客观环境相对应，很难从主观感知与客观环境双重维度对城市意象进行探讨。因此，在基于批量街景数据对城市客观环境进行客观和量化

① 深度学习技术在目前的研究中可以分为有监督学习和无监督学习两种主要的形式。本书所使用的主要是有监督学习方式，即通过建构模拟人进行数据采集过程的程序以及相关的数据集，让计算机对整个过程及数据集进行反复的学习，找到海量数据的特征，并自动运行相关程序，最终在一定程度上辅助进行基础的数据采集和处理工作。

测度，以及对其内部构成要素进行精确识别统计的同时，个体对环境的主观感知同样也需要寻求可以量化的方法对其进行测度分析，并在研究基础数据上与客观环境的测度数据可以统一或对接，进而在共同的研究数据基础上对城市意象进行探讨。对此，本书以街景数据为基础，建构了对街道环境的主观感知评价平台，进而对个体的主观环境感知进行测度，并通过三个部分与客观环境的量化测度进行对接，从而实现对城市意象的主客观双维度的解析。

——研究数据源的统一。统一城市环境主观感知与客观环境测度的基础数据源，是后续在主观感知与客观环境偏差视角下研究两者之间的交互作用机制，进而从主客观两个维度探讨城市意象的基础。因此，本书同时采用街景数据作为客观环境量化测度和环境主观感知测度的共同数据基础，并根据提出的意象感知模型，对城市意象形成的各环节进行分析。在基础研究数据源统一的基础上，街景数据本身所包含的空间坐标信息、图元信息等基础属性信息可以实现城市客观环境测度结果与公众感知评价测度结果在客观环境表征与主观环境感知结果在城市空间结构层面的对比分析，从主客观两个维度对结构性的城市意象进行讨论，并总结主客观维度下的城市意象的结构性要素。另外，以街景数据作为研究基础数据的城市环境主客观测度，其都是对街景数据所反映的城市环境图景表征形式及特征的分析。因而，可以在客观环境客观表征与主观感知测度的基础上，对两者之间内在的交互影响关系进行探讨。

——随机量化的信息采集。城市意象研究框架下，对于环境主观感知测度的另一个重要的方面就是能够最大限度地获得真实反映或者有足够有效的量级来体现人们对于客观环境感知共性及公众感知结果的普适性研究及调研数据。针对传统的访谈、问卷调研和心智地图在研究样本数量上的局限性，本书基于所采集的街景数据建构了开源性的数字化公众环境主观感知评价平台①（图2.20），面向全社会公开采集人们对城市客观环境的感知评价。本书所建构平台的开源性，参与评价的个体在基本属性、专业背景等方面具有较好的随机性，避免了因个体主观基本属性及专业背景限制而导致的主观环境感知结果的偏差，从而能更好地反映人们对于城市环境的共性感知。另外，开源性的环境主观感知评价平台由于其参试者的随机性和开放性，一方面弥补了传统访谈等研究方法在样本数量和多样性方面的不足，从而提高了所采集信息的普适性；另一方面，基于数字化的后台统计和分析技术，其在调研的效率层面也有较大的提升。另外，为保证和校验该平台主观感知结果的有效性，

---

① 本书研究所搭建的主观环境感知开源平台链接为 http://121.196.204.146/。

选项说明			
生活服务街道	街道两侧建筑以住宅为主，大部分带有底商，提供日常生活服务类业态形式，如小吃早点、理发店、营业厅等，道路宽度宜人	安全的	街道整体氛围使人感到安全，不会较多担心交通及人身安全
商业娱乐街道	街道两侧建筑以大型商业广场或高层建筑为主，有大型商业建筑或裙房，提供购物及休闲类业态服务，道路宽度一般为双向四车道	危险的	街道整体氛围使人感到危险，感觉具有潜在的交通及人身等安全威胁
景观休闲街道	街道空间内植物景观较为丰富，整体景观视觉良好，道路尺度宜人，有连续、安全且舒适的步行休闲环境	舒适美观的	街道整体氛围使人感到整洁，干净，景观较好，空间宜人
交通通勤街道	街道以满足机动车及非机动车通行为主，机动车车流量大，路幅宽度一般较宽，周边建筑分布较为零散，街道整体视野开阔	杂乱肮脏的	街道整体氛围使人感到杂乱，黯淡和肮脏
历史文化街道	街道两侧有能够明显体现历史人文持色风格的围墙，建 / 构筑物等，街道路幅一般较窄	丰富有趣的	街道整体氛围使人感到有趣，愿意在此类街道逗留进行系列活动
其他综合性街道	街道图景的混杂程度较高，难以对其类型进行准确的概括	单调乏味的	街道整体氛围使人感到无聊、单调、枯燥和乏味，不愿长时间驻留
		不可感知	街道整体氛围无法使人产生有明显特征的感受

图 2.20 数字化公众感知评价平台示意

同时为了深入了解主观环境感知产生的内在原因，本书在通过该平台进行主观环境感知测度的同时，也采用了问卷调研的方法进行了辅助研究，从而通过大小数据的结合来探析城市意象中的主观环境感知。

——导向性的测度评价。在主观环境感知测度层面，由于环境感知评价所具有的主观性特征，传统开放性的访谈等方法在研究过程中受访者因为缺乏明确的表述导向，导致研究获得大量无关的噪声信息，也无法与客观环境的表征形式相关联，进而无法对主观感知与客观环境之间的相互作用关系进行分析。因此，本书根据相关城市和社会学的研究方法论[30]，基于半结构性调研（Semi-Structure Investigation）的基本方法理念[31]，在采集主观环境感知结果的过程中，结合客观环境的测度标签和要素构成体系，并根据个体感知环境过程中的动机和需求建构主观环境感知的评价标签，使得研究中的参评个体在对客观环境的主观感知评价过程中可以有的放矢，更加有效地分析个体对客观环境的主观感知及客观环境与主观感知之间的作用机制。

综上所述，本书以南京为研究案例城市，根据主客观偏差视角的城市意象感知模型的三个构成环境和传导过程，以百度开源的街景数据为研究基础数据，对客观环境与主观感知进行测度和分析，并在此基础上通过对主观感知与客观环境在结果、要素和意象结构等方面的偏差分析，探讨城市意象形成过程中主观感知与客观环境的交互关系。

参考文献

[1] 林奇．城市意象[M]. 方益萍，何晓军，译．北京：华夏出版社，2001.

[2] 肖峰．人工智能与认识论的哲学互释：从认知分型到演进逻辑[J]. 中国社会科学，2020(6): 49-71, 205-206.

[3] 叶宇，张昭希，张啸虎，等．人本尺度的街道空间品质测度：结合街景数据和新分析技术的大规模、高精度评价框架[J]. 国际城市规划，2019, 34(1): 18-27.

[4] Meng L C, Wen K H, Zeng Z J, et al. The impact of street space perception factors on elderly health in high-density cities in high-density cities in Macau: Analysis based on street view images and deep learning technology[J]. Sustainability, 2020, 12(5): 1799.

[5] 奚婷霞，匡晓明，朱弋宇，等．基于人感知维度的街道更新设计引导探索：以上海市静安区彭浦镇美丽街区更新改造为例[J]. 城市规划学刊，2019(S1): 168-176.

[6] 史明，周洁丽．城市街道空间“可意象性” 认知介质单元的研究[J]. 创意与设计，2013(4): 51-55.

[7] 赵渺希，钟烨，王世福，等．不同利益群体街道空间意象的感知差异：以广州恩宁路为例[J]. 人文地理，2014, 29(1): 72-79.

[8] 杨晓光，苏剑鸣，李潇然．基于量化分析的城市街道空间感知研究[J]. 建筑与文化，2018(6): 175-176.

[9] 史慧芳，史慧园，席岳琳，等．街道空间底界面构成要素重塑策略浅析[J]. 河北建筑工程学院学报，2015, 33(2): 11-15.

[10] 杨俊宴，曹俊．动·静·显·隐：大数据在城市设计中的四种应用模式[J]. 城市规划学刊，2017(4): 39-46.

[11] Wohl S. Sensing the city: Legibility in the context of mediated spatial terrains[J]. Space and Culture, 2019, 22(1): 90-102.

[12] Rubis J M, Theriault N. Concealing protocols: Conservation, Indigenous survivance, and the dilemmas of visibility[J]. Social & Cultural Geography, 2020, 21(7): 962-984.

[13] 巴塔耶．内在体验[M]. 尉光吉，译．桂林：广西师范大学出版社，2016.

[14] Ahmadpoor N, Smith A D. Spatial knowledge acquisition and mobile maps: The role of environmental legibility[J]. Cities, 2020, 101: 102700.

[15] Žlender V, Gemin S. Testing urban dwellers' sense of place towards leisure and

recreational peri-urban green open spaces in two European cities[J]. Cities, 2020, 98: 102579.
[16] 劳森 . 空间的语言 [M]. 杨青娟，韩效，卢芳，等译 . 北京：中国建筑工业出版社，2003.
[17] Mubi Brighenti A, Pavoni A. City of unpleasant feelings. Stress, comfort and animosity in urban life[J]. Social & Cultural Geography, 2019, 20(2): 137-156.
[18] 霍夫曼 . 行动中的心理学 [M]. 苏彦捷，译 . 北京：中国人民大学出版社，2011.
[19] Mookherjee D. Urban environment and citizen perception: The Calcutta experience[M]//India: Cultural Patterns and Processes. New York: Routledge, 2019: 69-80.
[20] 李道增 . 环境行为学概论 [M]. 北京：清华大学出版社，1999.
[21] 林奇 . 城市意象 [M]. 方益萍，何晓军，译 . 2 版 . 北京：华夏出版社，2017.
[22] Harrison L. The Routledge history handbook of gender and the urban experience[J]. Women' s History Review, 2018, 27(4): 659-661.
[23] Alinam Z. The effects of individual factors on the formation of cognitive maps[J]. Iconarp International J of Architecture and Planning, 2017, 5(1): 134-150.
[24] Seamon D, Gill H K. Qualitative approaches to environment-behavior research[J]. Research methods for environmental psychology, 2016, 5.
[25] Koffka K. Principles of Gestalt Psychology[M]. New York: Routledge, 2013.
[26] Domosh M. Urban imagery[J]. Urban Geography, 1992, 13(5): 475-480.
[27] Riesman D. The American city: A sourcebook of urban imagery[M]. New York: Routledge, 2017.
[28] McCunn L J, Kim A. Environmental psychology and the built environment[J]. Frontiers in Built Environment, 2020, 6: 133.
[29] Rapoport A, Chammah A M. Prisoner's dilemma: A study in conflict and cooperation[M]. Ann Arbor: University of Michigan Press, 1965.
[30] Sayer R A. Method in social science: A realist approach[M]. 2nd ed. London: Routledge, 1992.
[31] Kallio H, Pietilä A M, Johnson M, et al. Systematic methodological review: Developing a framework for a qualitative semi-structured interview guide[J]. Journal of Advanced Nursing, 2016, 72(12): 2954-2965.

从视觉感知我们周围的世界都会涉及眼和脑非常复杂的相互反应。因为进入我们中枢神经系统的神经纤维中有 2/3 来自眼睛，这个结构特点决定了我们的感知绝大部分由我们的视觉来支配。

——布莱恩·劳森

所见：智能解析的客观环境表征

根据前文所述主观感知与客观环境偏差视角下的城市意象理论构成，城市空间的物质环境一方面是城市意象的客观表征，体现了城市环境在客观层面所具有的表征和形式，在一定程度上也体现了其对于刺激个体视觉感官所具有的客观特征；另一方面，城市空间的物质环境也是人们进行感知进而形成意象的基础，是人们基于视觉观察行为感知外部城市环境的客观实在对象[①]。人们通过观察和环境体验行为对城市物质环境的表征形式和特征内涵进行捕捉，进而拾取其所处外部物质环境的客观信息，并通过分析和综合理解逐步建构对城市物质环境的感知。根据本书所述的城市意象感知理论模型，物质环境处于城市意象主客观交互的基础层级，对于物质环境本身所具有的客观构成要素和表征形式的测度将直接影响第二层级环境初级感知的解析，并与主观感知评价的结果直接关联。因此，本章主要基于街道环境，借助全覆盖、大规模的街景数据和相关的机器学习方法对城市物质环境的构成要素、空间占比统计特征、空间结构特征以及对个体视觉感官具有刺激作用的色彩、风貌等整体表征形式进行客观的测度和解析。

3.1 智能视觉算法支持的客观环境表征解析方法

前已述及，本书以南京中心城区为研究范围，以街道环境为研究对象来探讨主观感知与客观环境偏差视角下的城市意象问题。因此在研究过程中，为了克服以往相关研究在兼顾细节和整体层面上的局限，本书选择了能够对城市中的街道环境进行全覆盖的大规模街

① 物质环境及其内部构成要素所具有的客观实在性，是其作为城市意象研究中独立变量的基础特性。客观物质环境的构成要素及表征形式，无论其是自然形成的还是人工建设的，在个体观察客观环境的过程中并不会随着个体主观的变化而变化，是独立于个体主观意识之外的相对稳定和客观实在的观察对象。

景数据作为客观环境表征测度的基础数据；同时，为避免在环境客观构成要素和表征形式的测度过程中受到过多的主观影响，提升物质环境表征测度过程的客观性和结果的有效性，本书选择了目前较为成熟的机器学习中的全卷积神经网络、有监督学习和半监督学习的方法，基于开源训练集对物质环境的表征进行客观的测度和分析。

3.1.1 街道环境基础测度数据采集

本书对城市空间的物质环境测度主要以街道环境为研究对象，通过数据采集、识别、测度和分析等步骤分别对街道环境的客观构成要素，以及街道环境在个体视觉感官层面所具有的表征形式进行测度。因此，能够真实反映街道环境的街景数据无疑是最好的研究基础数据。街景数据是一种通过专业的街道图景采集设备或车载相机，按照一定的距离对城市街道环境进行全覆盖的、360°的全景捕捉，进而形成能够体现平均人体高度和视觉观察范围内的城市街道环境实景，在很大程度上可以真实地反映和体现人眼视角下对城市街道环境的视觉观察内容和感受。另外，街景数据所具有的全覆盖、大规模、高精度等数据特点，也使得基于街景大数据对物质环境表征进行解析时，能够在很大程度上保证数据的可靠性，以及测度结果的客观性、真实性和有效性。

1）街景数据的来源

目前，能够用于进行物质环境客观构成要素和表征形式测度的街景数据主要有四个主要来源途径，分别为网络图片共享平台、社交媒体分享平台、开放地图服务平台、搜索引擎服务平台（表 3.1）。其中，网络图片共享平台及社交媒体分享平台所提供的有关街道的图片由于其图片数据主要来源于人们在日常生活中的上传和分享，而人们所上传的图片往往是由于人们对于某条街道有特殊的印象，或者某条街道具备有别于其他街道的特殊之处而使人对其产生特殊的关注。因此，在一定程度上网络图片共享平台和社交媒体分享平台的图片数据可以反映出人们对于城市中某些要素的特定印象。但是，这两个平台所提供的图片数据对于从主观感知与客观环境双重视角下进行城市意象的研究具有无法避免的局限性。首先是网络及社交媒体平台上的图片在数据质量层面存在很大的噪声，真正人眼视角下的、能够反映真实街道环境的图片只占了很少的一部分，而大部分的图片数据则是美食、景点等“网红”性质的街道，无法反映出真实的城市街道环境。其次，上述两个平台的图片数据在数据参数和属性方面往往不具有准确的对应性，即用户上传照片时被平台所记录的坐标信息与实际街道或城市空间的地理坐标信息不相对应，因此无法将图片数据在空间整体的分布结构层面进行准确的映射及分析；同时，上述两个平台的数据在城市整体分布层面往往显示出聚集的特点，这些数据主要集中在城市中一些特定的空间范围内，如夫子庙、新街口、紫金山等。因此，其在图片的内容上并不能反映以视觉观察为主要行为的环境感知，同时其也没有覆盖城市中所有的街道或空间，因而很难将人们日常城市活动的主观感知与客观环境两者进行对应的关联分析，进而无法实现从主观感知和客观环境偏差的视角来剖析城市意象的形成机制。相对于上述两个平台，搜索引擎服务平台虽然能够根据研究者的需要找到对应的街道图片，但是其所提供的图片无法形成很好的连续性；同时，搜索引擎服务平台所提供的图片也存在数据格式不统一、数据量过少、无效数据多等诸多问题，无法进行高精度、全覆盖、大规模的物质环境表征测度与分析。

表 3.1 四种街景数据来源类别比较

街景数据来源	数据概况	数据示意
网络图片共享平台（雅虎 Flickr、谷歌 Panoramio 等）	以用户上传为主要数据来源，数据内容相对较为杂乱，噪声数据多 数据大小、分辨率不统一 数量级较小，分布相对集中	
社交媒体分享平台（微博、微信、马蜂窝、小红书等）	以用户分享为主要数据来源，数据包含地理位置和坐标信息 数据大小、分辨率不统一 数据存在由主观性导致的局限性	
开放地图服务平台（百度、谷歌、腾讯等）	数据具有完全统一的大小、分辨率等格式和属性特征 数据基本实现研究范围全覆盖 数据精度高、密度大、数量多	
搜索引擎服务平台（百度、搜狐、谷歌、必应等）	数据分辨率相对较高 数据在大小、分辨率等格式和属性层面具有较大的差异性，不统一 噪声数据较多，总体数据量不足	

综上所述，本书研究所采用的基础街景数据来源于开放地图服务平台。此类来源的街道图片数据在数据质量上噪声较小，图片数据所包含的信息量较为完整，且数据的格式和属性统一，带有与城市实际地理位置准确对应的坐标信息。另外，开放地图服务平台所提供的街道图片数据还具有覆盖范围全面、数据规模大、分辨率高、精度细等特征，因此能

够较为真实地反映街道环境的真实表征，有利于客观、准确地进行测度和分析。同时，街景数据所采集的高度和范围与人眼视觉观察的范围相似，在很大程度上可以反映人们观察街道环境的视觉感受，因而能够实现感知与环境的相互对应。

2）街景数据采集参数设置

由于谷歌地图服务在中国大陆地区的使用限制，腾讯地图服务自2018年开始停止了街道全景地图的开放接口服务，并不再更新街景数据，因此，本书所采用的街景数据为百度开放地图服务于2019年3～9月间所采集的南京中心城区街道全景静态图，数据量总计为368763万张，覆盖了南京中心城区8720条主要街段，基本实现对南京市中心城区街道的全覆盖[①]。本书所采集的街景数据包含像素分辨率、地理坐标位置、航向角及俯仰角等基本属性参数，其中地理坐标位置、俯仰角等为可设置基本参数，可在获取数据时进行设置。基于本书的研究视角和逻辑，本书在数据采集过程中根据人眼视觉观察物质环境的范围[②]和特征，以及以步行为主要环境感受的活动方式，分别对街景数据基础属性中的水平视角、垂直视角、水平范围等参数进行了设定（表3.2），使得所采集的街景数据能够更加契合人们在街道环境中的实际观察和感知结果。

表3.2 本书研究所采集街景数据的基础属性参数

街景数据参数名称	参数描述	默认值	参数设置
街景图片宽度	显示宽度，单位：像素	400	512
街景图片高度	显示高度，单位：像素	300	256
地理坐标系类型	街景数据的坐标类型	BD0911（百度坐标）	—
街景图片水平视角	图片的水平视角，范围[0°,360°]	0°	90°
街景图片垂直视角	图片的垂直视角，范围[0°,90°]	0°	0°
街景图片水平范围	图片水平方向范围，范围[0°,360°]	90°	125°
街景图片采点距离	图片数据两个采集点之间的间隔	0 m	30 m（0.0005°）

① 因南京市存在军事及涉密地区，以及百度开放地图服务的接口更新问题，本书采集的南京大校场机场及其南侧地区数据在数据清洗和筛查过程中为0 KB无效数据，因而将其从分析数据中剔除。由于相关问题数据地块已经处于南京市中心城区边缘的外围，且大多数为建设中的工地空间，因此这对本书的研究结果的有效性和可靠性不构成影响。

② 人们视觉观察的正常视线范围为120°左右，双眼所重合的视线范围为124°，即当视线范围为124°时才能立体地观察街道环境，因而本书选择125°作为图片数据的水平范围，与人眼的观察范围相对应。

3.1.2 街道环境量化测度方法

基于本书的研究视角，对于物质环境表征的解析主要包括基于街道的物质环境构成要素测度和物质环境表征形式测度两个部分。针对这两个部分的研究内容和需求，本书分别使用了机器学习中的有监督学习和半监督学习两类方法，通过全卷积神经网络模型和Info-GAN生成网络模型分别对物质环境的构成要素以表征形式进行识别和分类。

1）街景数据的语义分割识别

卷积神经网络和语义分割的主要作用是对街景数据所反映的街道环境中的特征信息和构成要素进行准确的提取和识别。该过程所体现的为本书所提出的意象感知理论模型中的人们通过观察行为拾取城市物质环境表征信息和要素的基础过程环节。此处，基于有监督学习和街景数据的街道环境表征测度主要包含了街景图片特征语义分割和街景图片构成要素识别。其中，街景图片特征语义分割识别主要根据街景数据的图像特征，如颜色、材质、明暗度等对街景数据中的相关区域进行提取，并统计其占比等数值；而街景图片构成要素的识别同样也是依托有监督学习，在街道要素识别数据集的基础上，对街道环境中的建筑、植物、围墙、道路、行人等自然和人为要素占比、边界等进行识别、提取和统计，进而得到基于街道的物质环境表征信息（图 3.1）。

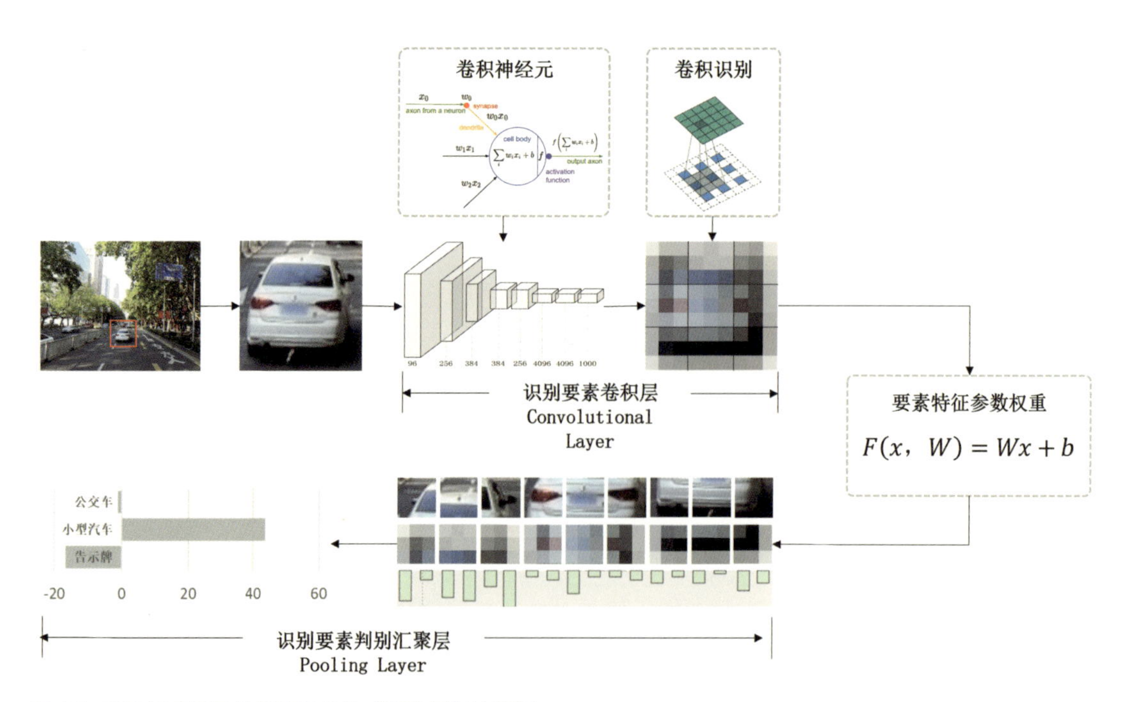

图 3.1 基于深度学习的街景图片构成要素识别流程图

本书对于物质环境构成要素的识别主要采用了 125 层[①] 全卷积神经网络（Full Convolutional Networks，FCN）和残差神经网络（Residual Neural Network，ResNet）相结合的模型架构来进行。这是因为研究所采集的街景数据量较大，单一依靠卷积神经网络的传统算法在识别运算效率和运算结果的品质方面会存在一定的缺陷；同时，单独运用神经网络进行识别时，也会出现识别结果的准确度随着深层神经网络层数的增加而下降的问题。因此，将 ResNet 与 FCN 相结合，利用 ResNet 架构在对街道环境构成要素检测和识别过程中，可以加快神经网络的训练速度和提升识别运算模型的结果准确率等特点，在保持街景数据识别运算高维特征的基础上，降低街景数据要素识别过程中的运算量，同时提高运算结果质量。在此基础上，由于在物质环境构成要素识别时，要实现对每一类要素的准确识别，需要足够多的样本训练集来对识别模型进行培养。因此，本书主要基于国外 CitySpace 街景要素识别网络开源数据集[②]，并结合国内搜狗实验室的街景要素互联网图片库的 1.0 和 2.0 两个训练集版本[③]，通过两个数据集之间的相互弥补来优化基于街道的物质环境构成要素识别基础训练模型，提升物质环境构成要素识别的类型和准确度。另外，在 FCN 全卷积神经网络结合 ResNet 的基础上，本书还采用了 MobileNets 高效模型应用于对图像视觉层面的识别和对街景图片所展现出的街道环境中的特征区域进行细颗粒度的分类。将 MobileNets 模型引入物质环境表征的识别和分类过程的目的主要是利用 MobileNets 对于细粒度和特征类型要素识别任务的执行能力，对基于街道的物质环境中像素级的材质、色彩等形式特征予以识别；同时，轻量级的 MobileNets 在一定程度上也可以优化图片像素级识别的准确性，提升了结果的准确性。

2）街景数据的 InfoGAN 模型特征分类

相对于有监督学习的全卷积神经网络对街景图片及其所包含要素的语义分割和识别，InfoGAN 在本书研究中的主要作用是根据街景图片在图像层面上所显示出的视觉特征进行区分，即对街景图片所反映的具有不同表征形式和视觉感官刺激导向的物质环境进行分类，

---

① 深层神经网络的层数并不是越多越好，在物质环境要素识别过程中，层数达到一定的阈值后，神经网络的性能出现瓶颈，进而导致识别的准确度会随着层数的再次增加而降低。通过反复的识别实验，当神经网络层数在 124~126 时，要素识别结果的准确度相对最高，因此本书最终选择了 125 层作为神经网络的层数。

② CitySpace 是国外开源数据集平台，提供由德国 16 座城市和法国、瑞士两座城市总计 18 座欧洲城市街道人工标签数据集，标注类型包含了建筑、车辆、植物、道路等街道环境基础构成要素。数据集来源：https://www.cityscapes-dataset.com/。

③ 搜狗实验室数据集为国内人工标注数据集，需通过申请获取；搜狗数据集 1.0 和 2.0 版本总共提供了包含人物、山体、天空、河流、围墙、建筑、动物、非机动车等在内的 12 836 535 张街道要素标注数据集。数据集来源：http://www.sogou.com/labs/resource/list_pic.php。

其主要用于实现本书对街道环境中建筑风貌表征形式的测度。不同于有监督学习在识别物质环境要素时需要大量的基础数据集进行模型的培养，InfoGAN 则主要是根据街景图片数据在计算机视觉[①]特征形式上的不同，如街景的图像主导色调、色彩、明亮度、建筑高低等，通过对模型输入向量维度的调节，进而寻找和发现所输入的街景数据之间存在的数据结构特征或规律[1]，从而将具有不同特征的街景图片分别进行分类（图 3.2）。因此，InfoGAN 模型对于数据的分类在很大程度上是模型自身根据图像数据的内在视觉结构和特征形式所进行的抽象和演绎归纳的结果。同时，InfoGAN 模型对于街景图片的分析作用也不同于有监督学习对图像中所含要素的准确识别，其更多的是对反映不同视觉表征形式的街景数据的分类归纳，即在一定程度上基于街景数据对人们观察物质环境时所获得的整体表征形式和特征进行测度，如建筑风貌表征等。

图 3.2 研究过程中不同特征维度试验下的 InfoGAN 街景数据分类结果

在本书研究中，InfoGAN 模型主要用于根据街景数据所具有的图像视觉形式及特征，对街景数据进行初步的整体风貌氛围分类，以及基于街道两侧围合建筑的视觉形式、色彩等特征对基于街道的物质环境建筑表征形式进行分类，从而对物质环境所具有的感知导向性进行探讨。在本书研究过程中，考虑到 GAN 无监督学习模型对含有不同维度表征信息的街景图片在识别过程中的不可控性，以及可能导致的结果在整体研究中的无效性。因此，本书在 InfoGAN 模型的基础上，在其自分类的过程中采用了半监督的学习方法，即对 InfoGAN 模型每一轮的识别结果中的少量部分数据进行人为的标记（图 3.3），约束 InfoGAN 模型中的隐变量与结果生成器之间的关系，从而使得模型每一轮的识别结果能够与基于街道的物质环境表征形式所具有的语义特征相互联系。同时，在 InfoGAN 的基础上，为了提升建筑风貌识别结果的准确性，本书在 InfoGAN 半监督学习分类的基础上，叠加了

① 计算机视觉是指通过各种方法和技术建立能够实现从图像及其包含的多维数据或参数来代替人类视觉感官和大脑完成对图像信息的获取及处理的人工智能系统，使得计算机能够模拟人类通过视觉观察和理解外部环境。

有监督学习的识别验证环节，进而对基于街道的物质环境中的建筑风貌等表征类型进行有特征导向的分类[2]。例如，根据分类的结果，对其中天空占比高的图片数据进行天空可视域的标注，对识别结果中具有典型建筑风貌的图片如历史、工业、底层商业建筑等进行对应的风貌标注分类等。

图 3.3 本书建构的有监督学习建筑风貌识别训练集部分样本示意
注：训练集图片为本书通过自开发的“以图搜图”程序批量获取的网页图片。

3.1.3 街道环境量化测度流程

基于上文所述街道环境量化测度的基础数据和方法的内容，以及本书以城市空间意象为导向的研究目的和内容，基于街道的物质环境表征量化流程主要包含三个阶段的六项测度工作（图 3.4）。首先是以开放地图服务平台为来源的街道全景静态图的数据采集和预处理阶段。此阶段主要是为物质环境的量化测度解析进行数据和方法层面的准备工作。其次是分别采用有监督学习语义分割和半监督学习特征分类方法对街景数据所反映的物质环境构成要素、占比以及特征形式进行识别和分类。这一阶段是对基于街道的物质环境进行量化测度的关键阶段。最后是根据上一阶段的量化识别和测度结果，通过 GIS（Geographic Information System，地理信息系统）空间分析平台、SPSS 数据统计分析工具和 MATLAB 等空间和统计分析工具对结果进行进一步的统计和分析，寻找和发现案例城市物质环境的表征规律和在空间分布层面所具有的结构性特征。同时，基于街道的物质环境量化解析也是本书研究中的基础环节，其解析结果是第 4 章环境初级感知的计算基础。

1）数据采集与预处理

前已述及，本书研究所采用的基础数据为百度街道全景静态图。首先，在明确研究基础数据来源的基础上，本书采用了栅格点阵的方法，通过百度地图开放平台所公开的 API 接口和官方给出的 API 调用权限及获取方法，对南京市中心城区范围内的街景数据进行采集。在采集过程中，为避免数据量过载而导致的街景数据重复或过密而影响后续识别分析

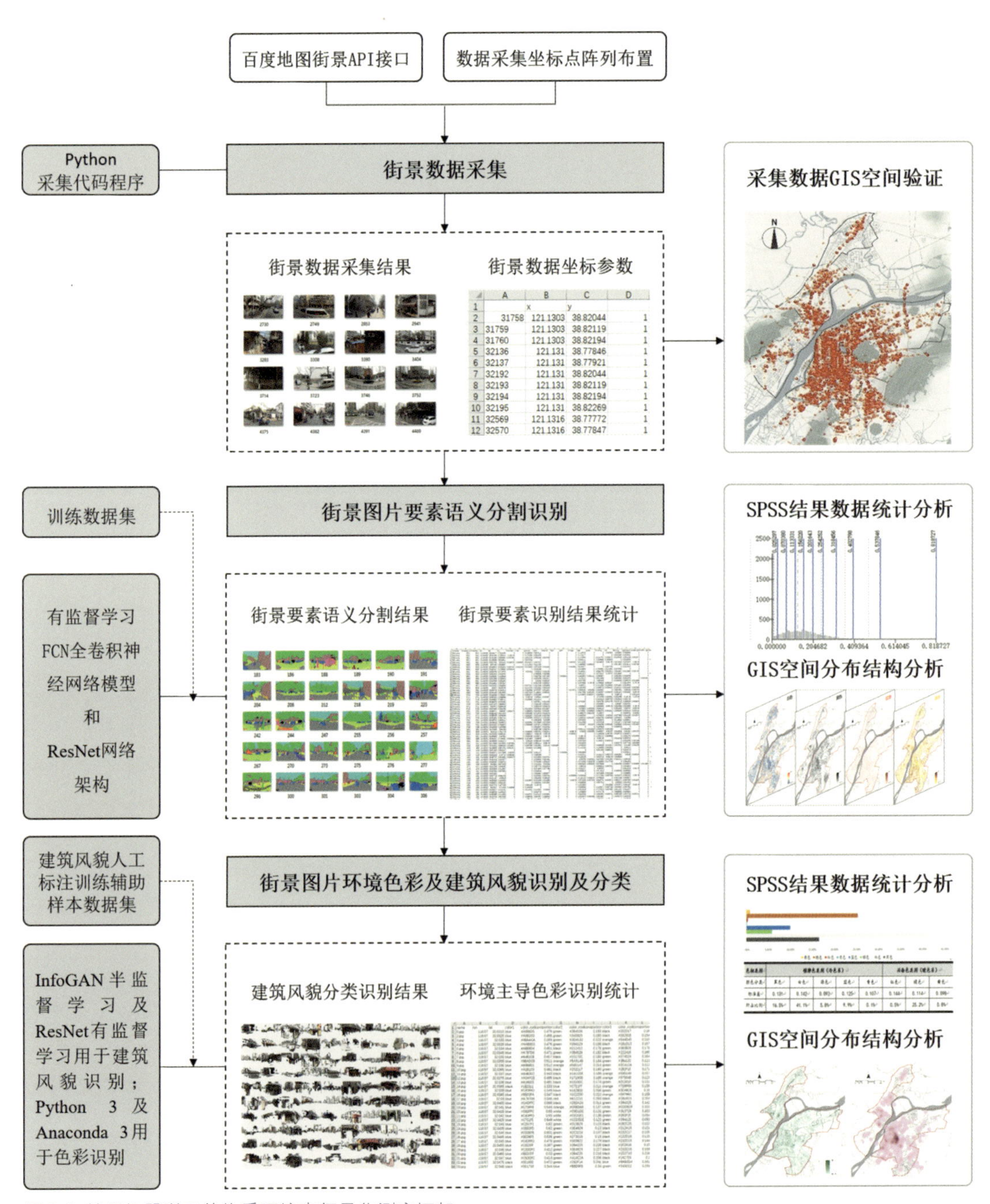

图 3.4 基于机器学习的物质环境表征量化测度框架

的问题，本书选取了 0.000 5×0.000 5 的栅格尺寸进行街景数据采样点的设置，基本为每 25 m[①] 采集一张街景图片。在对街景数据基础属性参数设置的基础上（表 3.2），依据《南京市城市规划条例（修正）》与《南京市城市道路交通工程设计与建设管理导则》内容中对城区街道两侧建筑退界和路幅宽度的相关规定，本书在街景数据的采集过程中，以道路中心线为标准参照，街景数据采集范围根据道路等级的不同（城市快速、主干道路两侧 50 m；次干道路两侧 35 m；支路等巷道各 29 m）向两侧进行拓展。最终，本书研究共采集南京中心城区街景图片 368 763 张，涵盖南京中心城区 8 720 条街段。在完成数据采集的基础上，街景数据的预处理主要包含两个部分。首先是对所采集的街景数据进行清洗，其主要目的是剔除采集数据中的 0 KB 无图像数据、重复叠加数据及非街道观察视角或者无法体现以街道为基础的物质环境的街景数据。其次，百度街景数据在采集时其数据所具有的坐标类型为百度自身的 BD0911 坐标系，其与本书进行空间映射分析所使用的南京市域矢量路网数据的 WGS84 大地坐标系不统一，使得街景数据点与空间路网无法匹配。因此，在对噪声数据清洗的基础上，需要对清洗后的有效数据进行坐标类型的转换。此处，本书借助了百度地图开放服务平台所提供的坐标转换服务，调整街景数据输入和输出的坐标系代码，对所采集的街景数据进行坐标系的统一转换，使得街景数据的坐标参数与空间矢量路网坐标参数相统一。

2）数据内容识别与测度

根据上文所述，本书研究所采用的机器学习相关方法，在对基础研究数据采集和预处理的基础上，对于基于街道的物质环境表征形式的量化识别与测度主要通过街景环境要素识别和视觉表征形式两个方面进行。

首先是通过语义分割和全卷积神经网络对街景数据中所反映的物质环境构成要素进行识别和统计，对以街道为基础的物质环境进行量化解构，即识别出人们在街道中观察周边环境时视觉所捕捉到的主要构成要素类型，并将这些构成要素在视觉观察中所占的比例进行了更加准确的量化统计（图 3.5）。这一部分的主要工作是以相对客观量化的方法将人们视觉所观察到的物质环境进行表征信息的提取，从而为后一阶段从主观感知与客观环境偏差视角来探讨城市意象的形成和相关物质环境影响要素体系奠定基础。对以街道为

① 考虑到人眼视觉观察的范围，距离越远，人眼所观察到的街道环境要素会越宏观和模糊。因而，在综合考虑数据量和基于街道的物质环境要素信息体现清晰度的基础上，选择 25 m 作为街景数据的采样距离。按照每 25 m 的距离进行街景数据的采集，所得到的街景数据既能很好地体现物质环境的要素构成和形式，同时也能够反映出人们在街道空间中进行观察的形式特征、整体感受和景深关系。

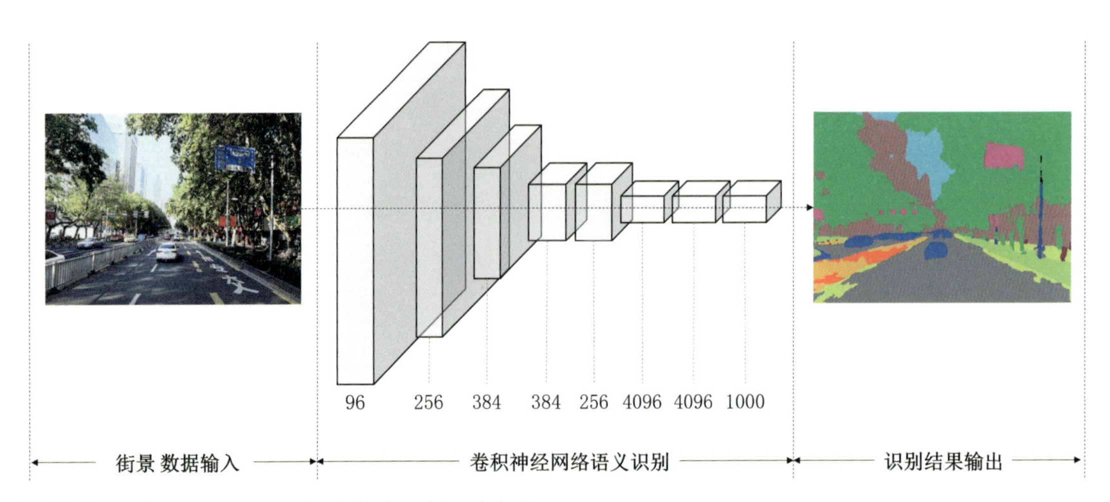

图 3.5 基于有监督学习的街道环境构成要素识别过程

图 3.6 基于有监督学习的街道环境构成要素识别结果

基础的物质环境构成要素识别主要按照原始街景图片数据输入—语义识别数据集调用—运行卷积神经网络—要素语义分割识别—识别结果输出的步骤进行，由于对物质环境构成要素识别的方法和涉及有监督学习及语义分割数据集等相关的技术内容已在上文中予以了阐述，因而此处不再赘述（图 3.6）。

其次，在对构成要素识别的同时，对于以街道为基础的物质环境表征形式的分类和识

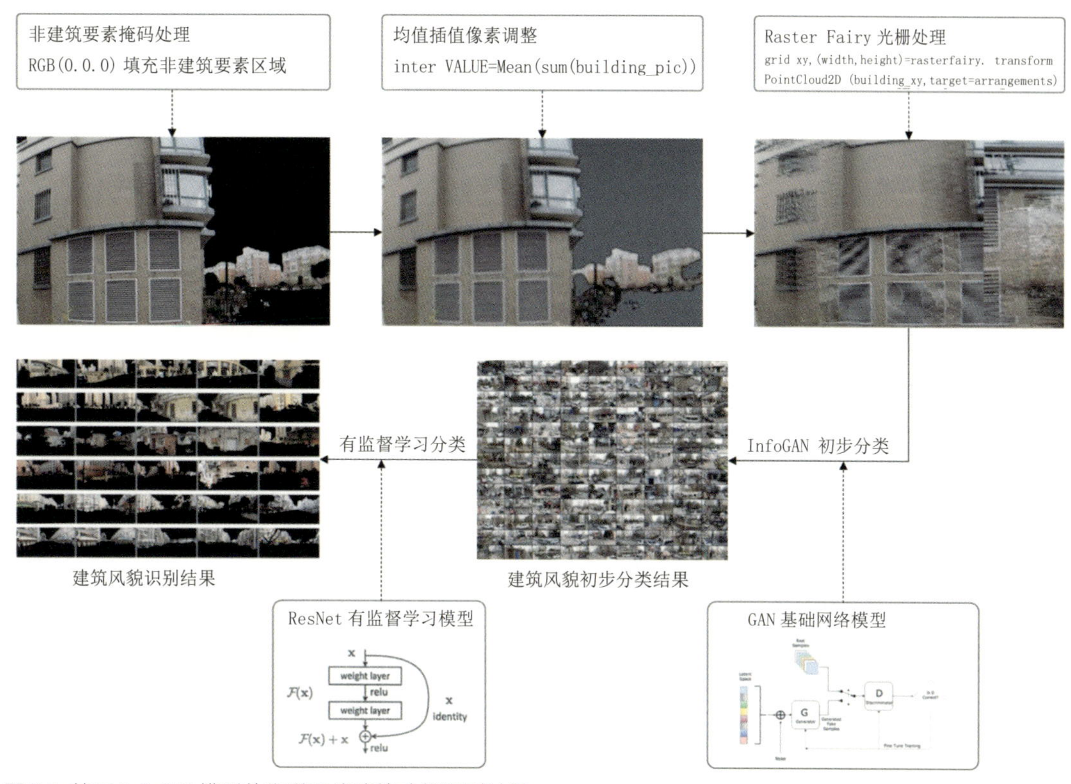

图 3.7 基于 InfoGAN 模型的街道环境建筑功能识别过程

别主要由环境主导色彩及色彩构成识别和整体环境风貌分类两部分构成。其中，对于环境色彩的识别主要通过使用 Python 3 和 Anaconda 3[①] 工具进行，主要对街景数据所反映的物质环境的颜色组成、各颜色分布区间和比例进行识别与统计。其主要流程为输入街景图片—将图片像素格式从 RGB 转换为 HSV—识别 HSV 三通道数值—划分颜色分布区间—统计像素数量—提取绘制主导色块—输出识别图片及数值结果。对于街道建筑风貌的识别，主要利用 InfoGAN 模型。先根据街景图片中的建筑要素在图像视觉上的特征进行分类，进而根据分类结果叠加有监督学习的结果验证过程，得到更为准确的建筑风貌识别结果。其主要包含以下三个步骤（图 3.7）。

第一步是在有监督学习对街景图片要素语义分割识别结果的基础上，对语义分割后的包含建筑的街景图片进行分析。在此过程中，因为不同的建筑要素的大小、形状会导致数据之间存在一定的识别结果偏差，并导致最终测度结果存在一定的误差。因此，对于语

① Anaconda 是一种开源的 Python 版本，Anaconda 3 集成安装了大量的扩展库和科学包。在 Anaconda 3 平台基础上，通过图像视觉色卡程序的应用，进而对街景图片所反映的物质环境色彩进行识别和统计。

义分割后的、包含建筑的街景图片，首先是对非建筑要素的掩码处理，即将非建筑要素用黑色掩码进行覆盖，进而对街景图片中的建筑部分的像素值进行均值插值操作。其次，对均值插值后的包含建筑的街景图片数据进行栅格化（Raster Fairy）光栅处理，即将原图中建筑部分坐标按照临域关系重新编排，使得图片中像素点仅显示建筑部分，并用于InfoGAN的分类模型。

在第一步的基础上，对建筑功能风貌识别的第二步为基于InfoGAN模型的初步分类。其主要通过计算机视觉参数，对街景图片在明度、色彩、材质等方面的差异进行分类。InfoGAN模型在本轮的分类中，仍为半监督学习的方式，即模型所了解的图片数据之外的信息仅限于分类的数量，这些分类数量也是前文在理论分类模型构建时所得。因此，初步分类的结果，包含了计算机对图片中建筑风貌信息的归纳和分类。计算机未被告知区位类型和功能类型与分类的关系，只是单纯从照片数据本体的像素中，通过池化（pooling）的方式将图片颜色、位置、构成关系的特征进行识别和归纳。

由于单一依靠计算机无监督学习分类方法的建筑风貌初步分类结果较为模糊，并且准确度误差相对较大，因此，在利用InfoGAN对建筑风貌进行初步分类的基础上，进一步使用了ResNet有监督学习模型，对建筑风貌的初步分类结果进行明晰模型分类。其中，用于识别的样本数据集建构一方面来自上文所述的互联网建筑类型图片数据集，另一方面则来自对前一步初步分类结果中部分数据的三级标注，即将初步分类结果中的部分数据人为地打上其对应的功能风貌标签，进行有监督学习基础数据样本集的培养。进而将互联网建筑图片数据集和人为标注数据集用于对街景图片数据进行明晰有监督学习分类，并最终得到不同功能类型导向下的建筑风貌识别结果，进而在GIS空间分析平台和SPSS工具中进行相应的统计和分布分析。

3）测度结果统计与分析

基于街景数据识别结果的输出格式和内容，对街景数据识别和分类结果的统计与分析主要由数据统计分析和数据空间分析两部分所构成。首先是基于数值测度结果的数据统计分析，即通过将物质环境构成要素以及表征形式的识别和分类结果进行统计和归纳分析，进而找寻构成要素或表征形式的内在规律，从而与后期整体的环境感受与感知结果相结合进行主观感知与客观环境双层视角下的关联分析。本书研究主要通过运用SPSS以及MATLAB等数据辅助分析软件对街景识别的总体要素数值分布占比、各要素数值分布区间、颜色及风貌的总体导向占比等进行数学统计分析。其次，为使测度的结果能够更加具象，同时也能够与实际的街道环境进行对应的关联分析，本书在对识别和分类结果进行数据统计分析的同时，将数据进行空间映射分析，通过将测度结果在 GIS 空间分析平台与矢量空间数据进行叠合，将带有识别结果信息的街景数据映射在城市整体空间层面，对基于街道的物质环境外在表征整体上的聚集、分散等空间分布情况进行观察和分析，从而更加直观地显现以街道为基础的物质环境外显表征形式。最后，通过归纳和汇总统计分析结果和空间分布特征，得到基于街道的物质环境表征解析结论。

3.2 客观环境表征测度标签构成

根据本书第 2 章所提出的基于主观感知与客观环境偏差视角的意象感知模型，物质环境的构成要素一方面是通过各要素本身所具有的可见性和视觉特征性等条件特征，以及对个体视觉感官所具有的刺激作用直接影响并作用于个体环境初级感知及进阶的主观环境感知结果，其是人们观察和感知城市环境首先获得和最先产生印象的客观因素；另一方面，物质环境的构成要素基于其内在的组合关系和要素间的关联形式构成了客观环境外显的表征形式，并通过综合外显性的环境色彩及风貌等对人们的视觉感官构成一定的刺激作用，从而影响人们对于客观环境的主观感知结果。因此，对物质环境构成要素的量化测度可以理解为是对人们所观察客观物质环境对象的量化解构和对街道环境客观外显特征信息的量化分析。对此，本书以南京中心城区的 8720 条街段的街道环境为案例对象，以反映这些街道环境图景的街景数据为基础，从街道环境构成要素和表征形式两个方面梳理测度标签，并进行识别、统计和空间分析。

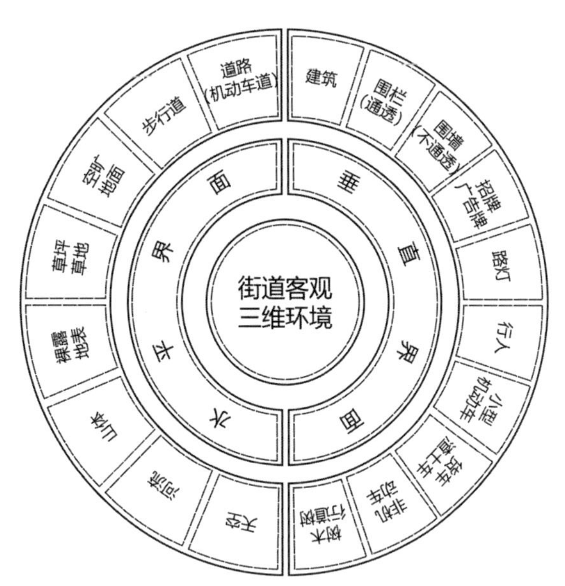

图 3.8 街道客观三维环境构成要素标签体系

3.2.1 基于观察行为的环境构成要素测度标签

根据前文对于以街道为基础的物质环境构成分析，以及人们通过视觉所观察到的物质环境范围，基于街道物质环境的自然和人工构成要素测度标签总体上可以分为垂直界面要素标签和水平界面要素标签两个部分，共 18 类要素标签（图 3.8）。

1）垂直界面要素标签

垂直界面要素标签主要包含反映街道垂直侧界面和剖面的物质环境构成要素和表征，是人们对客观环境进行观察的主要对象。垂直界面要素标签在属性上主要以人工要素为主，是城市规划和城市风貌营造的主要着力点。垂直界面要素标签如图 3.8 所示，主要包括街道两侧围合的建筑或围墙（含通透的围栏和不通透的实体围墙），以及街道两侧的树木、植物等。同时，对于个体的观察行为而言，处于环境观察视线前方及周围的人、机动车、非机动车、路灯及公共服务设施等要素同样也是环境垂直界面要素标签。这些要素虽然在人们初级的视觉观察行为中，对人们视觉观察的刺激作用程度相对于建筑、植物等要素要低，同时也没有显著的表征形式。但是，由于人们感知物质环境过程中的“格式塔”效应，实际上物质环境中的任何要素都会对个体的感知结果构成一定程度的影响。例如，街道两侧环境中人的数量或者自行车数量的不同，会给人们造成不同的环境感受，人多的街道环境会使人们感受到热闹和充满活力，当然也可能会有嘈杂、混乱等负面感受；而人数稀少的街道，则会使人感受到冷清，甚至在很大程度上会引起人们对于街道安全性感受的变化；同样，在街道中机动车数量较多，特别是包含有渣土车、卡车等大型车辆时，人们对于街道的安全性和舒适性感受也会受到很大的负面影响。需要说明的是，由于街道环境垂直界面中的行人、树木、机动车等要素在很大程度上是根据季节、天气、时间等动态变化的，因而很难准确地界定街道环境中相关要素的全年总体分布状态和具体分布区间。本书所采集和使用的街景数据为 2019 年 3 月至 9 月白天时段百度地图开放服务平台所获取的街道全景静态图，因此其在一定程度上可以体现相关要素在街道环境中的平均占比情况。综上所述，街道垂直界面的构成要素由于其处于个体视觉观察范围的主要视线区间，同时又包含和承载了街道环境中主要的功能、业态、景观表征等内容，因此成为向个体传递物质环境客观表征信息的主要载体，也是个体主观环境感知的基础来源。

2）水平界面要素标签

根据前文有关基于街道的物质环境构成的论述，水平界面要素标签可以进一步地划分为底界面要素和顶界面要素。其中，底界面要素包括街道线性平面和开放空间两个维度。基于街道的物质环境底界面线性平面要素标签主要由车行道、人行道及道路边界所构成，其在一定程度上反映了街道的结构，同时也影响着人们基于视觉观察的街道环境感知。例如，人行道的宽度、连续度会影响到人们对于空间可步行性、舒适性和安全性的感知结果；车行道的占比则在一定程度上影响着人们对街道类型和功能的感知导向，同时街道底界面的宽度和在整体街道图片中的占比在很大程度上也体现了基于街道的物质环境开敞程度，并进而潜在地影响着人们对于物质环境的整体感受。街道底界面在开放空间维度的要素构成则强化了街道底界面构成要素对于人们观察和感知物质环境的作用和影响。底界面要素标签在开放空间维度主要包括空地、草坪（绿地）和河流（水体）等景观性要素，是基于街道的物质环境表征所具有的视觉刺激性和形式特征性方面的重要构成因子，其在很大程度上影响着人们对于物质环境的观察结果和基于观察结果的主观环境感知。而与街道底界面要素相对应的顶界面要素标签构成则相对简单，主要包含有天空和山体两项要素标签。街道环境顶界面中的天空要素标签是影响人们对于空间开敞程度和环境明亮度感受的重要影响因素，其所指的是人们正常视觉观察仰角（0°~70°）范围内，在街道两侧建筑或树木遮挡下能够被人们观察到的天空范围；而山体要素则由于其在人们的视觉观察中往往处于背景的位置，位于人们视觉观察的水平视线以上范围，与天空相接，因而将其作为街道环境顶界面的构成标签。水平界面要素标签与垂直界面相比，主要由自然属性的要素所构成。相对于垂直界面的构成要素，街道水平界面的构成要素在很大程度上可以被认为是物质环境的“基底”，其虽然在要素的信息载荷上不如街道垂直界面中的建筑等丰富，对于个体感知的影响程度在信息量层面上也相对较弱。但是，水平界面要素标签在很大程度上搭建了物质环境的感知边界“框架”，并影响了人们对于客观环境的基础印象感知。

3.2.2 基于视觉刺激的环境表征形式测度标签

由于本书是从人们在街道中的环境观察行为出发，对主观感知与客观环境之间的偏差关系及主客观交互下的城市意象进行探讨；因此，对于街道环境表征形式的测度同样侧重于个体所能观察到的环境外显表征，以及客观环境对个体视觉感官具有刺激作用的层面。根据上文对物质环境构成要素的测度结果，以及观察行为中个体视觉感官所受到的主要刺激因素，本书选择了环境色彩和建筑风貌两类指标对环境表征形式进行测度。

1）环境色彩

对于个体以观察行为为基础的环境感知过程而言，色彩对于个体的视觉感官既具有外显性的直接刺激作用，同时也存在潜存性的影响作用。一方面，街道环境中具有鲜明或突出性色彩的要素，会直接通过对个体视觉感官的刺激引起人们的关注，使得人们对其产生深刻的感官印象。另一方面，当街道环境中不具有突出的色彩要素或者突出性的色彩要素过多时，环境色彩对个体环境的主观感知则主要通过环境整体色彩氛围和环境主导色彩两个方面进行影响。如图 3.9 所示，在南京弘阳广场步行街环境中存在多种鲜艳的色彩建筑。

图 3.9 南京弘阳广场步行街的环境色彩表征

但是由于其数量分布较多，因此人们并不会对其中某一色彩突出的建筑产生特定的印象，而是以“有趣的”“五彩缤纷的”等整体性的环境氛围感知为主。与此相对的，当街道环境中存在一种主导颜色或者色彩都集中在某一色相区间时，即使这些色彩不会引起人们显著的感知反应，但是其仍然会构成个体主观环境感知的重要部分。例如，绿色的街道环境、灰瓦白墙的徽州街道环境等都体现了这一层面环境色彩对主观感知的影响作用。综上所述，本书对于街道环境色彩的测度是基于客观环境色彩表征对个体感知的刺激作用和两者之间的关系，主要从环境色彩类型和环境主导色彩两个部分进行。

（1）环境色彩类型

对于城市环境色彩类型，王京红从广义色彩层面将环境色彩分为自然色彩（植物、河流、山体等的色彩）和人工色彩（建筑、道路、围墙等的色彩）两个类型[3]。这一环境色彩分类在物质环境构成要素层面没有问题，但是在本书研究中却无法体现环境色彩表征对人们视觉感官的刺激作用，以及在视觉刺激下主观环境感知的形成机制。因此，本书基于色彩心理学中个体对色彩在生理及心理层面的反应规律[4]，将环境色彩根据其对人们环境感知导向的影响作用，分为镇静色、兴奋色两个部分进行测度（表 3.3）。

表 3.3 街道环境色彩空间分布结构汇总表

色彩类型	色调分布	类型说明	主要颜色构成
镇静色	冷色调	主要是指对人们的视觉感官不构成强烈刺激，人们对客观环境的感知较为平静，不会引起人们对其所处外部环境的强烈感知或反应的色彩范围，一般以冷色调为主	街道环境中镇静色的主要构成为：树木、山体及草皮的绿色，河流、湖泊、水体的蓝色及青色等自然色彩；道路、围墙的灰黑色，建筑、构筑物等的灰色及白色等人工色彩
兴奋色	暖色调	主要是指人们在观察物质环境的过程中，能够对个体的视觉感官构成强烈刺激作用，从而使得个体对客观环境产生特定且强烈主观感知结果的色彩范围，一般以暖色调为主	街道环境中镇静色的主要构成为：街道花卉植物景观等具有的红色、黄色等自然色彩；建筑立面、招牌等具有的橘色、红色、黄色等人工色彩

在人们观察和感知街道环境的过程中，一方面，镇静色由于其对个体视觉感官具有较为温和的刺激作用，因而会使得人们产生放松、舒适的环境感知；另一方面，人们对于镇静色主导的街道环境持续性、长时间的观察，也会使得人们产生单调、乏味等主观感知结果。相对于镇静色，兴奋色对个体视觉感官所具有的强烈刺激作用主要由两个方面构成：一方面，兴奋色的主导色彩构成会比镇静色的色彩构成更容易吸引个体视线的关注度；另一方面，兴奋色对个体视觉感官的强烈刺激还来自其在整体环境表征中所具有的视觉差异性，即在整体环境色彩表征中的色彩突出性。由于兴奋色对个体视觉感官具有强烈的刺激作用，因而会使得人们产生"丰富有趣"等的环境感知。但同时，兴奋色对个体视觉感官的高强度刺激作用，也会导致人们在以兴奋色为主导的街道环境中长时间驻留时容易产生视觉疲劳[5]，进而产生乏味、混乱等负面的主观环境感知结果。

（2）环境主导色彩

环境主导色彩是在对包含镇静色和兴奋色在内的物质环境表征色彩类型测度的基础上，提炼和抽象出客观环境中具有主导性的色彩，并将其视为物质环境所具有的主导色彩。在人们通过观察行为感知客观环境的过程中，人们对于环境色彩信息的拾取，或者环境色彩表征对个体的影响可以分为两个阶段。第一阶段是人们对于环境色彩的识别，即上文所述对于物质环境中构成要素表象颜色的识别。第二阶段则是将环境色彩识别的结果进行抽象和收敛。在这一阶段中，人们对于环境色彩空间性的识别和感知结果，以面积大小不一的色块形式传递并输入大脑中，进而形成对于环境色彩表征的总体感知。通常情况下，色块面积越大，其对个体环境色彩表征的感知影响作用也就越大，而环境主导色彩就是街道环境中面积最大的色块，或色彩相近的色块总和。例如，人们对于街道环境中建筑立面或者界面的色彩感知，是在对建筑立面或界面所具有的表象颜色识别的基础上，将识别的结果以一定比例的色块进行记忆，进而通过联系其他环境构成要素和表征形式进行综合理解后，形成对于客观环境的主观感知。对街道环境主导色彩的测度从街景图片中提取主色调，将街景图片中占比最高的 5 种颜色按比例标记在图片中（图 3.10），并以表格文件记录颜色 RGB 代码（按 HSV 构成划分区间）和比例。

2）建筑风貌

根据物质环境构成要素的识别及量化测度结果，建筑作为街道环境中占比最大的构成要素，其不仅在一定程度上主导着街道客观环境的整体表征形式，而且也由于人们在街道环境中的观察行为以左右环顾为主导，从而在人们观察并感知客观环境的过程中具有首要的影响作用。街道环境中的建筑风貌在对个体主观环境感知影响的过程中，除了建筑表面

图 3.10 基于街景数据的街道环境主导色彩分析

特征对个体视觉的刺激作用外，还反映了图 2.6 所示的建筑风貌不同而导致的不同街道环境之间在个体感知层面存在的表征差异性。对于建筑风貌的划分和定义当前仍然存在着分歧，建筑学视角、艺术学视角等对于建筑风貌的划分标准及描述也存在差异。由于本书研究的方向主要在城市规划学和建筑学领域，因此对于街道环境中建筑风貌的测度标签主要以建筑立面表征形式为基础进行建构。在城市规划学及建筑学领域，对于建筑风貌的测度标签主要由建筑层高、建筑体量、建筑质量、建筑材质、建筑形式、建筑色彩等构成[6]。然而，在主观感知与客观环境交互下的城市意象研究框架下，上述测度指标在很大程度上只体现了街道环境中建筑风貌的单一客观表征形式，很难作为一个统一的客观环境测度结果的“出口”与人们对于客观环境的感知相呼应，也没有以此为基础与人们感知环境时的动机或需求相对应。对此，本书以建筑的功能类型为个体感知建筑风貌的“出口”，一方面通过建筑的功能类型总控上述建筑高度、色彩、尺度等表征因子[7]，对建筑风貌进行测度；另一方面，将建筑功能类型作为风貌的划分标准与主观环境感知过程中个体的动机与需求相对应，从而探析街道环境中建筑风貌表征对个体主观环境感知的导向作用，进而产生主观感知与客观环境在建筑风貌及环境整体表征层面的偏差特征，以及这种偏差所反映的城市意象的形成规律。

综上所述，本书基于建筑的基础指标和与个体在城市中活动的功能指标，总共设置了六类建筑风貌视觉测度标签（图 3.11）。其中，商业建筑主要是指在个体视觉观察层面能够使人们对街道环境产生商业生活感知导向的建筑，包含街道两侧的商业广场、综合体及独立的商业裙房建筑等；商务建筑则主要以外观上为玻璃幕墙、高度较高且建筑色彩偏冷色系的建筑为主，其能够使得人们对于街道环境产生较为明确的商务办公感知导向；历史建筑主要为城市中具有典型历史人文特征的建筑类型，其主要通过建筑色彩、建筑形式（建筑轮廓、符号等）影响人们的感知导向，如南京的老门东明清历史建筑风貌、长江路民国历史建筑风貌，以及具有典型传统历史建筑风貌元素的新建建筑等；工业建筑主要是指街道环境中的工业厂房等建筑，此类建筑通常体量较大，立面无窗，建筑色彩以白色、灰色或蓝色等冷色调为主；行政公共服务建筑主要反映街道环境中的医院、政府办公楼、社区服务中心等建筑风貌，此类建筑与商务建筑类似，但是建筑高度相对较矮，体量相对较小，此类建筑风貌会使得人们对街道环境产生生活服务功能类型的感知导向；居住建筑主要反映的是人们日常居住的建筑风貌类型，包含多层居住建筑、高层居住建筑、公寓及别墅等，是城市中分布最多的建筑风貌类型。

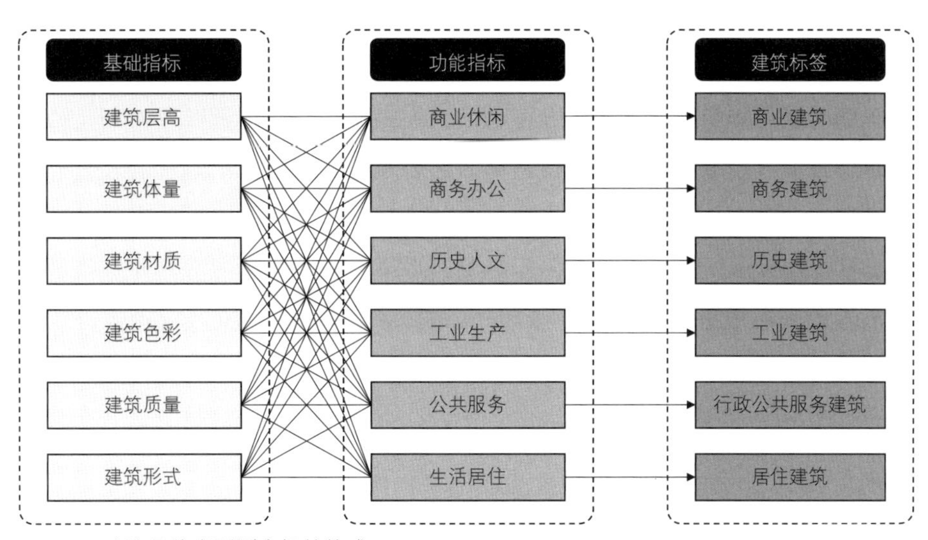

图 3.11 建筑风貌类型测度标签构成

3.3 客观环境构成要素特征——以南京中心城区为例

南京中心城区街道环境的构成要素特征，主要反映了街道环境中客观要素所具有的基础可见性，以及在这种要素基础可见性之上的对人们环境观察和感知所具有的初级影响作用。基于上文所述的测度方法及标签，通过对南京中心城区 8720 条街段对应的街景图片中的构成要素进行识别、统计分析和空间落点分析后发现，南京中心城区街道环境的构成要素在整体数据统计层面具有与基础可见性相对应的三层级分布特征，以及正态分布、左偏态分布和右偏态分布共存的数据统计特征；另外，街道环境中的 18 类构成要素在空间分布层面也存在中心集聚、斑块聚合、簇核散布和圈层递增 / 减的分布结构特征，反映了基础可见性层面街道环境所具有的特征。

3.3.1 街道环境构成要素统计特征

在街道环境中，各类构成要素在整体环境中所占的比例一方面体现为物质环境的外显客观表征，即物质环境中各要素所具有的基础可见性；另一方面也影响着个体观察外部环境所获得的信息，以及在视觉感官层面产生的初级反应。因此，本书通过对所采集的南京36万张街景数据的图像要素进行有监督的语义分割识别，统计其各要素在街道环境中的占比情况，进而讨论基于要素构成的街道环境图景特征和表征形式。

1）三层级分布的要素整体数据统计特征

基于计算机视觉模拟人们对街道环境的观察和所拾取的物质环境表征信息，本书通过有监督学习的全卷积神经网络对所采集的南京中心城区368763张百度街道全景静态图进行了环境图景构成要素的内容识别。前已述及，基于街道的物质环境构成和开源要素识别训练集，本书总共对街道环境中所包含的18类自然属性和人工属性的要素进行了识别，并分别统计和计算了18类构成要素在街景图片中所覆盖的像素范围占整张街景图片总像素的比值。在此基础上，通过将有效街景样本的识别数据输入SPSS软件中计算和统计其频数和平均值（式3-1），进而分析南京中心城区街道环境中要素的总体分布情况，并讨论其对个体主观感知的影响情况（图3.12）。

$$P_{\mathrm{a}} = \left(\sum I_{\mathrm{f}} \times I_{\mathrm{w}}\right) \div D_{\mathrm{v}} \times 100\% \quad (3\text{-}1)$$

式中，P_{a}为某一构成要素的像素占比平均值；I_{f}为该要素在总体测度数据中的频数；I_{w}为该要素在总体测度数据结果中的权值；D_{v}为总计有效测度数据样本数量。

在要素识别结果的像素占比层面，经统计计算，南京中心城区街道环境内，天空、建筑、道路、树木4类要素构成了人们观察物质环境的第一层级要素，这4类要素占据了总像素的75.3%。因此，这4类要素在要素构成比例上可以被认为是街道环境中的主要构成要素，同样也是人们所能观察到的主要客观环境要素。而这4类第一层级的环境要素中，建筑为占比最高的环境构成要素，其占比为34.5%，树木、道路和天空3类要素的占比依次为16.8%、14%和10%。街道环境中的第二层级要素主要由小型汽车、实体围墙、步行道和空旷地面构成，这4类要素的像素总计占据了所有街景图片总像素的18.6%，4类要素的占比依次为7%、5%、4.6%和2%。而余下的山体（0.7%）、河流（0.1%）、裸露地表（0.1%）、草皮（0.7%）、通透围栏（0.8%）、告示牌（1.1%）、路灯（0.2%）、行人（1.2%）、卡车（0.8%）

及非机动车（0.4%）则是人们对物质环境进行观察过程中的第三层级要素，其只占到了街景图片总像素的 6.1%。

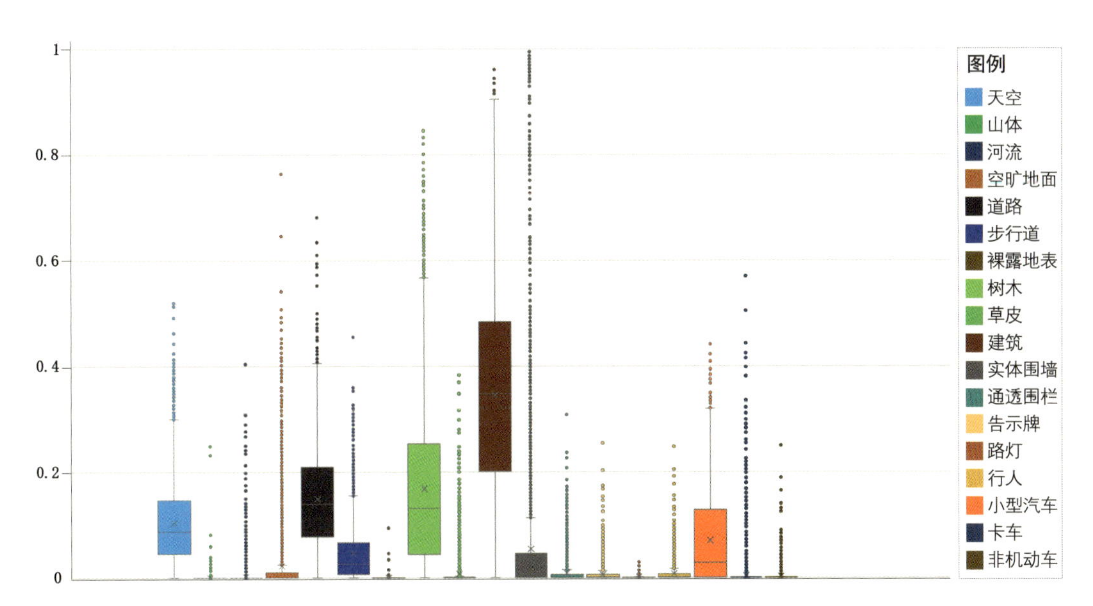

图 3.12 南京中心城区街道环境构成要素总体统计特征

表 3.4 街道环境构成要素识别结果

主导要素	建筑、道路	树木、草地	建筑、行人	建筑、道路	建筑、小型汽车
街景图片					

基于本书第 2 章所述内容，物质环境中各构成要素在街景图片中的占比在很大程度上反映了各要素在个体观察物质环境过程中所具有的基础可见性，即能够被人们所观察到的可能性。因此，物质环境中构成要素的占比越高在很大程度上代表着其所具有的基础可见性越高，也就越能在人们观察物质环境、拾取客观环境表征信息的过程中占据主导地位，并进而通过对个体的视觉感官刺激影响人们对于客观环境的主观感知（表 3.4）。以街道环境中占比最高的建筑要素为例，本书在研究前期完成的问卷调研结果，初步显示了街道要素占比、基础可见性与个体感知偏向性之间的关系。问卷调研参试者中共有 111 人（占比 64.16%），表明当其处于街道环境中时，建筑为其首位关注要素。而建筑之所以能够成为人们主观环境感知中的主导要素，主要是因为其在街道环境中能够被个体观察到的可

见性。同时，街道环境中的建筑要素其本身所具有的客观信息载荷相较于其他要素要多，本书将在第 3、4 节对物质环境色彩和风貌表征形式的测度中进行深入说明。

基于要素识别的像素占比结果，所识别的 18 类环境构成要素在属性和环境分布层面还具有以下特征：首先，在南京中心城区街道环境中占比较高的要素以人工属性为主，人工属性的构成要素在街道环境中总计占比 69.6%，是人们对街道环境的主要观察对象。其次，在要素的街道环境分布范围方面，街道垂直界面中的构成要素占比（67.8%）显著高于水平界面中的构成要素占比（32.2%）。而物质环境构成要素在街道中的这一分布特征在一定程度上也与人们在街道环境中的观察行为相对应，即人们在街道环境中主要以左右环顾，而非上下扫视的方式观察其所处外部环境并拾取物质环境的表征信息。最后，上述三个层级的构成要素在街道环境的空间分布层次方面也具有一定的内在联系性。其中，第二层级要素中的实体围墙通常与第一层级中的建筑相组合，共同构成街道环境的围合要素；同样，第一层级要素中的道路作为街道环境水平底界面的基本载体，其也与第二层级要素中的小型汽车、步行道等相互关联，而第二层级的空旷地面要素则与第一层级的天空等要素共同影响着人们对于街道环境开敞度的视觉感受。相对于前两个层级的环境构成要素，第三层级的要素在空间分布和环境占比方面都相对较小。因而，其在一定程度上可以被看作是在前两个层级要素基础上的叠加。但是，前已述及，由于个体感知客观环境过程中所具有的“格式塔”心理特征，因此，虽然第三层级的要素占比较小，但是其在人们对某些环境进行感知时，却会起到一定的确定性作用。例如，对于存在卡车要素的街道环境，无论其建筑或树木的外在表征品质有多高，人们在一定程度上仍然会感到不安全，从而影响人们对于客观环境的主观感知。

2）均衡型、陡壁型共存的各要素数据分布特征

对于以街道环境为对象的主客观交互感知过程而言，各要素在城市总体街道环境中的分布比例虽然在很大程度上能够明确个体对客观环境进行感知时其所观察到的物质环境对象的可见性层级关系，但是却无法体现单一街道环境构成要素在数值统计层面的波动情况。事实上，街道环境单一构成要素所具有的数值统计波动和分布特征所反映的是街道环境中各构成要素在人们观察和感知客观环境过程中能够可见及被观察到的稳定性，以及在城市整体街道环境中分布的均衡性。而街道环境中各构成要素分布的稳定性和均衡性在很大程度上会影响人们对于物质环境的观察结果，并进而作用于主观感知与客观环境交互下的城市意象形成以及之间所存在的偏差关系。以建筑为例，如果城市中所有街道环境都包含有建筑要素且建筑在各街道中的占比量阈值相同，那么即使建筑在街道环境中具有较高的可

见性，但是其却无法使人们通过观察对比而产生街道围合度或开敞度的感知差异。正如本书第 2 章所述，物质环境构成要素在基础可见性的基础上对人们观察和感知结果的影响一方面来自要素的视觉刺激性，另一方面则来自不同环境对比而产生的表征差异性。因此，本书在对街道环境中各构成要素占比进行总体统计的基础上，通过 SPSS 软件和 GIS 空间分析平台对街道环境中各构成要素的平均数、中位数和标准差进行了统计计算（表 3.5），进一步分析了街道环境中各构成要素的波动和分布均衡性情况，为后文探讨主观感知与客观环境之间的偏差关系做了必要的分析准备。

表 3.5 街道环境构成要素占比分布统计表

要素类别	建筑	要素类别	天空	要素类别	树木
2500 2000 1500 1000 500 0 0.025297 0.070380 0.113331 0.156220 0.201643 0.254252 0.318456 0.402798 0.537846 0.818727 0.000000 0.204682 0.409364 0.614045 0.818727		2500 2000 1500 1000 500 0 0.028814 0.078167 0.120140 0.161271 0.203041 0.247251 0.294999 0.345141 0.402546 0.560254 0.000000 0.140064 0.280127 0.420191 0.560254		1000 8000 6000 4000 2000 0 0.004523 0.008301 0.013784 0.020773 0.034916 0.058278 0.120056 0.000000 0.030014 0.060028 0.090042 0.120056	
中位数	0.348	中位数	0.087	中位数	0.131
平均数	0.121	平均数	0.258	平均数	0.205
标准差	0.15	标准差	0.135	标准差	0.179
要素类别	道路	要素类别	空旷地面	要素类别	小型汽车
2500 2000 1500 1000 500 0 0.041728 0.108972 0.156351 0.196781 0.235546 0.273591 0.313011 0.355024 0.408713 0.633232 0.000000 0.158308 0.316616 0.474924 0.633232		6000 5000 4000 3000 2000 1000 0 0.016202 0.030150 0.047917 0.071085 0.100902 0.143784 0.205488 0.314668 0.467668 0.000000 0.116917 0.233834 0.350751 0.467668		4000 3000 2000 1000 0 0.007336 0.020893 0.037151 0.056173 0.076886 0.099878 0.129227 0.171946 0.234450 0.399393 0.000000 0.099848 0.199696 0.299544 0.399393	
中位数	0.14	中位数	0.001	中位数	0.028
平均数	0.245	平均数	0.036	平均数	0.022
标准差	0.132	标准差	0.07	标准差	0.047
要素类别	步行道	要素类别	实体围墙	要素类别	山体
3000 2500 2000 1500 1000 500 0 0.006469 0.017497 0.028615 0.041620 0.057009 0.075868 0.100885 0.134179 0.188865 0.327435 0.000000 0.081859 0.163717 0.245576 0.327435		5000 4000 3000 2000 1000 0 0.043624 0.069280 0.101244 0.141852 0.195653 0.283075 0.470606 0.863529 0.000000 0.215882 0.431764 0.647647 0.863529		1000 8000 6000 4000 2000 0 0.009099 0.015916 0.026900 0.047059 0.073315 0.198522 0.000000 0.049630 0.099261 0.148891 0.198522	
中位数	0.026	中位数	0.007	中位数	0.002
平均数	0.027	平均数	0.0304	平均数	0.0015
标准差	0.045	标准差	0.09	标准差	0.009

续表

要素类别	水体河流	要素类别	裸露地表	要素类别	草皮
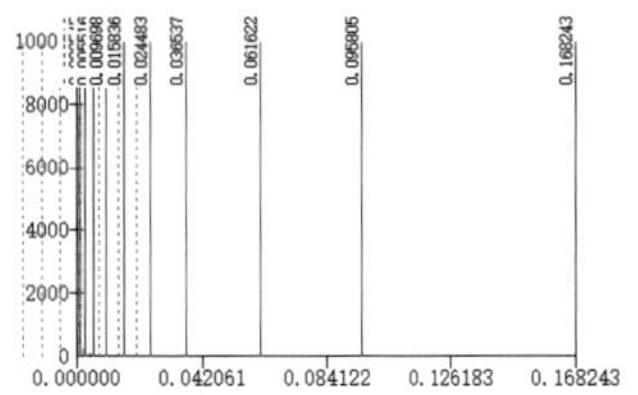		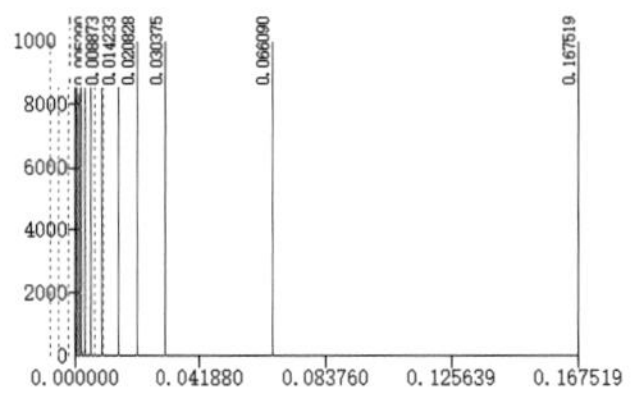		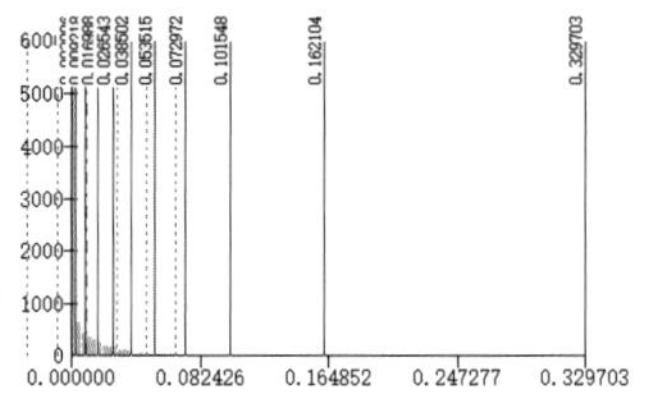	
中位数	0.001	中位数	0.001	中位数	0.004
平均数	0.003	平均数	0.0016	平均数	0.019
标准差	0.172	标准差	0.011	标准差	0.042
要素类别	告示牌	要素类别	路灯	要素类别	行人
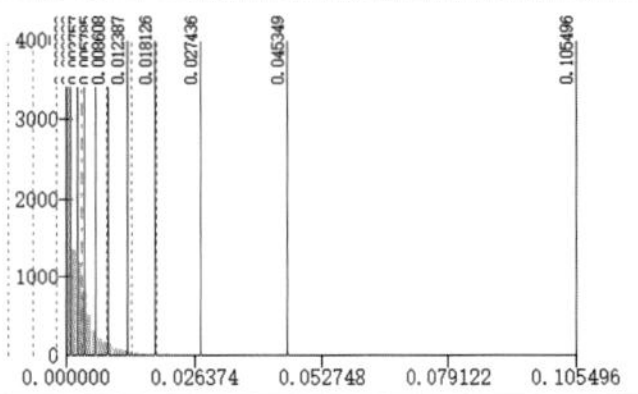		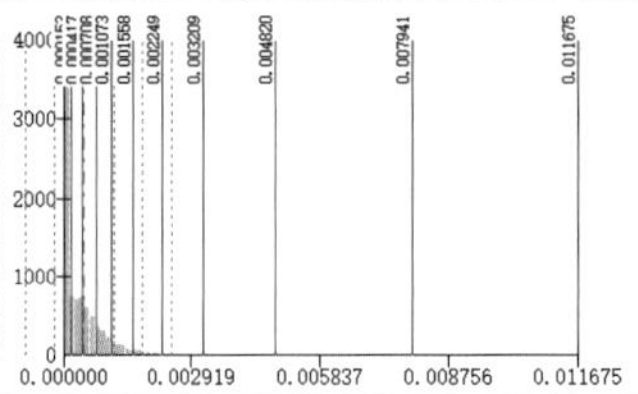		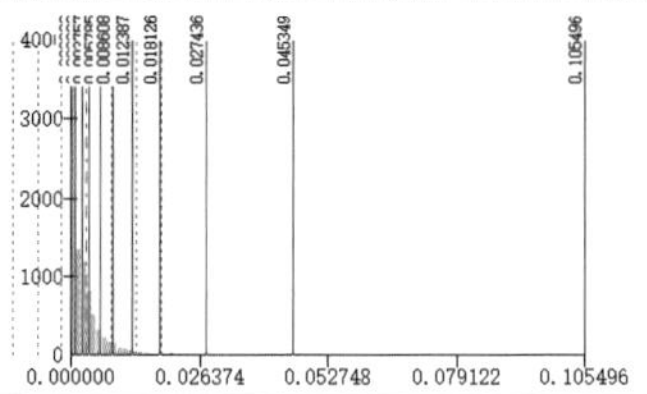	
中位数	0.001	中位数	0.001	中位数	0.001
平均数	0.003	平均数	0.001	平均数	0.0017
标准差	0.008	标准差	0.0012	标准差	0.007
要素类别	通透围栏	要素类别	卡车	要素类别	非机动车
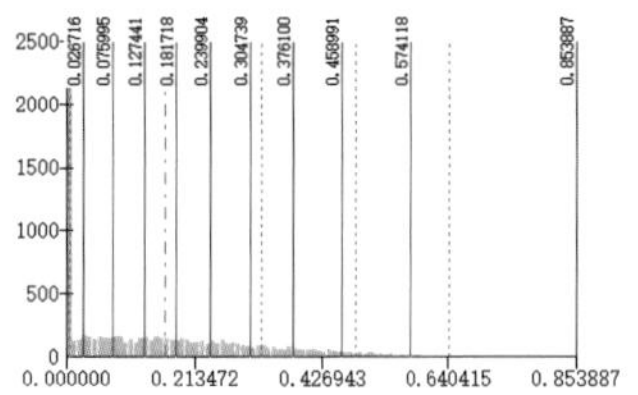		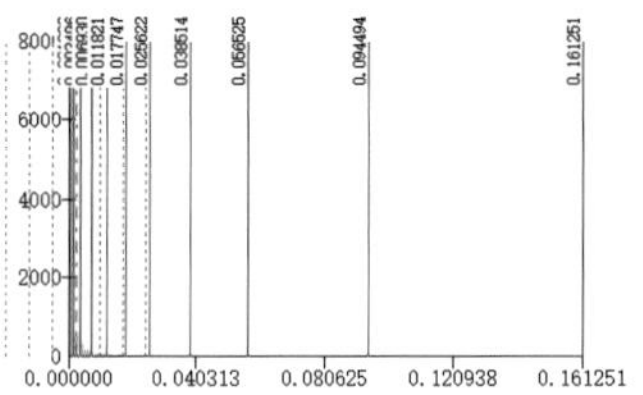		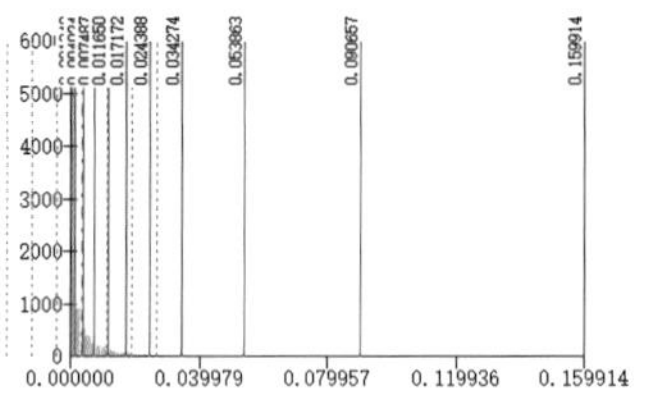	
中位数	0.002	中位数	0.001	中位数	0.002
平均数	0.013	平均数	0.003	平均数	0.001
标准差	0.252	标准差	0.021	标准差	0.004

根据表 3.5 所示南京中心城区街道环境中所包含的 18 类构成要素的统计分析结果，以及各要素的标准差①、中位数和平均数之间的关系，南京中心城区街道环境各构成要素在占比数值统计分布层面可以被划分为均衡型和陡壁型两种分布状态，以及正态分布、正偏态分布和负偏态分布三类分布特征（图 3.13）。

① 标准差一般用于衡量一组统计数据平均值的分散程度。标准差越大，说明所统计的大部分数值与其平均值相差较大，即所统计的平均值受到了统计数据中极大值或极小值的影响，不能准确地反映要素的实际数值情况；而标准差越小，说明所统计的大部分数值与其平均值较为接近，此时平均值可以被用来代表该要素的实际情况。

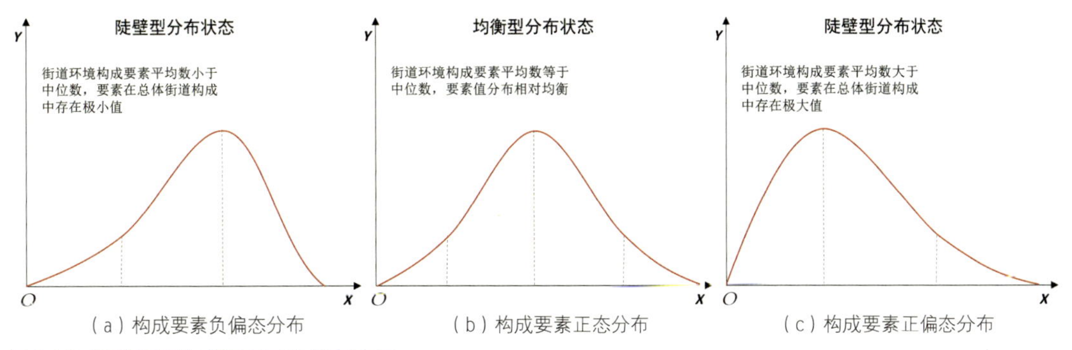

（a）构成要素负偏态分布　（b）构成要素正态分布　（c）构成要素正偏态分布

图 3.13 街道环境构成要素三类分布特征

——正态分布。该类要素在统计计算时，其平均数与中位数基本相同（平均数 − 中位数 = ±0.001），说明该要素在整体街道环境中不存在具有统计影响意义的极大值或极小值，此类要素在环境中的整体分布情况较为均质。在南京中心城区街道环境中，非机动车、路灯、步行道、行人、山体及裸露地表 6 类要素各自的统计结果呈正态分布特征。从要素的类型层面来看，除山体、非机动车及行人外，路灯、步行道及裸露地表都属于城市街道物质环境中的基础构成要素，由此可以解释其呈正态分布特征的原因。而山体、行人及非机动车这 3 类要素在总体街道构成要素中所占比例的平均数本身就处于较低的水平（依次为 0.0015、0.0017 和 0.001），因而其整体统计的结果表现较为平均。另外，通过分析上述 6 类要素的标准差可以发现，除步行道要素外，其他 5 类要素占比统计数值呈正态分布要素的标准差也相对较小（非机动车 0.004、路灯 0.0012、行人 0.007、山体 0.009、裸露地表 0.011），这也表明除步行道外的其他 5 类构成要素在街道环境中具有均衡型分布特征。而步行道虽然具有与这 5 类要素相似的平均数与中位数相差较小的特征，但是其标准差却相对较高（0.045）。这说明步行道这一要素虽然在整体街道环境中呈现正态分布特征，但是实际中存在一定程度上的两极分化性，即有些街道环境中步行道占比较高，而有些街道环境中占比却相对较低，甚至不具有步行道要素。因此，当人们观察其所处街道环境并进行主观环境感知时，步行道在不同街道环境中分布的差异，则会在很大程度上影响人们对于街道的安全性感知。而其他 5 类要素由于其具有的均衡态的统计分布特征，往往在人们观察物质环境中扮演着"背景"的作用。但是，当某一街道环境构成要素都很均衡时，如山体、行人等要素则会对人们的主观环境感知产生一定的导向作用，本书将在第 6 章中结合主观感知的测度结果对此进行深入的探讨。

——正偏态分布。该类要素在统计计算时，其平均数大于中位数（平均数 − 中位数 > 0.001），说明该要素在整体街道环境中存在具有统计影响意义的极大值，导致该类要素的统计数值分布曲线最高点受最大值影响而沿 X 轴向左侧偏移。经计算，南京中心城区街道环境中天空、树木、道路、空旷地面、实体围墙、草皮、通透围栏、卡车、告示牌、河流共计 10 类要素的占比数值统计结果呈正偏态分布特征。同时，从标准差方面来看，天空（0.135）、树木（0.179）、道路（0.132）、通透围栏（0.252）相对较高，因此在统计数据分布上具有明显的陡壁型分布特征，且在整体街道环境中的分布上具有较为明显的波动性。同时，也说明该 4 类要素在整体街道环境中存在一定的极化数据分布，即要素在某一街道环境中具有很高的占比。另外，如上文所述，天空、树木和道路 3 类要素在街道环境构成要素总体统计中占有较高的比例，属于街道环境的第一层级构成要素。因而，在正偏态数据分布类型的影响下，人们对街道环境的观察过程容易受到诸如“开阔的天空”“丰富的绿色景观（包含树木及草皮）”“开阔的道路”等特征客观要素的影响，进而对人们的主观环境感知产生一定的导向作用。例如，当人们对某一街道环境进行观察并进行街道类型判断时，受到占比较高的树木或道路要素的影响，会产生景观休闲类型街道或交通通勤类型街道的感知判断。而这一判断背后所反映的正是街道环境中个别正偏态分布要素对人们所产生的感知导向性作用。

——负偏态分布。该类要素在统计计算时，其平均数小于中位数（平均数 − 中位数 ＜ −0.001），说明该类要素在整体街道环境中存在具有统计影响意义的极小值，要素的整体数据分布受极小值影响，其分布曲线的最高点沿 X 轴向右侧偏移。经过统计分析，南京中心城区街道环境中的建筑和小型汽车这两类要素的占比数值统计结果呈负偏态分布特征。另外，作为街道环境中总体分布占比最高的建筑要素，其所具有的负偏态分布特征和较高的标准差（0.15）也表明其在南京中心城区整体街道环境中所具有的波动型分布特征，即存在较少分布或者没有建筑要素的街道环境。

综上所述，正态分布、正偏态分布和负偏态分布这三类街道环境各构成要素数据的统计分布特征一方面更深层次地反映了作为感知对象的物质环境在构成要素层面所具有和显现出的，能够对人们的环境观察和感知结果产生一定影响的客观特征；另一方面，这三类街道环境构成要素的数据分布类型也可以被用于从物质环境层面解释主观感知与客观环境之间相互作用的关系，以及受到不同数据分布类型要素影响下的主观感知与客观环境之间存在的偏差，并洞察城市意象形成过程在物质环境层面具有的特征。另外，街道环境构成要素的数据统计分布特征是对基于街景数据的街道环境的一种抽象体现。因而，其在实际城市空间中也存在对应的更能够被直观察觉的结构分布特征。

3.3.2 街道环境要素空间分布结构特征

街道环境构成要素的空间分布结构特征，在某种意义上可以被认为是反映城市整体街道环境特征的客观“心智地图”。如同凯文·林奇对城市意象研究中基于受访者的直观印象所构建的包含路径、标志物、边界、区域和节点五类形态要素的主观“心智地图”，由于街道环境中各构成要素在城市整体层面所具有的分布特征、状态以及存在共性规律，街道物质环境层面的客观“心智地图”也会存在诸如要素聚集轴线、聚集区、要素洼地等空间结构性要素。同时，街道环境构成要素所具有的客观空间分布结构特征与后文人们对环境的初级感知及主观感知结果在空间分布结构之间存在的差异，也是城市意象中主观感知与客观环境之间所存在的偏差特征的直接体现。因此，本书根据上文南京中心城区街道环境构成要素的占比统计特征，将所获得的街景数据识别结果在 GIS 空间分析平台中映射到城市整体空间层面，进而按照前文依据要素占比及基础可见性程度划分的要素层级，对南京中心城市街道环境构成要素的空间结构特征进行探析，并为后文与环境初级感知及个体环境主观感知结果在城市整体分布层面的对比做客观环境层面的准备。

1）第一层级要素空间分布特征

前已述及，根据街道环境构成要素的客观可见性程度，建筑、天空、道路和树木由于其在南京中心城区整体街道环境中的主导占比，成为人们观察过程中街道环境的第一层级构成要素。将上述 4 类环境构成要素在南京中心城区各个街道的街景图片识别结果在 GIS 平台中映射到实际的空间中（图 3.14），可以发现这 4 类要素在街道图景中的占比不仅在总体的空间分布结构上存在一定的分布规律，而且 4 类要素的空间分布结构也存在一定的内在规律，并隐含着对人们观察和感知街道外部环境的影响作用。

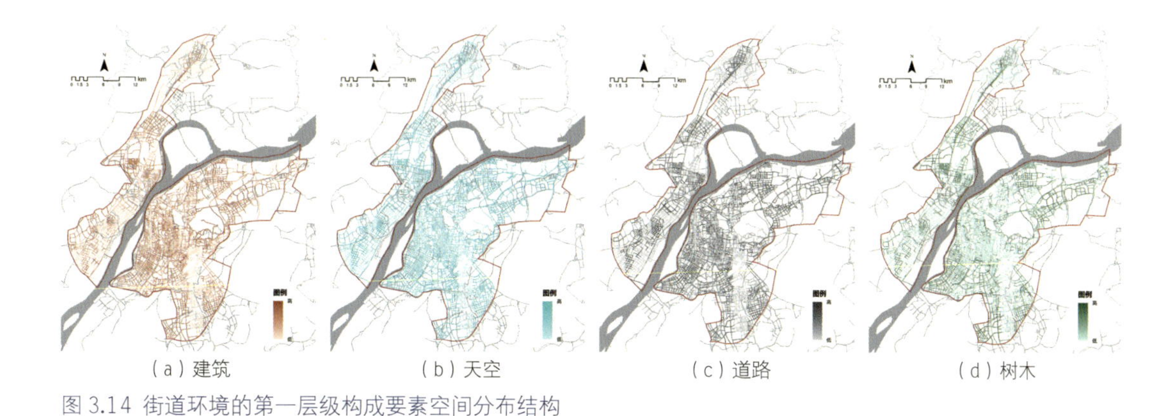

（a）建筑　（b）天空　（c）道路　（d）树木

图 3.14 街道环境的第一层级构成要素空间分布结构

——建筑：中心集聚，圈层递减，簇核散布。建筑要素作为南京中心城区整体街道环境图景中占比最高的要素，其不仅是人们观察街道物质环境的主要对象，也是人们拾取街道环境信息，进而产生意象感知的重要信息源。根据本书对南京中心城区 8720 条街段中建筑要素的识别和统计结果，建筑要素在南京中心城区内的空间分布结果整体表现为由内向外的集聚圈层递减和局部集聚簇核相结合的分布态势（图 3.15）。同时，基于上文对建筑要素的数据统计分布规律的分析结果，建筑要素虽然在南京中心城区的街道环境中具有一定主导性的地位，但是其数据在实际整体街道环境中的统计分布却表现为负偏态分布特征，即在南京中心城区存在一些无建筑的街道环境。建筑要素占比数据统计结果中较大的标准差也表明，建筑要素在南京中心城区内街道环境的分布状态是不均衡的。而这种不均衡的数据统计分布特征在很大程度上对应了其空间分布结构的特征，即建筑要素在集聚核心或圈层与局部集聚簇核之间的联系廊道上分布较少。建筑要素在南京中心城区街道环境视线范围内的分布主要集聚在新街口—大行宫的核心圈层，以及河西奥体中心、江北新区核心区、浦口中心区、江宁百家湖等簇核内，并从内向外递减。建筑要素在南京中心城区空间中的这一分布结构特征，一方面会在人们观察街道环境和感知城市的过程中形成不同的空间围合感，并会使得人们在很大程度上产生“宽阔明亮的”“狭窄阴暗的”等环境感知，即人们对街道环境中高宽比的观察和进一步的感知结果；另一方面，建筑所具有的立面色彩、形态及风貌特征对人们视觉的刺激作用会对人们环境感知的结果产生重要影响。南京中心城区街道环境中建筑要素的空间分布结构也在一定程度上隐含了人们对于街道环境感知结果在空间分布层面所具有的集聚核心—斑块跳跃的特征，后文将对此进行更深层次的论述。

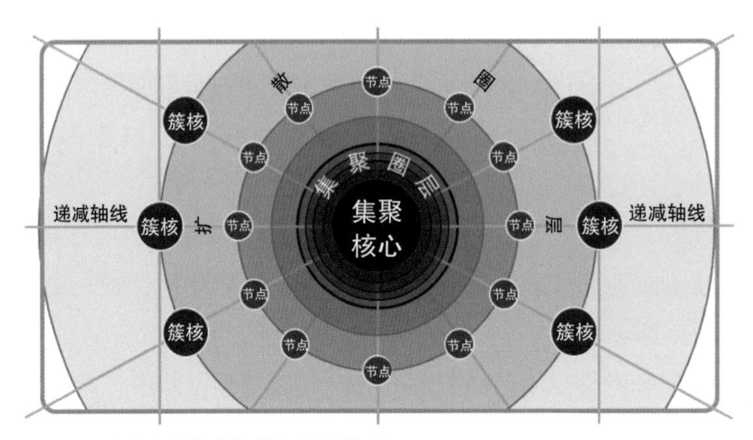

图 3.15 建筑要素的空间分布结构模式

——天空：空心化、圈层递增。由于天空要素是街道环境构成中的自然基础要素，以及其本身载有的信息量较少，因此在人们观察和感知环境的过程中一般以天空可视域和天空开敞度等发挥着背景要素的作用。在南京中心城区范围内，天空要素的整体空间分布结构特征与建筑要素的分布结构特征相反，在空间上表现为由内向外的圈层递增与局部集聚洼地相结合的分布态势（图 3.16）。在建筑要素集聚分布的新街口—大行宫的核心圈层内，天空要素却显现出空心化的分布特征。同时，在南京河西新城、江北新区以及仙林、江宁等新城范围内，天空可视域虽然在这些新城的中心范围仍分布较少，但整体上新城的天空可视域要高于老城中心。因而，在人们对南京中心城区的街道环境进行观察和感知的过程中，往往会感觉新城的视野更加开阔和明亮，而对老城的印象则往往是单调和昏暗的，从而使得人们对新城环境的舒适度感知在很大程度上要高于老城。另外，对南京中心城区街道环境中的天空要素进行聚类和异常值分析后发现，天空要素在临近长江、紫金山、秦淮河以及明城墙的部分街道出现了占比的相对高值。根据这一分布现象以及人们观察和感知外部环境的行为特征，在一定程度上可以推断出人们对于街道环境中某一构成要素的关注度可能并不是绝对的，而是相对的，并会随着客观环境内容和内涵特征的变化而动态波动。例如，在南京中心城区老城范围内，对于人们的环境观察和感知而言，建筑无疑是主导性的构成要素，而天空只是背景要素；但是，在秦淮河边等自然环境中，天空可视域对人们的视觉影响程度则相对较高，并与其他自然要素共同影响着人们的感知导向。

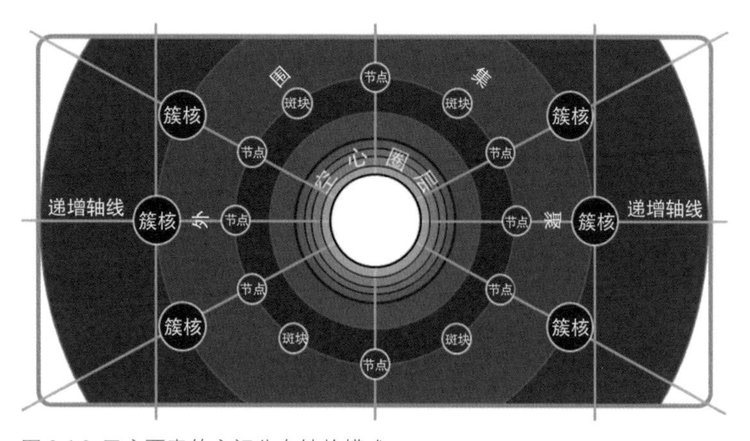

图 3.16 天空要素的空间分布结构模式

此处的道路要素主要指街道环境图景构成中水平底界面中的车行道占比范围。在南京中心城区整体空间分布结构上，一方面，道路要素出现了类似天空要素的新老城分布差异。道路要素在以河西新城、江北新区、江宁新城和仙林新城为代表的南京中心城区街道环境中，其道路宽度及在街道环境图景中所占的比例都远超老城街道环境图景中的道路占比（图 3.17）。另一方面，道路要素在南京中心城区的整体空间分布层面也存在与建筑要素相似分布的集聚圈层，主要分布在老城和新城中心范围内。但值得注意的是，这一集聚圈层特征与人们基于观察的环境感知之间并没有直接的关联。道路要素在整体空间分布层面所表

（a）南京河西江东中路的单向道路占比

（b）南京鼓楼中山北路的双向道路占比

图 3.17 新、老城道路要素在街道环境中的分布情况

现出的聚集现象主要是由于在南京中心城区老城范围和新城中心范围的路网密度较大，而并非道路要素在人眼视觉范围所观察到的街道环境中占比较大。事实上，对南京中心城区内相关区域范围的实地调研后发现，在路网密度越大的城市空间范围内，道路要素所占街道环境图景的比例反而较小。因此，道路要素在南京中心城区整体空间层面所呈现出的聚集范围和圈层对于探讨道路要素在主观感知与客观环境相互影响和作用的关系中不具有显著意义。道路要素在街道环境图景中所占的比例，以及其对人们感知的影响主要还需通过街道环境图景的构成来进行探讨。例如，道路要素在新城街道环境图景中占比过大往往会使人产生街道环境尺度不宜人的环境初级感知。

——树木：中心斑块穿插、圈层递增。街道环境中的树木要素主要为街道垂直界面中的行道树及灌木等，是街道环境中主要的绿视来源。在南京中心城区整体空间分布结构层面，树木要素的分布特征与天空要素较为相似，都呈现出老城空心化，新城高于老城，以及城市主要中心区外围街道高于新、老城市中心内部及周边街道的分布特征，并具有一定程度上的由内向外递增的分布态势。虽然在整体空间分布上，树木要素呈现出内部空心化的特征，但这种空心化与天空可视域所具有的空心化程度不同。在南京中心城区内部，仍然存在着一些具有很高树木绿视占比的街段，如颐和路、北京西路（鼓楼至草场门大街段）等。因而，其在整体层面的空心化圈层中还包含着一些小的集聚簇核（图 3.18）。另外，将树木的空间分布特征与南京中心城区内的湖泊、山体、河流等要素进行耦合分析后发现，树木绿视率的分布与城市中的空间要素存在着一定的关联。在南京中心城区内，靠近玄武湖、紫金山、外秦淮河的沿线街道环境树木绿视率普遍较高；而新街口、夫子庙、大行宫、湖南路等商业中心周边的街道环境树木绿视率则相对较低。基于这种“近山水高，近城区少”的树木要素占比分布态势推断，人们在环境感知的过程中对于树木要素的感知可能存在明显的差异。当人们对靠近自然景观的街道环境进行感知时，树木要素往往被人们视为整体环境感知中的重要组成部分，从而在人们主观环境感知中具有重要的影响作用。而当人们对以建筑为主导的城区街道环境进行感知时，树木要素则与天空要素类似，通常被人们视为背景要素，并在个体主观环境感知过程中被轻视或忽视。例如，同样是以法国梧桐为主要行道树的南京陵园路和中山南路，人们对位于钟山风景区内的陵园路两侧法国梧桐的感知程度就明显高于连接新街口和夫子庙的中山南路。

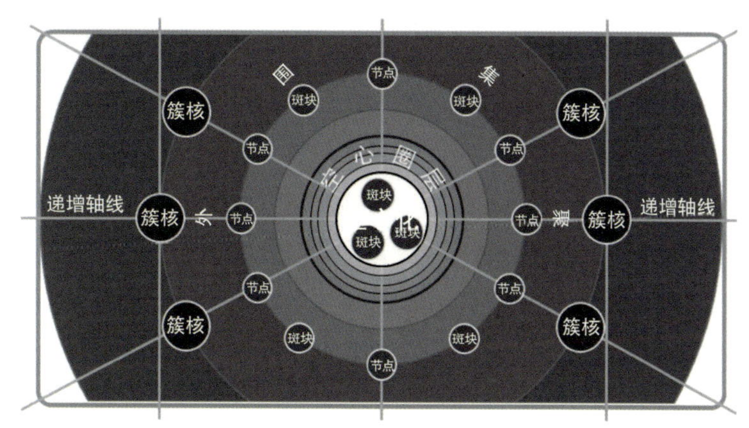

图 3.18 树木要素的空间分布结构模式

2）第二层级要素空间分布特征

相对于第一层级要素，由小型汽车、实体围墙、步行道及空旷地面所构成的第二层级要素在南京中心城区整体街道环境中的占比略少。而在空间分布结构层面，第二层级要素整体上与第一层级类似，其中个别要素也在空间整体分布层面显现出了类似第一层级要素的聚集圈层、要素集聚簇群和空间嵌入斑块等类似的结构特征（图 3.19）。

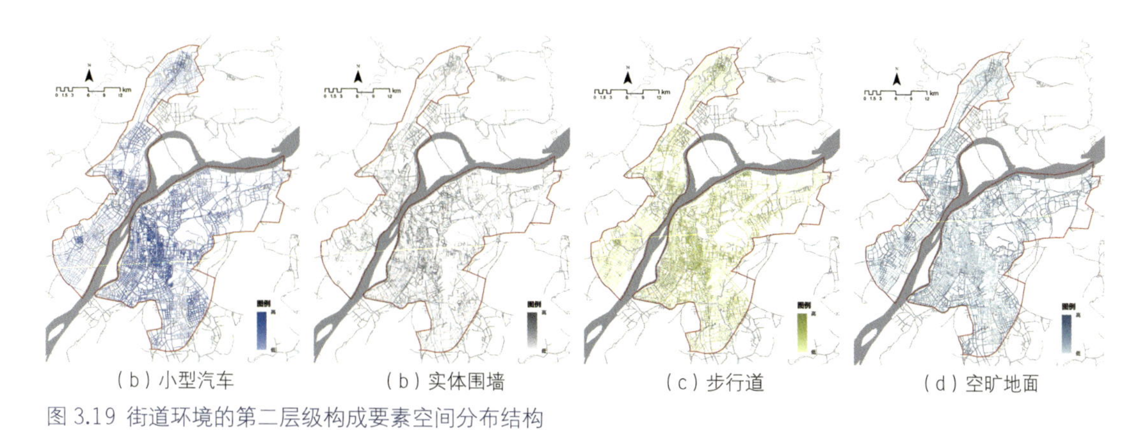

（b）小型汽车　（b）实体围墙　（c）步行道　（d）空旷地面

图 3.19 街道环境的第二层级构成要素空间分布结构

——小型汽车：路窄而车多。在南京中心城区整体街道环境中，小型汽车在一定程度上呈现出与道路要素相反的空间分布特征。其在整体空间层面主要集聚分布在老城中心区范围内，由新街口—大行宫构成高度集聚的核心范围，并沿中山南路、中央路和中山北路扩展形成高度集聚的圈层，并由内向外递减。在老城集聚圈层外，该要素还在江北的张店枢纽、江北新区及六合中心区形成了集聚簇群。整体上，小型汽车主要集聚在老城中心区，在新城及新区分布相对较少。另外，对比小型汽车要素与第一层级的道路要素在空间分布结果上的特征后发现，两者之间在很大程度上存在伴生的内在联系。这种伴生关系并不是简单的道路占比越高，小型汽车分布越多，而是路网分布越密集的区域，小型汽车在街道环境图景中的分布越多。因此从某种程度上推断，小型汽车与道路在街道环境图景中的占比及分布可能呈负相关性，即道路占比越高，小型汽车占比反而越小。这一内在联系会在人们观察街道环境时造成“路窄而车多”的结果，进而由于较高的机动车干扰度而对人们环境初级感知中的安全性产生直接的影响。

——步行道：均匀分布。步行道与道路及小型汽车的分布结构极为相似。其在南京中心城区的整体空间层面也显现出了老城中心区集聚分布，由老城中心区内向外圈层递减，局部形成集聚簇群的空间分布结构特征。值得注意的是，步行道这一要素在空间分布层面显现出的圈层递减结构特征与道路要素的分布特征类似，是由路网密度而非街道环境图景占比导致的。另外，相对于道路及小型汽车要素，排除路网密度导致的集聚分布，步行道在整体空间分布层面并不存在老城与新城之间的差异。其在南京中心城区内的分布较为平均，这一结论可以从前文数据统计中步行道中位数（0.026）与平均数（0.027）之间极小的差值（0.001）和标准差（0.045）得到验证。

——实体围墙：零散分布。实体围墙要素主要为街道环境中由砖石或挡板所形成的不通透的围墙界面。在南京中心城区整体空间分布层面，由于实体围墙在空间上呈现出零散分布的态势，因此很难像上述几类构成要素一样概括出一个整体性的空间分布结构来说明其在南京中心城区内的分布规律。因而，通过结合对包含实体围墙的街道环境实地调研结果发现，在南京中心城区街道环境中的实体围墙主要分布在历史文化风貌区、历史建筑以及新城新建建筑的工地周边（图 3.20），如宁海路、长江路（总统府段）以及经五路两侧等。由于南京老城范围内的历史建筑及区域分布相对较多，因此在整体空间分布层面，实体围墙在老城的分布数量相对新城较多，而实体围墙在新城的分布则主要以建设工地围挡或新建工地围墙为主。

——空旷地面：外围分布。在街道环境中，空旷地面主要包含了大面积的广场、户外开放停车场等无建筑及植物的开阔场地。空旷地面与天空可视域类似，在很大程度上反映了街道环境的开敞度和空旷程度。在南京中心城区整体空间层面，空旷地面在一定程度上呈现出以南京市绕城公路为界的两极圈层分布结构。空旷地面在南京绕城公路以内的南京主城区分布较少，而在绕城公路以外的新港开发区、南京经济技术开发区、江宁开发区等分布相对较多。同时，也存在一定的新、老城市的分布差异特征。

（a）经五路建设施工砖石围墙

（b）长江路总统府围墙

（c）中华路老门东围墙

图 3.20 实体围墙要素在街道环境中的分布情况

3）第三层级要素空间分布特征

基于前文所述，街道环境中的第一层级要素和第二层级要素基本上包含了街道水平界面和垂直界面中具有较好可见性和可感知性的构成要素。街道环境中的第三层级要素在一定程度上是在上述两个层级要素基础上的叠加和补充，如通透围栏是对街道垂直封闭界面形式的补充，告示牌则是对街道环境垂直界面要素的完善和叠加；卡车及非机动车是在道路和小型汽车基础上的要素叠加，以及对人们环境安全性感知的要素补充等。因此，街道环境中的第三层级要素在空间分布结构上，一方面与第一层级和第二层级中的要素空间分布特征具有很强的相似性，同时第三层级构成要素内部之间也存在空间分布上的相似性（图 3.21）。例如，行人、非机动车两类要素不仅其两者的空间分布结构几乎一模一样，而且与第一层级的道路要素和第二层级的小型汽车要素也极为类似。另一方面，由于第三层级要素与第一、二层级要素之间存在的叠加和补充关系，因此，第三层级中的个别要素与前两个层级中的要素存在一定程度上的伴随和孪生的内在联系。例如，告示牌及路灯与第一层级的道路要素具有内在的孪生关系，非机动车则与道路存在伴随关系；另外，行人要素与第二层级中的步行道要素也具有很大程度上的伴随关系。因而，这些与前两个层级存在伴随和孪生关系的要素在南京中心城区整体空间分布层面也具有类似的中心集聚（或空心化）、圈层递增（或递进）、集聚簇群和斑块等结构特征，以及类似的新、老城空间分布差异。基于此，对于这些与前两个层级要素存在伴随和孪生关系，并在整体空间分布层面具有相同或较高相似度的第三层级要素，此处不再对其的空间分布结构及特征进行详细的描述。后文主要对山体、河流和草皮三类与前两个层级要素关联不大，且对人们的初级及主观环境感知具有重要影响的街道环境构成要素的空间分布特征，以及与整体街道环境构成要素的关系进行说明。

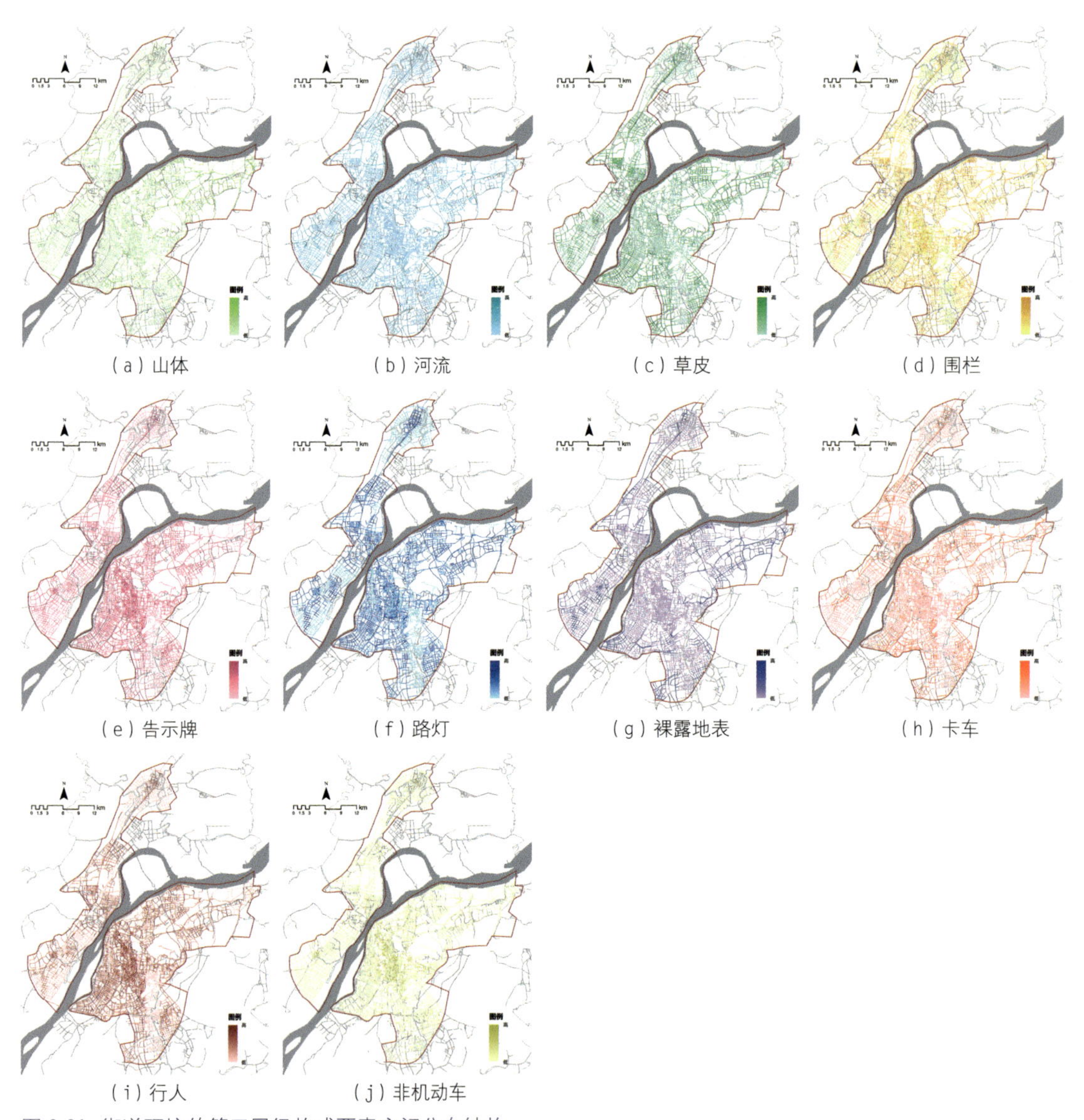

（a）山体 （b）河流 （c）草皮 （d）围栏

（e）告示牌 （f）路灯 （g）裸露地表 （h）卡车

（i）行人 （j）非机动车

图 3.21 街道环境的第三层级构成要素空间分布结构

——山体与河流。在南京市中心城区整体空间层面，山体与河流两类要素都无法概括性地提炼出其所具有的较为明确的空间分布结构特征。在南京中心城区内，山体要素主要集聚分布在靠近或环绕自然山体及城市丘陵的周边街道环境中，如围绕紫金山的环陵路、中山门大街，垂直于紫金山的苜蓿园大街、北安门街、墨香路、樱花路等。同样的山体要素分布态势也存在于老山、方山等周边街道环境中。因此，对于山体要素而言，其在南京中心城区整体空间中的分布结构特征主要是围绕或接近自然山体的环状或带状集聚。与山体要素在空间中的分布特征类似，具有河流要素的街道主要位于平行、跨越及环绕城市河流及水体，如外秦淮河、长江、玄武湖等的范围内。例如，平行贴近玄武湖东湖的龙蟠路等。之所以街道环境中的山体与河流要素在空间中存在上述的分布特征，主要是由于这两类要素对于街道环境而言并不是普遍性要素，其不会像路灯、道路、行人、建筑等广泛地分布于城市的街道环境中。因此，对于人们观察和感知街道环境的过程和结果而言，山体与河流等要素一方面是街道环境的背景要素，连同天空、树木等要素被人们所整体性地观察和感知；另一方面，其在某些时候会成为特征性要素，而被人们清晰且强烈地观察和感知，并对人们的环境感知产生重要的导向作用。

——草皮。在街道环境中，草皮与树木、山体等共同构成了人们对于环境感知的景观部分，也是街道环境整体绿视率的重要组成要素。作为街道环境中水平底界面的组成部分，其在南京中心城区整体空间分布上表现为老城中心区分布少、外围及新区分布多，同时依托城市中的山水大型景观要素以楔形嵌入老城中心范围的结构特征。

综上所述，本节通过对南京中心城区街道环境构成要素的识别，以及对其数据统计特征和空间分布特征的分析，发现了街道环境构成要素整体性的比例结构，各要素所具有的波动性和空间分布结构特征，以及不同要素之间在空间分布、要素类别、波动态势等方面所具有的共性特征及相关性联系，总结了作为城市意象形成基础及以观察为主要行为的个体主观感知对象的客观环境在内部要素构成层面所具有的客观特征，为后文从主观感知与客观环境的偏差视角下探讨城市环境构成要素对城市意象的影响作用，以及城市意象影响要素体系奠定了基础。

3.4 客观环境表征形式特征——以南京中心城区为例

根据本书第 2 章所述的主观感知与客观环境偏差视角下的城市意象感知理论模型，物质环境的表征形式是由环境中的各构成要素相互组合和关联而形成的，向个体传递客观环境整体性外显表征信息。在逻辑关系上，街道环境构成要素被人们所观察和信息拾取的基础是物质环境所具有的基础可见性条件，而街道环境的表征形式所体现的则是物质环境能够被个体感知所具有的视觉特征性条件。街道环境的表征形式一方面持续对个体观察环境时的视觉感官进行刺激，另一方面由于其对街道客观环境特征整体性的表现，从而在主客观交互的过程中，对个体的主观环境感知具有一定的导向作用，影响和作用于个体环境初级感知及主观环境感知的形成。因此，物质环境的表征形式可以被认为是在环境构成要素可见性基础上的进阶，是对客观环境外显特征的集成和收敛。

3.4.1 街道环境表征形式统计特征

前文对于南京中心城区街道环境构成要素的识别与测度，主要分析了街道环境中各构成要素所具有的基础可见性，以及在人们观察外部街道环境过程中基底性的客观环境外显特征。因此，在街道环境构成要素的测度及分析基础上，街道环境的表征形式则是街道环境所具有的、在个体基于观察的环境感知过程中，对能够给个体造成视觉感官层刺激，以及在这种刺激的基础上能够传递“格式塔”整体感知层面信息的客观特征。因此，对于街道环境表征形式中环境色彩和建筑风貌的测度及统计分析，主要目的是在街道环境构成要素基础可见性的基础上，对街道环境所具有的视觉特征性和感知导向性两类感知条件进行分析。对此，本书在通过 Anaconda 3，Python 3 平台以及 InfoGAN 模型对街道环境色彩和建筑风貌识别的基础上，对上述两类表征形式指标的结果进行统计分析。

1）南京中心城区街道环境 8 种主导色彩

前已述及，对于南京中心城区街道环境色彩表征的识别，首先基于 Anaconda 3 和 Python 3 平台调用色卡识别参数并进行相应的设置，进而将所获取的街景图片基础数据链接至色彩识别模型中，对街景图片所含色彩的 RGB 进行识别。在此基础上，将所记录的街景图片色彩 RGB 识别数据结果转换为 HSV 格式①（表 3.6）进行分析。

表 3.6 南京中心城区街道环境色彩 HSV 测度汇总表

HSV 参数	黑色	白色	绿色	蓝色	青色	红色	橘色	黄色
H_{min}	0	0	34	99	77	0	10	25
H_{max}	180	180	77	124	99	10	25	34
S_{min}	0	0	43	43	43	43	43	43
S_{max}	255	30	255	255	255	255	255	255
V_{min}	0	220	46	46	46	46	46	46
V_{max}	46	255	255	255	255	255	255	255

另外，基于部分照片包含的色彩类别过多，且其中存在很多占比极小，对街道环境整体色彩不具有任何意义的色彩要素，如红色的太阳能水箱等。因此，本书在对南京中心城

① HSV 是由 A.R. 史密斯（A.R.Smith）根据色彩的直观特性于 1978 年提出的一种色彩分区空间模型，其中 H（Hue）为色调参数，是人们对色彩感知中最重要的色相；S（Saturation）为饱和度参数，即色彩的纯净程度；V（Value）为亮度参数，代表色彩的明暗程度。

区街道环境色彩进行识别的过程中介入了客观筛选和统计分析的工作。首先，在对所获取的南京街景数据进行色彩识别时，通过统计不同色彩区间内的像素量，计算每种颜色比例，将各颜色区间中出现最多的颜色作为此颜色区间的代表色，并只对单幅街景图片中占比最高的 5 种色彩按照比例进行数据记录和图片标记（图 3.10）。根据识别结果，本书统计了南京中心城区整体街道环境的 8 种主导色彩比例（图 3.22）。

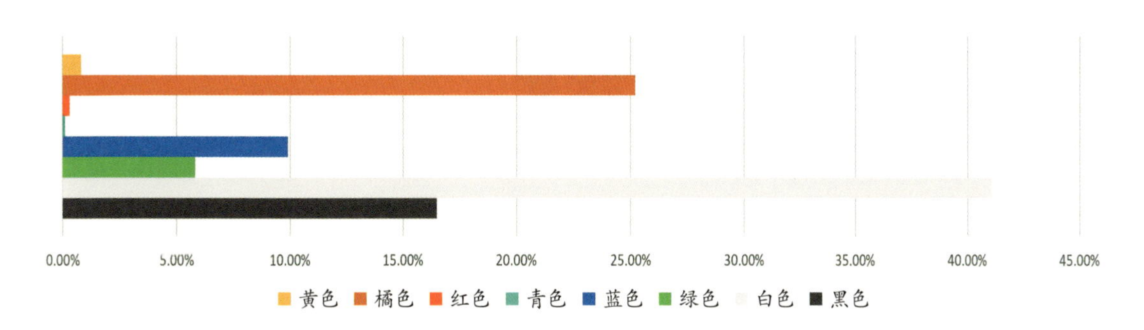

色相类别	镇静色类别（冷色系）					兴奋色类别（暖色系）		
颜色分类	黑色	白色	绿色	蓝色	青色	红色	橘色	黄色
标准差	0.131	0.142	0.092	0.125	0.107	0.144	0.114	0.098
所占比例	16.5%	41.1%	5.8%	9.9%	0.1%	0.5%	25.3%	0.8%

图 3.22 南京中心城区街道环境主导色彩统计特征

由图 3.22 可以看出，由黑色、白色、绿色、蓝色、青色所组成的镇静色占到整体环境色彩比例的 73.4%，是南京中心城区街道的主导色彩类别，而由红色、橘色和黄色所组成的兴奋色只占整体环境色彩比例的 26.6%。但值得注意的是，兴奋色中橘色的占比要高于镇静色中除白色外的其他 4 种色彩。因而，橘色在很大程度上同样可以被认为是南京中心城区街道的主导色彩之一。为了更加清楚地分析上述 8 种主导色彩在街道环境中的实际情况，以及对人们视觉观察的刺激影响，本书根据前文所述色彩对于人们感知的影响出发，基于街道环境镇静色和兴奋色中各组成颜色的标准差统计结果，对南京中心城区街道环境色彩表征以及对人们的环境观察和感知影响进行分析。

——多种镇静色非均衡分布。根据南京中心城区街道的环境色彩测度结果，在镇静色类别中，白色、黑色和蓝色为三种主要颜色。但是，这三种颜色的数据统计标准差相对较大（依次为 0.142、0.131 和 0.125），说明这三种颜色在整体街道环境中的分布相对于其他几种颜色而言并不均衡，即在有些街道环境中集聚分布，而在个别街道环境中却没有分

图 3.23 黑、白色主导的街道环境（南京西桥）

布。这一分布情势会对人们的环境观察及进一步的感知结果造成两种主要的影响。一方面，镇静色在人们的环境感知中属于后退色，因而对于白色、黑色和蓝色高度集聚分布的街道环境，人们往往会感到单调和乏味，并且难以使得人们产生明确的环境感知（图 3.23）。另一方面，不同颜色在街道环境中的不均衡分布也会在一定程度上增加人们对于不同环境之间观察结果的差异性，进而在视觉特征性层面强化人们的环境感知。

——单一兴奋色主导。南京中心城区街道环境兴奋色的比例在数据整体统计层面表现出了极大的不均衡性，橘色在很大程度上可以被认为是唯一主导的颜色。同时，从橘色测度数据统计的标准差来看，其在整体街道环境中的分布也并不均衡，同样存在着部分街道高度集聚，而部分街道少有分布的现象。但是，橘色或其他兴奋色集聚分布的街道环境对人们环境感知的影响通常与镇静色相反，即兴奋色占比较多的街道环境会对人们的环境观察产生更强的刺激作用，从而更容易使人们产生感知印象。

综上所述，在环境色彩数据统计结果层面，南京中心城区的街道环境色彩整体上以黑、白色的镇静色为主，其中存在部分橘色集聚分布的街道环境。为了更加清晰地分析各主导颜色的分布情况，后文将从空间分布层面对此进行更加明确的说明。

2）居住建筑主导的南京中心城区街道环境风貌

基于前文所述，对于南京中心城区街道建筑风貌类型测度的统计分析主要分为两轮。第一轮识别是基于街道环境中建筑所具有的立面形式、色彩、高度、玻璃幕墙比例等形式特征，通过 InfoGAN 模型进行无监督筛选和半监督的建筑风貌类型识别（图 3.24）。经初步识别，除去不包含建筑的街景图片，共获得南京中心城区 30% 左右的有效街道建筑风貌类型识别结果（图 3.25）。其中，居住建筑占比 61.47%，商业建筑占比 9.26%，商务建筑占比 13.87%，历史建筑占比 3.73%，工业建筑占比 3.11%，行政公共服务建筑占比 8.56%。

（a）陵庄巷 - 南捕厅　（b）尧新大道　（c）中山路辅路　楠溪江西街

图 3.24 各建筑风貌类型在南京中心街道环境中的占比分布示例

（a）商业建筑　（b）商务建筑　（c）历史建筑

（d）工业建筑　（e）行政公共服务建筑　（f）居住建筑

图 3.25 南京中心城区街道建筑风貌类型 InfoGAN 模型识别结果示意

在此基础上，针对仍然模糊并难以判断建筑风貌类型的街景数据，本书将其输入基于 ImageNet 的 ResNet 训练模型中，并对模型的训练周期（epoch）、训练步长（step_size）等进行参数优化设置后，对第一轮中无法明确判断所含建筑风貌类型的街景数据进行第二轮有监督学习的识别。根据识别结果，除 508 张因街景图片中的建筑占比较小、存在较大面积遮挡以及图片中建筑模糊导致仍无法识别的数据外，其余街景数据都得到了有效的建筑风貌类型识别结果。其中，居住建筑占比 73.48%，商业建筑占比 7.3%，商务建筑占比 5.86%，历史建筑占比 3.95%，工业建筑占比 5.23%，行政公共服务建筑占比 4.18%。根据对南京中心城区街道建筑风貌类型两轮识别结果，通过式（3-2）综合计算两轮识别中各风貌类型的数量占比，最终得到各建筑风貌类型的整体分布比例（图 3.26）。

$$S_{\mathrm{r}} = \frac{C_{1\mathrm{n}} + C_{2\mathrm{n}}}{C_{\mathrm{d}}} \times 100\% \qquad (3\text{-}2)$$

式中，S_{r} 为某类建筑风貌的整体分布比例；$C_{1\mathrm{n}}$ 为该类建筑风貌在第一轮识别中对应的街景数据量；$C_{2\mathrm{n}}$ 为类建筑风貌在第二轮识别中对应的街景数据量；C_{d} 为排除 508 张无法识别和噪声街景数据后的总识别街景数据量。

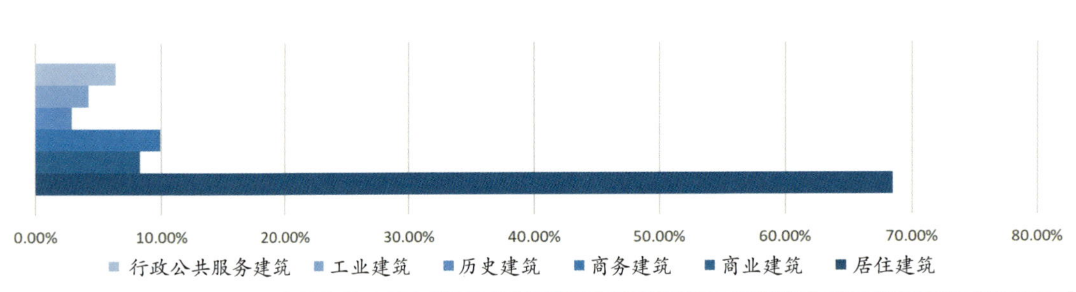

建筑风貌类型	商业建筑	商务建筑	历史建筑	工业建筑	行政公共服务建筑	居住建筑
所占比例	8.26%	9.87%	2.84%	4.19%	6.37%	68.47%

图 3.26 南京中心城区街道环境建筑风貌类型统计特征

基于两轮建筑风貌类型识别及数据综合计算统计结果，居住建筑风貌相对于其他 5 类风貌而言，在南京中心城区整体街道环境中占据着绝对的主导地位。但值得注意的是，本书通过抽样调取居住类建筑风貌识别结果对应的街景图片进行验证时发现，该类风貌对应的街景图片中包含有大量含底层商业的住宅建筑，这在很大程度上表明虽然计算机根据其建筑类型图幅占比将这些街景图片中风貌划分为居住类，但实际上这些街景图片所对应的实际街道环境中还具有一定的生活服务或小规模商业功能。而这一识别结果现象的发现也在一定程度上体现了主观感知与客观实际环境之间存在的偏差，如以居住建筑风貌为主导的街道环境，人们却有可能对其产生生活服务或商业休闲等功能性的感知判断。除居住建筑风貌外，南京中心城区还存在以商业、商务和行政公共服务建筑风貌为主导的街道环境，这 4 类风貌与居住建筑风貌共同成为南京中心城区主导的建筑风貌类型（92.97%）。而历史建筑和工业建筑两个类型分布相对较少，且在整体空间分布中呈现出较高程度的集聚现象，后文将对其空间分布特征做进一步的说明。

3.4.2 街道环境表征形式空间分布结构特征

在对南京中心城区街道的环境色彩和建筑风貌类型识别和数据统计分析的基础上，为更直观地反映街道环境在表征形式层面的空间整体分布情况，并与后文个体环境的主观感知结果相对应，本书将街道环境色彩及建筑风貌类型识别结果通过 GIS 空间平台在南京中心城区街道进行映射，并进行核密度等分析。相对于街道环境构成要素在空间层面所反映的要素客观特征地图，街道环境表征形式在空间上的分布则与人们的环境初级感知存在更进一步的关联。因此，街道环境表征形式的空间分布特征在一定程度上可以被认为是客观层面影响个体的空间感知结果，与个体的主观环境感知存在更为紧密的联系。

1）集聚、交织的环境色彩空间分布特征

在南京中心城区街道环境中，8 种主导色彩在整体空间上呈现出中心集聚、相互交织的分布特征。其中，不同颜色在街道环境中的交织分布既体现在同一色相不同颜色在一定空间范围内的交错和融合，同时也体现在不同色相构成颜色之间的相互交织。

——镇静色：中心集聚，外围零散交织分布。在南京中心城区的街道环境中，黑色、白色、绿色和蓝色 4 类主导色彩都在整体空间分布层面呈现出中心集聚、由集聚中心内部向外的圈层递减分布特征，并存在一定程度的新、老城分布差异（表 3.27）。

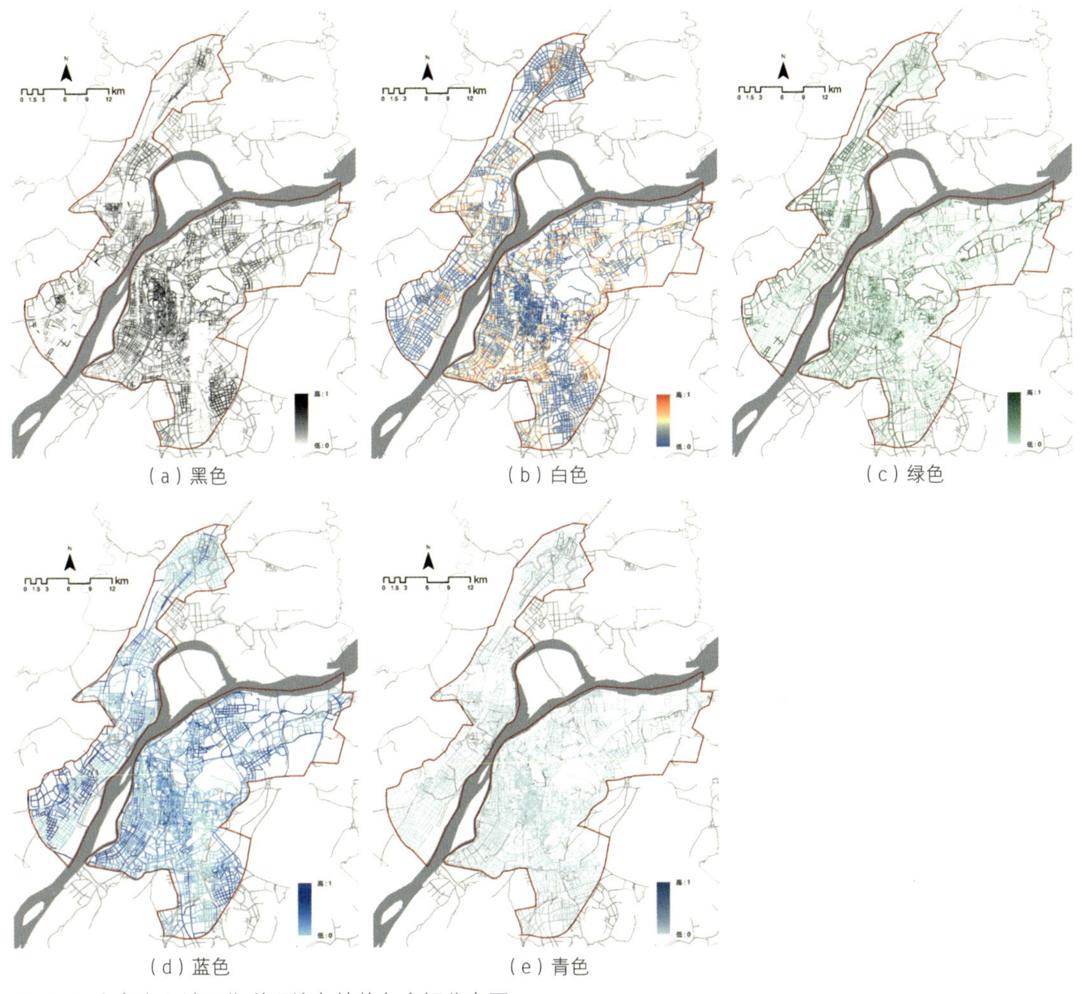

（a）黑色　（b）白色　（c）绿色　（d）蓝色　（e）青色

图 3.27 南京中心城区街道环境各镇静色空间分布图

其中，黑色与白色在空间分布层面具有明显的相反互斥分布特征。根据图 3.27 中黑色和白色的空间分布图可以发现，黑色[①]主要集聚分布在南京明城墙（内墙）以内的老城中心区内，并沿中山路、中山北路、中央路南北延伸分布。与黑色相反，白色在南京中心城区整体空间层面呈现出明显的老城中心空心化现象，其空心化的分布范围与黑色的集聚分布范围大致相同。另外，黑、白两种颜色也具有相反的新、老城分布差异。黑色主要集聚分布在老城以及外围老镇中心的范围内；而白色则与之相反，主要分布在河西奥体新城、江北新区等新城范围内。相对于黑色与白色显著的集聚和空心化分布特征，绿色、蓝色和青色在南京中心城区整体空间中的分布相对均衡。其中，蓝色与绿色在南京明城墙（内墙）以内的分布态势基本相同，两者主要的差异体现在部分新城及外围空间中。蓝色在中心城区的外围边缘范围内分布较多，这主要是由于外围街道环境的开敞度相对于中心区域更高，天空所具有的自然色占据了街道环境中的主导地位。而绿色在外围边缘范围内的分布则相对较少，个别占比较高的街道基本靠近紫金山、龙王山、方山等自然山体，如环陵路、文澜路、龙山南路等（图 3.28）。另外，青色在南京中心城区整体空间中分布较少，不存在集聚分布的空间范围。

图 3.28 南京中心城区镇静色主导的街道环境

——兴奋色：橘色主导中心集聚，其他颜色零散分布。在南京中心城区的街道环境中，能够对个体视觉感官产生刺激作用的兴奋色主要由橘色主导，并在整体空间分布层面显现出一定的中心集聚特征，而红色和黄色则在整体空间中零散分布（图 3.29）。

① 根据本书对南京中心城区相关街道环境的实地调研结果，此处的黑色在街道环境中也涵盖了深灰色等在明度和饱和度层面与黑色相近的颜色。

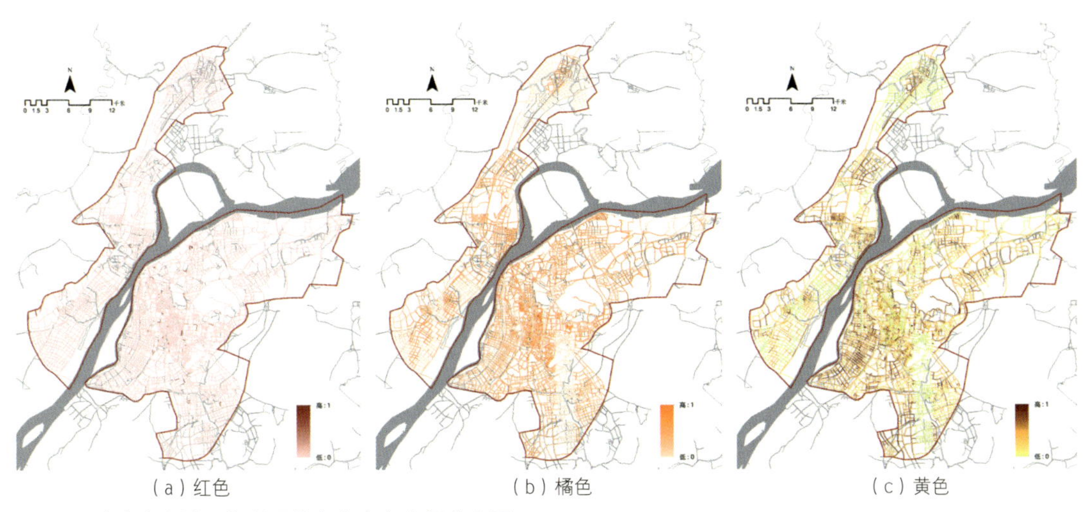

（a）红色　（b）橘色　（c）黄色

图 3.29 南京中心城区街道环境各兴奋色空间分布图

结合街景图片色彩识别结果和街道实地调研，在南京中心城区街道环境中，橘色作为主导的兴奋色，其主要来源于部分居住类建筑的外立面、告示牌及部分街道的景观植物。也因此，橘色在整体空间分布上呈现出一定的老城中心集聚态势。其主要分布在太平北路、云南北路、湖北路等周边以浅橘色、橘色为外立面主导颜色的居民小区范围内。另外，橘色在南京中心城区整体分布上显现出新城与老城之间的差异。例如，橘色在南京河西新城、江北新区核心区等范围内的分布就明显少于在六合中心区、浦口老城中心等。除橘色外，街道环境兴奋色中的红色和黄色整体分布较少，且呈零散分布态势。在南京江南主城范围内，黄色唯一存在一定聚集分布的范围是由灵隐路、珞珈路等组成的颐和公馆区，其颜色主要来源于街道两侧淡黄色的实体围墙。

综上所述，不同颜色在南京中心城区整体上的分布特征，在很大程度上影响着人们对于环境的感知结果。对于以观察为基础的个体环境感知而言，无论是单一主导颜色的集聚分布，还是多种颜色在街道环境中交织分布特征都会对人们的环境感知产生一定的影响和导向作用。单一主导颜色聚集的街道一方面可能会使得人们产生单调、乏味的环境感知结果；另一方面也会使得人们对其产生深刻的印象，并成为最终主观环境感知结果中的重要组成部分。同样的，多种颜色相互交织构成的街道环境色彩氛围一方面会具有较强的吸引力，使人们感到丰富有趣；另一方面，过于复杂的街道环境色彩构成也会由于对人们视觉感官的刺激过载而使人们产生负面的感知结果。

2）分区集聚的各类建筑风貌空间分布特征

在 InfoGAN 半监督模型和 ResNet 有监督模式对南京中心城区街道的建筑风貌类型识别的基础上，通过整合两轮识别数据结果并输入 GIS 空间分析平台中，进而对街道建筑风貌类型识别结果进行空间可视化表现及后续的核密度空间分析。从空间分析的结果来看，相对于环境色彩的整体空间分布特征，南京中心城区街道各类建筑风貌在整体空间层面呈现出与实际空间建筑密度和城市功能高度相关的分布特征（图 3.30）。

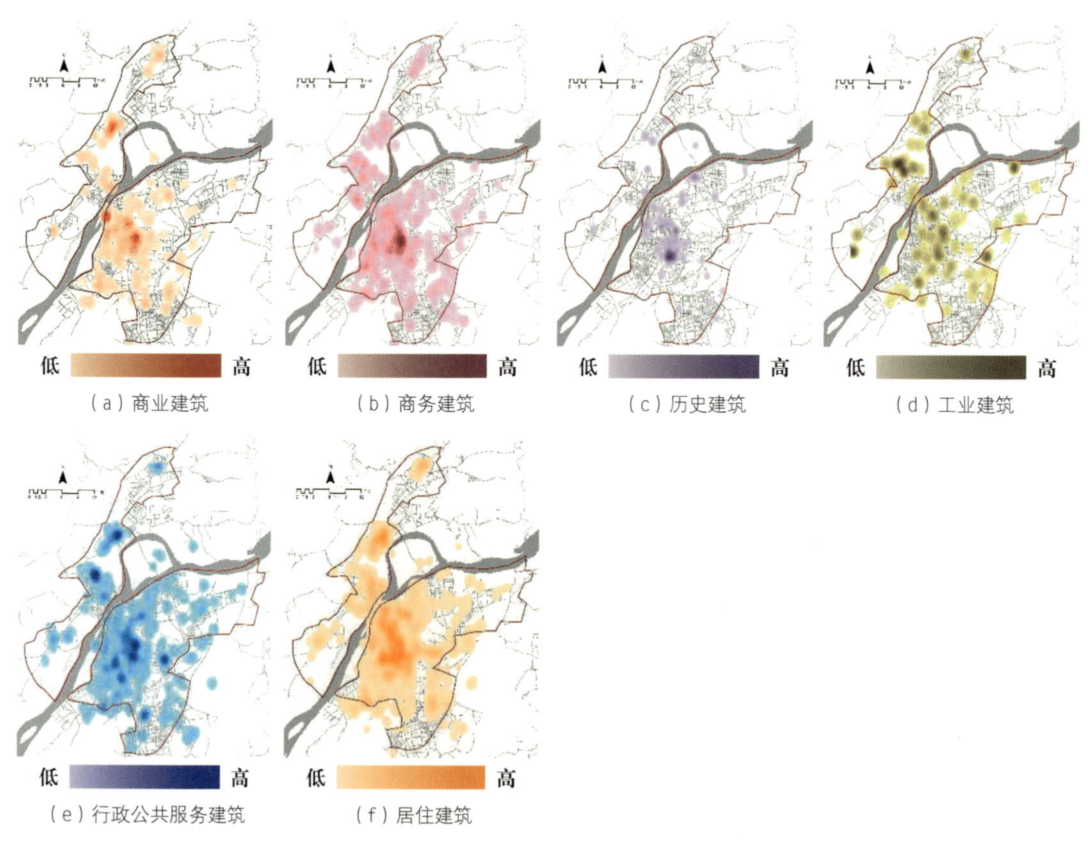

（a）商业建筑　（b）商务建筑　（c）历史建筑　（d）工业建筑

（e）行政公共服务建筑　（f）居住建筑

图 3.30 南京中心城区街道各类建筑风貌空间分布图

——历史建筑：高度集聚。由图 3.30 可以发现，历史风貌类的建筑在南京中心城区整体空间分布中存在一个高度集聚核心，以及若干个存在一定程度风貌集中的节点和斑块。历史风貌类建筑在南京中心城区的集聚核心出现在南京老城南片区范围内，主要包含了夫子庙—三山街地区，老门东、门西和甘熙故居及南捕厅周边范围。从抽样调取街景图片的建筑识别图像结果来看，该范围内街道环境中的建筑以明清时期的中国传统江南民居建筑风貌为主，主要包含白墙灰瓦、马头墙等建筑立面及轮廓元素。除该集聚核心外，历史建筑在南京中心城区其他的集聚簇核和节点主要由阅江楼—静海寺及郑和南路周边地区（明清）、长江路总统府周边地区、宁海路—珞珈路周边范围（民国），以及燕子矶古镇（明清）等所构成。

——商业及商务建筑：全域分布，中心集聚。相对于历史风貌类建筑在特定范围内的高度集聚，商业及商务建筑在南京中心城区整体范围内的街道环境中均有所分布，且两者在空间分布特征上均表现出中心集聚的类似分布特征。其中，大型商业建筑的主要集聚中心出现在新街口—大行宫所构成的南京中心区范围内[8]。同时，大型商业建筑还在下关地区、湖南路—湖北路和大厂中心等地区形成了具有一定集聚强度的簇核，其整体上与人们对南京商业功能的分布认知结构基本对应。相对于大型商业建筑，商务办公类建筑在南京中心城区的分布覆盖范围更广，中心集聚的强度却相对较低。从其整体空间上来看，商务办公类建筑较高的集聚核心只出现在新街口—大行宫范围内，并在一定程度上沿中山路、中央路和中山南路南北延伸至玄武门（北）和张府园（南）。除此以外，商务办公类建筑还在江东中路（兴隆大街—江山大街段）、汉中门大街（江东快速路—扬子江大道段）、浦津路、凤滁路，以及华为路、宁双路周边范围存在一定的集聚分布斑块，但是由于整体的分布强度较低，因而未能形成集聚的簇核或次级核心。

——居住建筑：全域均衡分布，高密度区域集聚。在南京中心城区范围内，居住建筑是分布最为均衡广泛，且没有明显集聚核心的风貌类型。从整体空间分布上看，居住建筑基本覆盖了南京中心城区内所有的街道环境。而具有相对较高集聚分布的地区主要以南京老城中心范围及大厂中心范围为主，并呈现出与空间密度的高度相关性。

——行政公共服务建筑：全域分布，功能斑块集聚。行政公共服务建筑在南京中心城区范围内同样具有相对较广的覆盖面，并呈现出以部分特殊功能地区为中心的斑块集聚现象。通过调取街景图片识别结果，同时结合街道环境实地调研来看，行政公共服务建筑主要集聚分布在鼓楼—南京大学、广州路—珠江路、北京西路—西康路、胜路村路—后标营路、盘城新街—龙山北路，以及星火路和文景路等街道的周边范围。对相关街道环境的进一步实地调研后发现，在上述范围内分布有南京大学、江苏省人民政府、省政府外事办公室、南京市儿童医院、江苏省人民医院、南京农业大学（卫岗校区）、南京理工大学、南京信息工程大学、东南大学成贤学院等大量行政、教育及医疗机构。由此可见，行政公共服务建筑在南京中心城区街道环境中的集聚分布与街道两侧功能的高度相关性，在一定程度上表现出了街道环境中建筑风貌对于个体环境功能感知的导向作用。

——工业建筑：外围斑块分布，点状集中。相对于前 5 种建筑风貌，对街景图片中工业建筑风貌的识别存在一定程度上的偏差。对相关街道的实地调研后发现，这一偏差主要体现在南京老城内的一些低矮的红砖或灰砖居住建筑等被误判为工业建筑，这类被误判的工业建筑风貌主要分布在黑龙江路及升州路等周边范围的街道环境中。将这些被误判的范围排除后，南京中心城区内的工业建筑主要分布在新城及部分外围开发区中，呈现出一定的斑块和点状集中分布，并与街道两侧的功能直接相关。较为集中的分布节点有南京经济技术开发区恒通大道、恒飞路，浦口南京软件园浦泗路、星火路，麒麟片区的永丰大道、紫丹路以及秦淮电子商务产业园等。

综上所述，对于南京中心城区街道环境表征形式的色彩及建筑风貌类型的识别和分析，一方面体现了在街道环境构成要素基础上，街道整体客观环境在人们观察过程中能够被个体所拾取，或者能够对个体的视觉感官产生一定刺激作用的客观信息特征；另一方面，街道环境色彩和建筑风貌的测度和解析结果也表明，街道环境表征形式与街道所具有的功能导向之间具有较高的关联性，即在一定程度上街道环境的表征形式是街道功能或其他客观内涵特征的外显表现，并通过影响个体的视觉感官发挥对人们环境感知的导向作用。因此，此处的街道环境表征形式连同前文的街道环境构成要素共同形成了一个联系链条，即街道环境构成要素在基础可见性层面构成了人们观察环境时所拾取的基础要素信息，街道环境表征形式则通过对个体的感官刺激和作用传递街道环境所具有的功能内涵和客观特征，进而从生理和心理两个层面作用并影响下一步的个体环境初级感知。

参考文献

[1] O' Mahony N, Campbell S, Carvalho A, et al. Deep learning vs. traditional computer vision[C]//Arai K, Kapoor S. Science and Information Conference. Cham: Springer: 128-144.

[2] 廖自然 . 基于街景图片机器学习技术的城市建筑风貌分类研究 [D]. 南京：东南大学 ,2019.

[3] 王京红 . 城市色彩：表述城市精神 [M]. 北京：中国建筑工业出版社，2013.

[4] Handbook of color psychology[M]. Cambridge: Cambridge University Press, 2015.

[5] Pitchaimuthu K, Sourav S, Bottari D, et al. Color vision in sight recovery individuals[J]. Restorative Neurology and Neuroscience, 2019, 37(6): 583-590.

[6] 顾鸣东，葛幼松，焦泽阳 . 城市风貌规划的理念与方法：兼议台州市路桥区城市风貌规划 [J]. 城市问题 ,2008(3):17-21.

[7] 黄琦 . 城市总体风貌规划框架研究：以株洲市为例 [D]. 北京：清华大学 ,2014.

[8] 史北祥，杨俊宴 . 城市中心区混合用地概念辨析及空间演替：以南京新街口中心区为例 [J]. 城市规划，2019,43(1):89-99.

同那种由建筑或其他实体把握城市或街道的想法相对，有一种把实体被感知的结构，作为描绘在心中的形象来考虑城市或街道的想法，它不是某一个人的特点印象，而是大多数城市居民的共同印象。

——芦原义信

所感：主客观交互的环境初级感知

·4·

基于街道的环境初级感知，一方面是在街道环境构成要素和客观表征形式基础上的进阶，其内涵逐步从人们对于客观环境的视觉观察和信息拾取过渡到对所拾取信息的初步整理、分析和理解层面。另一方面，由于对环境初级感知的解析仍主要在街道环境构成要素及表征形式的基础上对客观环境所具有的感知导向性进行探讨，因此其并不能完全等同于个体的主观环境感知。根据本书第 2 章所提出的主观感知与客观环境偏差视角下的感知模型，环境初级感知由于其在主观感知与客观环境的交互的城市意象形成过程中具有中间过渡和承接作用，因此环境初级感知在一定程度上可以被认为是主客观交互的环境感知过程。在这一过程中，个体基础的生理性、潜意识的需求和动机开始影响人们对于街道环境构成要素及表征形式的选择及理解。基于此，街道环境所具有的客观表征形式指标及构成要素仍然作为环境初级感知的测度解析基础，首先根据环境行为学、行为心理学和马斯洛需求层次理论初步确定环境初级感知解析的主要指标体系；其次通过专家打分法和问卷调研的形式采集并整理人们对于街道环境中各构成要素及表征形式对其感知影响的重要程度，并基于此对街道环境中各构成要素和表征形式进行权重赋值，从而解析主客观交互下的环境初级感知。

4.1 环境初级感知解析指标构成

主客观交互的环境初级感知是街道环境客观构成要素和形式特征的进阶与延续，是对人们通过观察所获得的包含构成要素及表征形式等在内的客观特征信息的初步理解、分析，以及基于个体自身基础需求和动机的反应。在这一阶段中，街道环境的构成要素及其客观表征对于个体的环境感知仍然发挥着基础性的影响，其在很大程度上体现为客观环境对个体感知行为的决定作用，即客观环境决定了个体对其做出的身体性（生理）或精神性（心理）的感知及响应[1]。但是，个体基础性的行为和动机在环境初级感知过程中的介入，也使得上述环境对个体感知的决定性影响作用是相对的，并在很大程度上显现出了主观个体与客观环境之间的相互作用机制。因而，在环境初级感知过程中，前文所述街道环境的构成要素及客观表征形式对人们环境初级感知的影响存在一定的差异性。依据第 2 章所述的基础可见性、视觉特征性和感知导向性三个感知条件，并根据本书问卷调查中人们对于街道构成要素重要程度的评价结果，可以将街道环境构成要素及表征形式划分并归纳为具有不同可见性以及基于视觉特征的不同可感知性所构成的四个象限（图 4.1），直观显示出不同街道构成要素在唤起人们的环境感知及影响个体环境初级感知响应方面的分异。

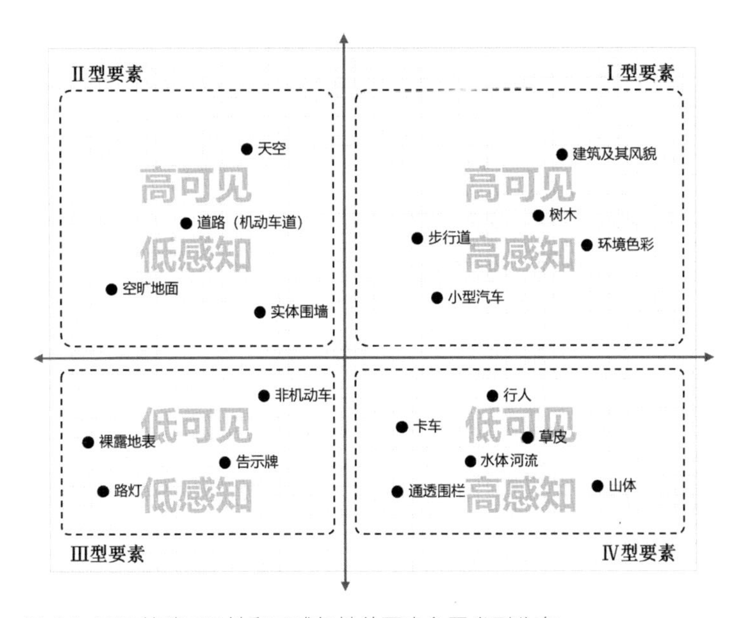

图 4.1 不同基础可见性和可感知性的要素象限类型分布

另外，人们对街道环境的初级感知结果同样也受到其自身在街道中的行为、需求和动机的影响。根据行为学家马斯洛（Maslow）所建构的需求层次理论[2]，环境的安全性和基础的景观舒适性是人们对外部环境进行感知的基本需求，同时也是人们对街道环境做出的基础生理性响应。在此基础上，当人们的外部环境安全性和舒适性需求得到满足后，会通过对客观环境进一步的体验来产生心理层面的感知结果。因此，本书首先依据马斯洛需求层次理论和环境行为学中客观环境与主观个体之间的关系和个体的基本需求，将街道的环境安全性和景观性作为人们通过观察行为产生的基础生理测度内容；其次根据本书前期所开展的问卷调研中关于个体在街道环境体验过程中所关注内容的调查结果，以及环境行为学中有关环境与个体关系所存在的工具性和精神性的内容[3]，将街道环境的色彩氛围和社交氛围设置为以环境体验为主要行为的个体对客观环境的初级心理感知测度内容①。进而，将上述环境初级感知的四个测度方面与街道环境的构成要素及客观表征形式相关联，从而建构环境初级感知的测度指标体系（图 4.2），并通过层次分析法（Analytic Hierarchy Process，AHP），适当结合问卷调查结果确定各测度指标的权重，对南京中心城区街道环境中人们的初级生理及心理感知特征进行分析。

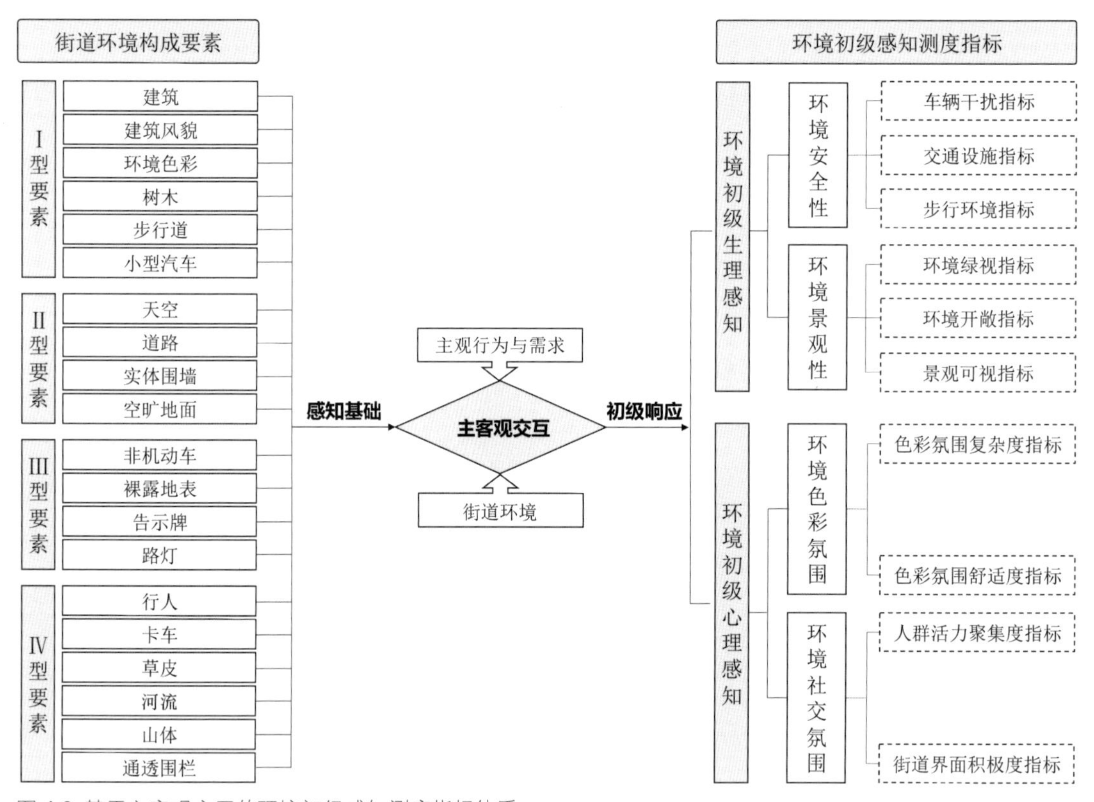

图 4.2 基于主客观交互的环境初级感知测度指标体系

4.1.1 基于客观观察的街道环境生理感知测度指标

前已述及，人们对于街道环境不同层次的初级感知结果来源于其在感知街道环境过程中的行为层次，以及不同行为层次所对应的知觉尺度。对于个体而言，当其身处街道环境

① 通过对问卷调研中人们对街道环境主要关注方面的各项调查结果综合得分进行计算，街道建筑色彩及风貌为 3.87，街道绿化景观性为 3.25，安全性为 3.83（其中可步行性单列项评分为 3.61），街道的功能及活力为 3.31。基于此并结合马斯洛需求层次理论和环境行为学中环境与人们在身体性（生理）和精神性（心理）两个层面的作用关系，从而确定将环境安全性、环境景观性（环境初级生理感知）、环境色彩氛围、环境社交氛围（环境初级心理感知）作为对南京中心城区街道环境初级感知的主要测度方面。

中时，用眼睛去观察街道环境中的各物质构成要素，以及外显的客观表征是人们获取街道环境客观信息的基础层级，也是人们对环境初级感知的基础层级。在这一主观感知与客观环境交互的层级中，客观环境主要在物质性层面对个体的生理感知进行作用，即个体的视觉感官受到外部街道环境的刺激影响，进而激发个体潜意识的生理感知判断、响应与反馈，并构成个体对环境进一步感知的基础。

1）环境安全性感知

环境安全性是人们与环境相互作用和影响过程中的初级和基础感知因素。环境的安全性作为个体基础层级的需求，其一方面奠定了个体对环境的基本感知印象，个体对环境的进一步感知在很大程度上可以被认为是以生理性的环境安全感知为基础的；另一方面，人们对环境安全性的感知也决定了人们进一步感知和使用环境的行为，即只有当人们对其所处的街道环境具有初步的安全感知后，才愿意更进一步地体验和更深入地感知街道环境[4]。环境安全性的解析在广义上包含了街道潜在犯罪、交通安全等多个方面，本书主要聚焦城市规划研究范畴下，基于人们通过观察街道环境所能够获取的物质要素及表征信息，以及人们在客观环境视觉感官刺激下所具有的生理感知反馈对南京中心城区的 8 720 条街段进行测度。根据本书第 3 章所述内容，街道环境中对个体安全性感知具有影响和唤醒作用的客观要素主要为步行道、小型汽车、卡车及相关交通设施等。因此，基于上述相关要素，从个体安全性生理感知层面出发，对南京中心城区街道环境安全性测度主要包含步行环境指标、交通设施指标和车辆干扰指标三项（表 4.1）。

表 4.1 环境安全性测度指标

测度指标	测度公式	公式说明
步行环境指标	$PEI_{\mathrm{Q}}=\dfrac{P_{\mathrm{w}}}{R_{\mathrm{w}}}$	PEI_{Q} 为街道环境中可步行环境指数；P_{w} 为街景图片中识别的步行道要素的像素占比；R_{w} 为街景图片中街道环境水平界面的像素总量占比
交通设施指标	$TFI_{\mathrm{Q}}=\dfrac{T_p}{I_p}=\dfrac{\sum_{i=1}^{i}T_i}{\sum_{i=1}^{i}I_i}$	TFI_{Q} 为街道环境中交通设施指数；T_p 为街景图片中识别的交通设施（含路灯、信号灯等）的像素占比；I_p 为街景图片中道路要素的像素总量占比。其中，T_p 为街景中各交通设施的像素占比之和，I_p 为街景道路界面和正视垂直界面的像素总和
车辆干扰指标	$CDI_{\mathrm{Q}}=\dfrac{V_{\mathrm{p}}}{R_{\mathrm{p}}}$	CDI_{Q} 为街道环境车辆干扰指数；V_{p} 为街景图片中识别的机动车（含小型汽车和卡车）的像素占比；R_{p} 为街景图片中道路要素的像素总量占比

对于人们的环境初级感知而言，街道的环境安全性直接受到街道客观构成要素的主导影响作用，且其对于个体的感知影响是单向且绝对的，即某一安全性指标的高或低会直接决定个体对其所处街道环境安全性感知的判断。因此，根据街道环境对人们的安全性感知影响，可以将表 4.1 所述三项指标分为正相关和负相关两种类型。其中，步行环境指标和交通设施指标与个体安全性感知结果呈正相关性，即该两项指标越高，人们则越感到安全。步行道在街道环境水平界面中的像素占比越大，说明街道能够给人们提供的可步行空间越大，人们开展步行行为的连续度越好，从而使人们感到安全。同理，交通设施指标越高，意味着能够提供给人们活动时的服务和设施越完善[5]（图 4.3）。相对于上述两项指标，车辆干扰指标则与人们的环境安全感呈负相关性，即车辆干扰指标越高，人们对环境安全性的感知越差。在街道环境中，机动车，甚至非机动车在街道环境中的占比高，说明人们在街道中进行无干扰性活动的空间被挤压，这在一定程度上会造成人车混行的情况，从而使人们对其所处环境感到不安，进而影响其进一步的环境感知。另外，通过后续访谈及问卷调研发现，当街道环境中出现“卡车”这一构成要素时，车辆干扰指标对人们环境安全性的影响在很大程度上会产生质的变化[6]。因此，本书在南京中心城区街道环境安全性测度时，对卡车等特例要素进行了对应的权重设置。

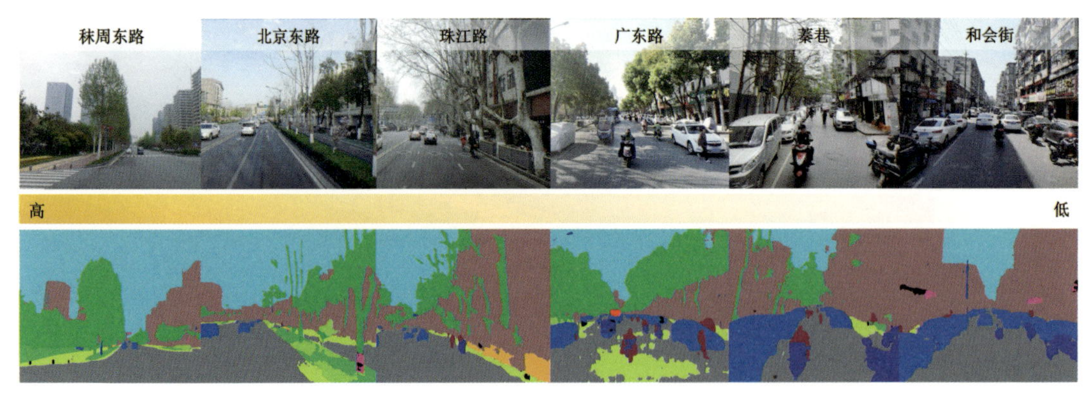

图 4.3 不同环境安全性感知程度的街道环境

2）环境景观性感知

当环境安全性在主客观交互下的环境初级感知过程中初步形成之后，人们基于观察的环境感知行为开始逐步向精神性的心理感知层面递进，开始渐进地建立环境安全性基础上的环境舒适感知。正如上文所述，街道环境及其构成要素在环境初级感知的过程中仍然发挥着主导性的作用。因此，在以视觉观察为个体行为的环境初级感知阶段，人们对环境的舒适感知主要来源于街道环境垂直及水平界面中的景观性要素。街道环境景观性感知的形成过程与安全性类似，当人们身处街道中时，街道环境中的树木、天空、植物、山体、河流等自然或人工的景观性要素会通过各自所具有的外显特征对人们的视觉感官产生一定的刺激作用，从而使人们对街道环境的整体景观氛围产生印象和记忆，进而综合整体街道环境来形成客观环境的初级景观性感知。依据本书第 3 章所述街道环境构成要素及其街景识别结果，基于观察行为的环境景观性感知测度主要由环境绿视指标、环境开敞指标和景观可视指标构成（表 4.2）。

表 4.2 环境景观性测度指标

测度指标	测度公式	公式说明
环境绿视指标	$GVI_{\mathrm{Q}}=\frac{G_p}{I_p}=\frac{\sum_{i=1}^{i}G_n}{\sum_{i=1}^{i}I_n}$	GVI_{Q} 为街道环境绿色可视指数；G_p 为街景图片中识别的绿色景观要素（含草皮、树木等）的像素数量占比；I_p 为街景中对应面域的像素总量占比。其中，G_n 为街景中 n 个绿视景观面域的像素占比之和，I_n 为街景水平及垂直面域的像素总和
环境开敞指标	$OVI_{\mathrm{Q}}=\frac{S_{\mathrm{p}}}{I_{\mathrm{p}}}=\frac{\sum_{i=1}^{i}S_n}{\sum_{i=1}^{i}I_n}$	OVI_{Q} 为街道环境的开敞指数，此处用天空可视域来反映街道环境景观性的开敞度[7]；S_{p} 为街景图片中识别的天空要素像素占比；I_{p} 为街景图片所有面域的像素总量占比
景观可视指标	$NFI_{\mathrm{Q}}=\frac{L_{\mathrm{p}}}{I_{\mathrm{p}}}=\frac{\sum_{i=1}^{i}L_n}{\sum_{i=1}^{i}I_n}$	NFI_{Q} 为街道环境大型景观可视指数；L_{p} 为街景图片中识别的大型山水自然要素（含山体、河流等）的像素数量占比；I_{p} 为街景图片面域的像素总量。其中，L_n 为街景中 n 个山水自然要素的像素占比之和，I_n 为街景水平与垂直界面的像素总和

基于表 4.2 所示内容，从基于观察的环境感知过程来看，环境绿视指标、环境开敞指标与景观可视指标对人们环境景观性感知的影响均为正相关性。其中，环境绿视指标与环境开敞指标为一般普适性指标，其在城市中所有的街道环境中都或多或少地占有一定的比例。街道环境中景观绿视指标越高，意味着人们观察街道环境时所看到的植物景观占比越高。这种环境要素在个体视觉感官层面所具有的统治性特征刺激作用，会使得人们容易产生与之对应的感知印象，因而当街道环境中的环境绿视指标越高时，人们对街道的环境景观性感知越明显，也越容易产生生理性层面舒适的环境初级感知结果（图 4.4）。相对于环境绿视指标，以天空可视域为测度基础的环境开敞指标对人们的环境景观性感知影响相对较弱，对人们环境初级感知生理性层面的影响作用在很大程度上是辅助性的，其通常需要与环境绿视指标相结合来对人们的环境感知进行作用。景观可视指标在人们环境初级感知的过程中为独特性指标，通过第 3 章对南京中心城区街道环境中构成要素的山体、河流（水体）等街景图片的识别结果可以发现，其通常只在城市中具有一定特殊地理位置的少

量街道环境中占有一定的分布比例。也正因为其在城市整体街道环境中的不均匀分布，使得其在很大程度上对人们环境观察的刺激作用更加显著，也更能唤起人们视觉生理性层面对于客观环境景观性的初级感知响应。另外，景观可视指标与环境开敞指标、环境绿视指标在整体环境景观感知层面存在内部相互作用关系。在环境初级感知过程中，当环境开敞指标和环境绿视指标处于一定的水平时，景观可视指标可以强化人们对于环境的视觉景观性感知；而当环境开敞指标和环境绿视指标均较低时，景观可视指标对于人们整体环境视觉景观性感知的影响作用也会相对减弱。

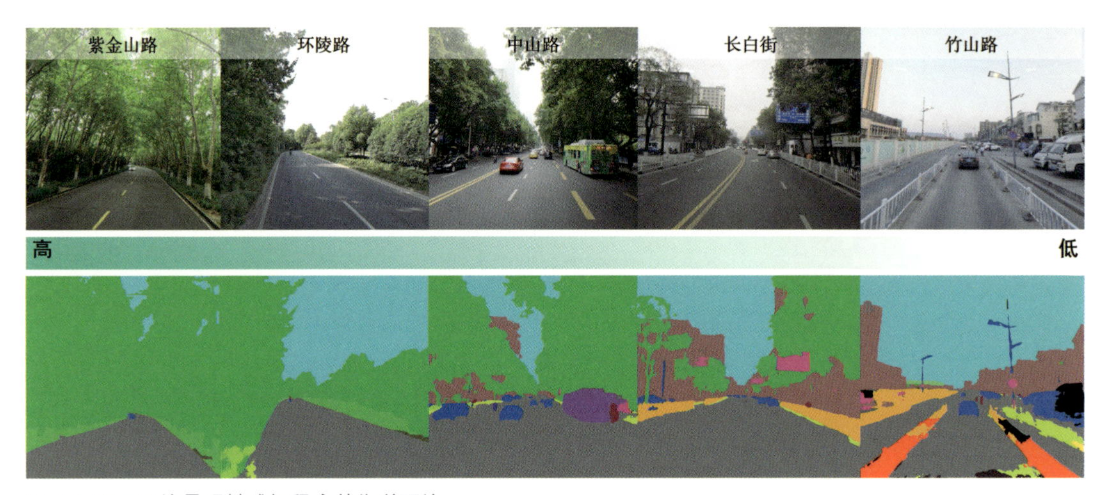

图 4.4 不同环境景观性感知程度的街道环境

4.1.2 基于主观感受的街道环境心理感知测度指标

基于上述内容可以发现，环境初级的生理感知主要来源于街道环境中的客观构成要素，是以物质环境要素可见性和视觉特征性为基础的，个体基础需求导向的潜意识性环境初级感知。而环境初级的心理感知则更多地来源于环境的整体客观表征，即在客观环境构成要素可见性基础上的，以视觉特征性及其影响下的感知导向性为主要来源的环境整体氛围感知。随着人们对其通过观察所获得的外部客观环境表征信息的初级分析和综合理解，以及人与街道环境之间相互作用的深化，客观环境对人们的影响逐步从生理性的感知维度进入更深层次、更为抽象的心理精神维度，并在很大程度上表现出“格式塔”式的整体性感知特征。在这一转变背景下，个体基于环境体验的初级环境心理感知所反映的是个体主观的动机和需求与客观环境的表征形式之间更加深入和交互的作用关系。基于前文所述街道环境客观表征形式和环境初级生理感知的相关内容，此处以人们通过观察获得的客观信息所反映出的街道的环境色彩氛围感知和环境社交氛围感知两个主要方面，对街道环境的初级心理感知进行解析，讨论个体主观性需求和动机介入下的环境心理感知特征，以及主客观相互之间的影响和作用关系。

1）环境色彩氛围感知

在本书第 3 章对南京中心城区街道环境色彩表征的测度基础上，此处的环境色彩氛围感知不再是街道中简单几种色彩的构成，或者不同色彩在街道环境中分布的比例关系，其所反映的是这些颜色相互联系组合形成的街道整体氛围特征，以及人们在街道环境这一色彩视觉特征刺激和影响下，结合其自身的感官体验和心理感受所形成的精神性感知。根据环境色彩对人们心理感知活动的影响作用，以及街道环境中色彩的外在表征及组合形式，环境初级心理感知在色彩层面主要由显示街道整体色彩氛围的色彩复杂度和反映人们对街道色彩氛围的感知舒适度两方面指标构成（表 4.3）。

表 4.3 环境色彩氛围测度指标

测度指标	测度公式	公式说明
色彩氛围复杂度指标	$CEI_Q = 1 - \sum_{i=1}\left(\frac{P_i}{\sum_{i=1}^{i} p_i}\right)^2$	CEI_Q为街道环境色彩氛围的复杂度；P_i为单张街景图片中i类颜色要素所占的总像素量；I为街景图片所示个体视觉范围内总要素的像素总和
色彩氛围舒适度指标	$CVI_Q = \sum_{i=1}^{8} \frac{1}{8} \times E_i$	CVI_Q为基于本书街景图片所识别的 8 类主导色彩的街道环境舒适度指数；E_i为单张街景图片中i类颜色的个体主观评分值

图 4.5 不同色彩氛围复杂度的街道环境

其中，街道环境色彩氛围复杂度是指街道中各构成要素的外显色彩对于人们在环境中视觉体验层面上所具有的复杂性和丰富性，其指标测度结果数值的范围区间为[0,1−1/S][8]。从环境色彩与人们感知之间的相互作用来看，理论上环境色彩构成越单调，人们对其所处街道环境的心理感知程度越低，往往会感到枯燥和无趣；而环境色彩越丰富，则在很大程度上意味着街道环境对人们视觉感知的刺激作用越强，相对的，人们也更容易产生更加明确的环境初级心理感知结果（图 4.5）。但值得注意的是，对于环境初级心理感知而言，街道环境色彩氛围复杂度并不存在实质性的主观价值导向，即色彩氛围复杂度指标在很大程度上对应的只是人们基于街道构成颜色数量的延伸性心理感知，并不意味着两者之间存在色彩氛围复杂度指标越高，人们对环境的感知结果越好的正相关关系。正如本书第 2 章所提及的，在一定程度上色彩氛围复杂度指标越高，其对人们的视觉刺激及感知会存在刺激或信息过载的现象，反而会使得人们产生相对负面的主观感知结果，本书将在后文中结合主观感知的测度结果对此进行更加深入的探讨。

相对于色彩氛围复杂度而言，街道环境色彩氛围舒适度则具有明显的主客观交互特征，且对人们环境初级心理感知的结果具有正相关影响[9]。同时，人们对于不同颜色主导下的色彩氛围舒适度感知也存在着明显的差异。黄色、红色等兴奋色更加容易唤起人们的心理感知；绿色、蓝色等镇静色在一定程度上会使人们感到放松和清静；而以黑色、灰色等为主导的街道色彩范围则会使人感到枯燥，甚至会感到不安[10]。因此，本书在第 3 章对南京中心城区街道色彩识别和 8 类颜色聚类分析的基础上，选择并邀请了 23 位具有不同背景属性的参试者对 8 类颜色的舒适性进行评价，并以此作为色彩氛围舒适度指标测度的基础参数（表 4.4）。在此基础上，色彩氛围舒适度指标越高则说明所对应街道环境中的色彩氛围越能够使人感到舒适。

表 4.4 街道环境 8 种构成颜色主观评分表

色彩名称	黑色	白色	绿色	蓝色	青色	红色	橘色	黄色
颜色示例	000000	ffffff	00ff00	0000ff	00ffff	ff0000	ff9933	ffff00
主观评分	3.1	6.6	8.7	9.2	8.6	5.4	6.2	7.4
颜色代码①	#000000	#FFFFFF	#00FF00	#0000FF	#00FFFF	#FF0000	#FF9933	#FFFF00

2）环境社交氛围感知

人们对于街道的环境初级心理感知除了来自上述基于视觉感受的环境色彩范围外，还来自人们与街道环境的互动过程。根据街道环境中的构成要素和人们体验及感知环境的行为，这一主观个体与客观环境的互动过程主要体现在街道环境的客观吸引力和人们对于街道环境活力范围的感知。一方面，街道环境所具有的客观吸引力是人们感知环境社交氛围的基础。在很大程度上，只有当街道环境具有一定良好的客观表征和吸引力时，人们才会

① 此处的颜色代码为各颜色按照 RGB 十六进制计算所得，用于在 Python 平台分析和统计时进行标识。以红色代码 #FF0000 为例，其组成形式为：FF=R=255，00=G=0，00=B=0。

在街道中开展更多的活动[11]，如购物、游憩等，并通过这些活动进一步对其所处外部街道环境进行感知。另一方面，当人们在街道环境中活动时，作为独立活动个体的人在很大程度上也成了环境社交氛围感知中的一个独立变量，并影响着其他个体对街道环境社交氛围的心理感知结果。因此，结合本书第 3 章对南京中心城区街道环境构成要素及客观表征的测度结果，此处对人们街道环境社交氛围的初级心理感知测度指标主要包括人群活力聚集度和街道界面积极度两方面（表 4.5）。

表 4.5 环境社交氛围测度指标

测度指标	测度公式	公式说明
人群活力聚集度指标	$CAI_n=\frac{P_q}{I_q}$	CAI_n 为街道环境中的人群活动聚集指数；P_q 为街景图片中所识别的行人像素占比；I_q 为街景图片中街道环境垂直及水平界面的总像素量
街道界面积极度指标	$SPI_n=\frac{C_q}{I_q}=\frac{\sum_{i=1}^{q}C_n}{\sum_{i=1}^{q}I_n}$	SPI_n 为街道环境中界面的积极度指数；C_q 为街景图片中识别的商业及服务类建筑数量占比；I_q 为街景图片中街道左右两侧垂直界面的像素量总和。其中，C_n 为第 n 张街景图片中所识别的生活服务类及商业类建筑在单张街景图片中所占的总量

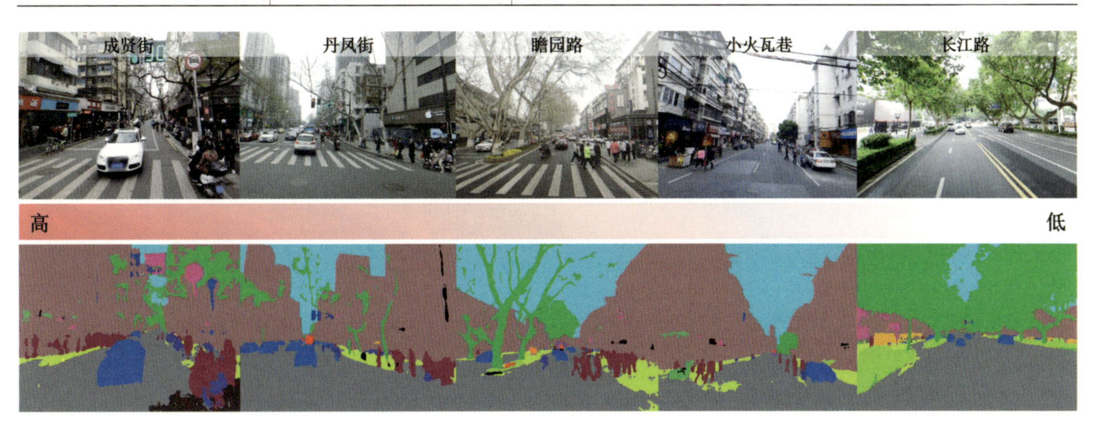

图 4.6 不同人群活力聚集度的街道环境氛围

其中，对于人群活力聚集度指标的测度内容主要针对的是街景图片中行人要素所占比例，排除了自行车、电动车两类要素。这主要是由于自行车和电动车在很大程度上是以通勤行为为主，对街道活力感知氛围的测度存在干扰。行人作为街道环境中的独立构成要素，其在街道环境中分布的数量在很大程度上直接反映了街道所具有的活力。在行人占比较多的街道环境中，人们会因为“街道眼”[12]效应而感到安全；同时，街道环境中聚集的人群在整体街道空间中的充斥作用，以及对感知个体的视觉感官刺激，会使得人们对街道环境产生人多、热闹的环境初级心理感知结果（图 4.6）。

环境社交氛围感知中的街道界面积极度指标主要反映了以街道环境构成要素和表征形式为基础的街道客观吸引力，以及承载人们进行活动的能力。街道界面积极度指标一方面体现了街道环境所具有的功能特征，并以此与人们在环境活动及感知过程中的动机和需求相对应，从客观层面影响人们对于街道社交氛围的初级心理感知判断；另一方面，街道界面积极度指标在一定程度上也是人群活力聚集度形成的基础，两者之间具有一定的因果联系性。此处，对于南京中心城区街道界面积极度指标的测度主要以本书第 3 章中对街道环境中建筑风貌类型的识别为基础，通过选择其中能够引起及承载人们活动的生活服务类和商业类建筑风貌在街景图片中的比例关系来进行计算测度。

需要指出的是，人群活力聚集度和街道界面积极度作为环境初级心理感知在社交氛围层面的两个主要部分，其对于街道环境社交氛围的影响均为正相关，即人群活力聚集度和街道界面积极度指标越高，街道环境社交氛围在客观性层面也相应越高，越能唤起人们对于街道环境社交氛围的感知。但是，与上文所述其他指标类似，在环境初级心理感知阶段，此处的两类测度指标虽然对人们的环境感知具有很强的导向性作用，但是其对于个体的环境主观感知并不具有直接的、决定性的价值导向，即街道环境中人群活动聚集度指标和街道界面积极度指标越高，也并不绝对会使人们产生积极正面的主观感知结果。这一潜在的规律，也再一次地反映了在城市意象框架下，主观感知与客观环境之间存在的偏差特征。

4.1.3 街道环境初级感知测度参数设置

综上所述，本书基于南京中心城区街道环境构成要素和客观表征的识别结果，在主客观交互的环境初级感知测度过程中选择了生理和心理两个维度，以及 10 项相关指标对客观环境影响下的个体初级响应及反馈进行解析。在此过程中，一方面由于环境初级生理感知和心理感知在测度指标属性和量纲层面存在差异，不同指标的测度结果无法取得实质上的统一，进而导致最终测度结果的偏差；另一方面，由于街道环境初级感知过程所具有的主客观交互特征，因而一个测度方面的不同测度指标之间也存在着影响权重的不同，而基于个体的不同测度指标的影响权重的确定也将进一步影响最终的测度结果。因此，本书在测度前，对相关指标进行了标准化处理和权重设置。

1）测度指标标准化处理

基于上文所建构的 2 个维度、4 个方面、10 个指标的主客观交互的环境初级感知测度体系，根据相关指标自身的性质以及对环境感知结果的影响作用，并结合测度数据的特征和测度计算的可行性和可操作性，本书选择离差标准化（Min-Max 标准化）方法对测度数据结果进行归一性标准化处理，使得所有指标的测度结果数值均涵盖在 [0,1] 数值区间内，从而对环境初级感知结果的各方面内容进行分析。

$$X'_{ij}=\frac{X_{ij}-X_{jmin}}{X_{jmin}-X'_{jmin}} \tag{4-1}$$

$$X'_{ij}=\frac{X_{jmax}-X_{ij}}{X_{jmax}-X'_{jmax}} \tag{4-2}$$

式中，X'_{ij}为数据原始数值；X_{jmax}和X_{jmin}分别对应相关测度指标数值的最大值和最小值；i为测度街景图片的样本编号；j为对应测度指标的编号。

由于上述 10 类测度指标内容对于环境初级感知的过程和结果表现出正、负两种不同的相关性，因此，在对测度结果数值进行标准化的过程中，也需要根据相关指标所具有的正、负相关性属性，分别采用式（4-1）、式（4-2）进行标准化处理（表 4.6）。

表 4.6 测度指标相关性即对应标准化计算公式

初级感知类型	测度内容	指标名称	指标相关性	标准化公式
环境初级生理感知	环境安全性感知	车辆干扰指标	负相关	$X'_{ij}=\frac{X_{jmax}-X_{ij}}{X_{jmax}-X'_{jmin}}$
		交通设施指标	正相关	$X'_{ij}=\frac{X_{ij}-X_{jmin}}{X_{jmax}-X'_{jmin}}$
		步行环境指标	正相关	
	环境景观性感知	环境绿视指标	正相关	
		环境开敞指标	正相关	
		景观可视指标	正相关	
环境初级心理感知	环境色彩氛围感知	色彩氛围复杂度指标	正相关	
		色彩氛围舒适度指标	正相关	
	环境社交氛围感知	人群活力聚集度指标	正相关	
		街道界面积极度指标	正相关	

2）测度指标影响权重确定

由于环境初级感知过程中所具有的主客观交互特性，因此在对环境初级生理及心理感知测度过程中，需要对相关测度内容中的指标权重进行设置，进而完善测度结果的有效性。此处，对于测度指标影响权重的确定主要分为两个步骤。第一，本书通过问卷调研和访谈确定了相关测度内容的价值判断，以及相关指标对环境初级感知所具有的影响作用的综合评价得分；进而采用层次分析法，将环境初级生理感知和心理感知根据参试者的价值判断设置为目标层，将生理和心理两个感知维度所涉及的测度内容设定为准则层，将各项测度内容所对应的 10 类各项测度指标设置为因素方案层。第二，通过成对比较矩阵判断方案层中各因素的重要性，进而采用特征向量法对各层级因素的重要性进行梳理和数值归一化处理，并计算最大特征根 [13]。通过矩阵判别结果的一致性检验获得各测度指标对环境初级感知相关测度内容的权重（表 4.7）。

表 4.7 测度指标权重参数设置

目标层：初级感知类型	准则层：测度内容	因素方案层：测度指标	权重参数
环境初级生理感知	环境安全性感知	车辆干扰指标	0.118
		交通设施指标	0.019
		步行环境指标	0.129
	环境景观性感知	环境绿视指标	0.125
		环境开敞指标	0.116
		景观可视指标	0.128
环境初级心理感知	环境色彩氛围感知	色彩氛围复杂度指标	0.112
		色彩氛围舒适度指标	0.134
	环境社交氛围感知	人群活力聚集度指标	0.065
		街道界面积极度指标	0.124

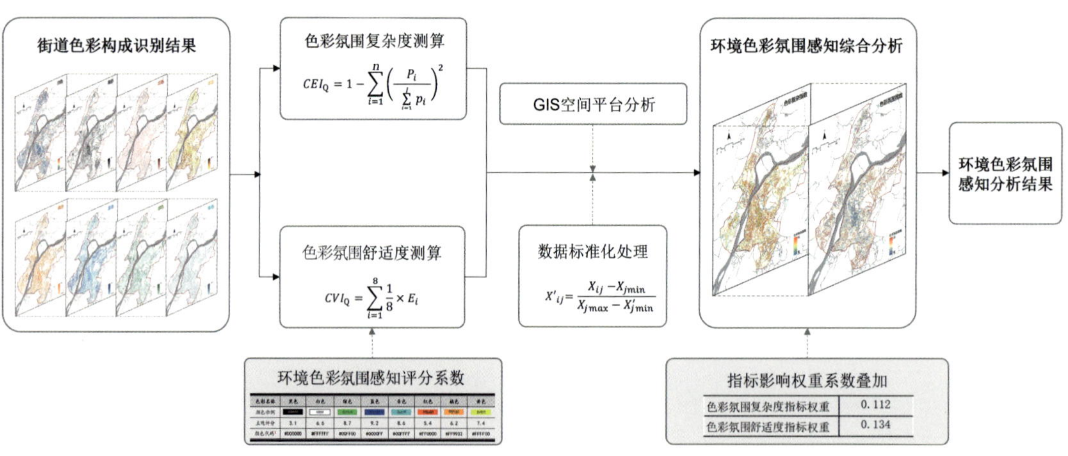

图 4.7 环境色彩氛围测度技术路线

综上所述，以涉及主观感知评分的主客观交互下街道环境色彩氛围感知为例，其主要测度步骤如图 4.7 所示。首先，基于本书第 3 章对南京中心城区 8 720 条街段对于街景图片的色彩构成识别结果，通过对应的指标公式对街道环境色彩氛围复杂度和色彩氛围舒适度指标进行测算。其中，由于色彩氛围舒适度涉及人们对不同色彩的主观感知影响，因此在对色彩氛围舒适度进行测算的过程中，将线下对个体色彩主观评分的调查结果，作为色彩氛围舒适度感知的主观评分系数进行测算。通过对指标测算结果进行数据统计分析和

GIS 空间分布态势分析，初步得到环境色彩氛围感知指标的分析结果。在此基础上，通过对色彩氛围复杂度和色彩氛围舒适度的测度指标进行标准化处理，并叠加相关指标的影响权重系数进行分析，最终得到南京中心城区各街道的环境色彩氛围感知分析结果。

4.2 环境初级生理感知特征

街道环境初级生理感知作为个体对客观环境的生理性基础反馈，其在很大程度上可以认为是人们在观察环境的基础上，被动地对其所拾取的外部环境信息进行反应。因此，通过对南京中心城区街道环境初级生理感知测度后发现，一方面，所测得的环境初级生理感知结果与南京中心城区街道环境的客观要素构成特征具有较高的相关性，这验证了客观环境要素基础可见性作为感知条件对人们环境感知的影响作用。另一方面，通过分析初级生理感知中各项测度内容及测度指标的数值和空间分布特征后发现，对于南京中心城市街道环境初级生理感知具有更加显著的数据波动和结构特征。这一特征表明，虽然人们的环境初级生理感知与客观环境的构成要素存在较强的关联性，但两者之间的关系并不是简单的延伸和叠加，而是主客观交互下的综合与进阶。

4.2.1 主客观初级分异的街道环境安全性感知特征

环境初级感知中安全性层面的各项指标，在单一指标层面表现出与对应街道构成要素之间的直接相关性。以环境安全性感知为分析导向，通过权重对各指标进行综合分析后发现，环境初级安全性感知显现出与街道环境构成要素之间的偏差现象。

1）“峰”“谷”交错的感知指标统计特征

从街道环境安全性感知中的单一指标分项测度结果来看，南京中心城区的车辆干扰指标、交通设施指标和步行环境指标均在结果数值的分布区间上存在高低极值，但在数据的波动幅度上存在明显的差异（表 4.8）。

——车辆干扰指标：集聚分布，缓坡递减。车辆干扰指标主要与街道环境中的小型汽车、卡车和道路三类要素之间的组合关系直接相关。当人们在街道中活动并进行环境观察时，其自身是否会受到外界交通的威胁是人们对街道环境安全性进行感知的重要考量因素。机动车数量与道路之间的比例关系越大，特别是存在卡车等显著负面感知要素时，就会引起人们生理性的、对街道环境安全性的感知判断。通过对南京中心城区车辆干扰指标测度后

表 4.8 南京中心城区街道环境安全性感知指标测度结果统计

车辆干扰指标	交通设施指标	步行环境指标
指标主要区间：0~0.006，0.006~0.021，0.021~0.043，0.043~0.079，0.079~0.413	指标主要区间：0~0.002，0.002~0.007，0.007~0.014，0.014~0.027，0.027~0.05	指标主要区间：0~0.035，0.035~0.078，0.078~0.139，0.139~0.240，0.240~0.750

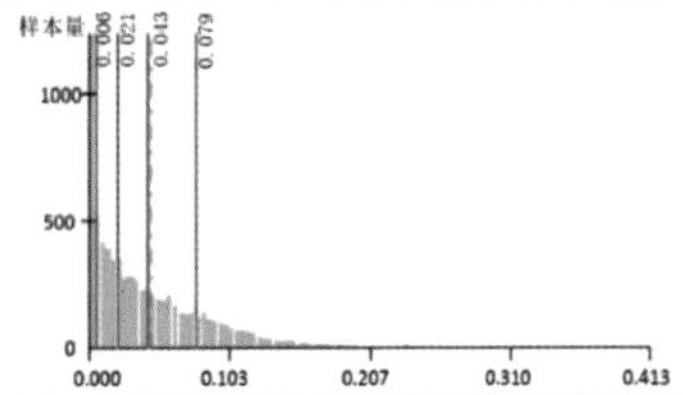

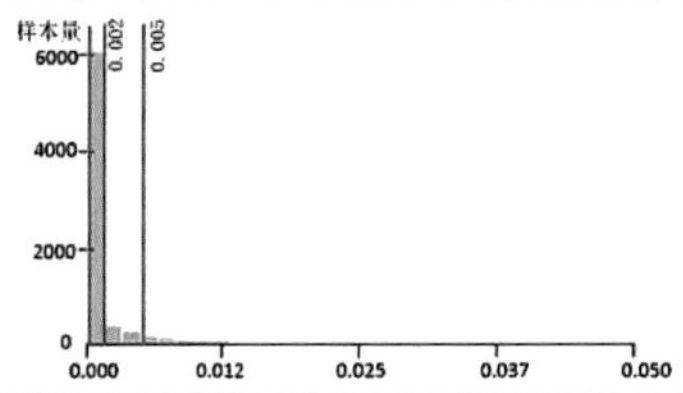

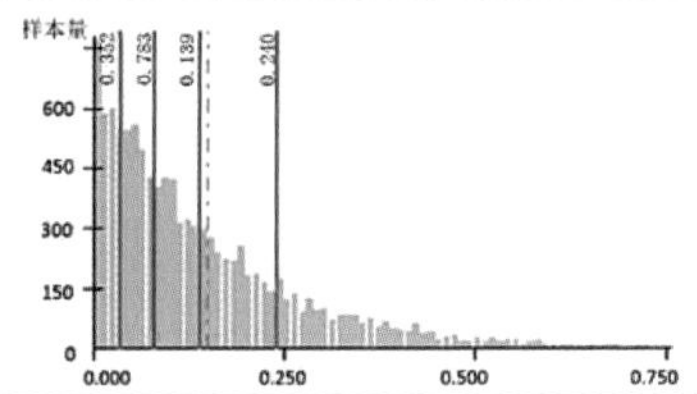

发现，该指标的测度数值分布具有与南京中心城区街道环境构成要素中小型机动车相似的缓坡递减的整体分布波动特征。但两者之间所不同的是，车辆干扰指数测度结果的集聚程度更加强烈。这种分布特征一方面表现出了车辆干扰指标中机动车与道路网密度的相关性；另一方面也显现出道路等级对于车辆干扰指标以及两者共同作用下街道环境安全性感知的影响作用。基于此，对于人们基于观察的环境初级生理感知而言，车辆干扰指标对于安全性的感知影响可以进一步地分为“车多路窄”（峰值）和“车多路宽”（谷值）两种不同的情况（表 4.9）。对于“车多路窄”而言，人们的环境安全性感知会显著地受到车辆干扰指标的负面影响，两者存在典型的负相关特征。而对于“车多路宽”而言，车辆干扰指标对人们环境安全性感知的影响会更难以清晰地解释。虽然从数据层面来看，车道比下的车辆干扰指标数值较低（南京中心城区内部分街道数值分布区间仅为 [0，0.006]）。但是，由于大量的机动车分布及不宜人的道路宽度，这两者之间的组合也会对人们的环境安全性感知产生一定的负面影响。

——交通设施指标：极化分布，陡壁递减。相对于车辆干扰指标，在南京中心城区的 8720 条街段中，交通设施指标的测度数值呈现出显著的数据极化和数据断崖特征。其具体表现为，在南京中心城区 8720 条街段中，有 60% 以上的街道交通设施指标的测度数值分布在 [0，0.002] 区间内，而对于其他 40% 左右的，交通设施指标在 0.002 数值后出现断崖下跌，并在 [0.002，0.012] 区间内递减。这一数据分布态势表明，南京中心城区街道环境的交通设施指标分布极不均匀。这种极化的数据分布趋势，也会潜在性地导致街道环境安全性感知的不均衡分布现象，并在很大程度上与较高的车辆干扰指标相组合，加剧人们对于街道环境安全性感知的负面效应，进而影响人们对于环境的整体感知。

——步行环境指标：峰谷交错，波动递减。步行环境指标是人们安全性感知的基础指标和重要表征。人们在街道中行走，步行道的宽度、连续度都会对人们的环境生理安全性

表 4.9 南京中心城区不同环境安全性感知指标测度数值所对应的街道环境

测度指标	车辆干扰指标		交通设施指标		步行环境指标	
峰值街道	珠江路	江东北路	华侨路	洪武北路	江山大街	燕山路

谷值街道	文澜路	鹏山路	黄山路	楠溪江西街	珠江路	韩家巷

感知产生重要的影响。相对于前两者，南京中心城区街道的步行环境指标总体数据态势较为平稳，存在一定的峰谷数据值交替和峰谷值交错下的稳健波动递减特征。南京中心城区街道步行环境指标主要分布区间为 [0，0.240]，测度数值在 [0，0.139] 区间内存在多峰值的分布态势，在 [0.139，0.050] 区间内开始波动递减，峰值数据逐渐减小。这一数据分布态势表明，在南京中心城区街道环境中，人们往往对步行环境具有良好的安全性感知。同时，步行环境指标的整体平缓波动特征也表明，在南京中心城区中不存在较多的步行环境指标断点，即步行环境的断裂点分布较少，整体步行环境具有较好的连续性。这种良好的步行环境指标在很大程度上会减弱车辆干扰指标较高和交通设施指标不均所带来的负面效应，提升人们在安全性层面的环境初级生理感知结果。

——“峰”“谷”交错指标特征下环境安全性感知的初级偏差关系。根据南京中心城区街道环境安全性感知的测度数值所具有的“峰”“谷”特征，上述三项测度指标存在着一定的内在关联关系，并作用于主客观交互下整体街道环境安全性感知结果。通过借助问卷调查和专家访谈对环境初级生理方面的环境安全性感知指标进行评价，并结合各测度指标的权重系数综合分析后，上述三项测度指标在各自不同峰、谷值特征下，对人们的环境安全性感知具有 6 种主要的影响形式（表 4.10）。

由表 4.10 可知，环境安全性感知较好的 T-4 和 T-6 两种组合形式，以及环境安全性感知较差的 T-1 和 T-3 两种指组合形式，在指标特征层面存在相似的规律，即车辆干扰

表 4.10 不同指标特征组合下街道环境安全性感知结果统计

测度指标	相关性	测度数值特征					
车辆干扰指标	负相关	峰值	峰值	峰值	谷值	谷值	谷值
交通设施指标	正相关	峰值	谷值	谷值	峰值	峰值	谷值
步行环境指标	正相关	谷值	峰值	谷值	峰值	谷值	峰值
环境安全性指标组合形式		T-1	T-2	T-3	T-4	T-5	T-6
总体环境安全性感知结果		不安全	一般	不安全	安全	一般	安全

指标和步行环境指标之间所存在的互斥关系及对整体环境安全性感知结果的相互消减作用。当车辆干扰指标为峰值时，即使其他两类指标同为峰值，也仍然无法形成良好的环境安全性感知。而当步行环境指标处于谷值时，尽管交通设施指标处于峰值，且车辆干扰指标也处于谷值，人们对街道的环境安全性感知仍然较为一般。由此可以发现，人们对于环境初级感知以及更为主观的感知结果会受到客观环境中与个体自身需求程度对等的主导因素的影响，这种影响表现为在人们通过观察获取客观环境信息的基础上，对于信息分析和初步感知过程中不同要素及影响指标的侧重和偏向，以及整体性的感知逻辑。另外，这种环境初级感知过程中主客观之间存在的偏差特征也有助于解释后文南京中心城区街道环境安全性感知的空间分布结构，以及主客观偏差视角下城市意象的形成规律。

2）整体与局部偏差的感知指标结构特征

在指标测度结果统计分析的基础上，通过将测度数据结果与南京中心城区街道路网进行空间匹配，在整体空间层面观察各指标数据的分布情况。同时，通过纳入各指标权重参数对安全性感知指标进行综合计算并进行空间匹配，观察南京中心城区街道环境在安全性层面的感知结构，进而与街道环境的构成要素和客观表征，以及内部包含的三项测度指标进行比对分析，讨论街道环境初级感知在安全性层面与客观物质环境的偏差。

从各测度指标数据在南京中心城区的整体空间分布态势来看，街道环境安全性感知中的三项测度指标均表现出两个层面的特征。第一层面为安全性感知中各测度指标与其所基于及对应的街道环境构成要素在空间分布特征层面存在一定程度上的延续性，即环境安全性感知中的三项测度指标结果在空间分布层面反映出了与其所对应的环境客观构成要素相似的态势特征。第二层面，环境安全性感知测度结果的空间分布也与街道客观构成要素的分布结构存在差异，并反映出以街道环境为基础的主客观在环境初级感知层面的偏差特征。第一层面特征产生的原因相对简单，是由个体在安全性层面的环境初级感知与其环境观察所获得的客观环境构成要素，以及各要素的可见性之间的因果关系而形成的。而第二层面的特征，则在很大程度上显示出了主客观交互下，人们对环境初级感知的综合性特征。对此，本书结合南京市域街道的基础指标信息（表 4.11），进一步对南京中心城区街道环境安全性感知各测度指标的分布态势进行讨论。

表 4.11 南京市域街道基础指标信息统计

基础指数	主城区	老城中心区	江北新区	江宁副城	仙林副城
街段平均长度 / m	224.9	177.5	469.9	391.2	461.3
街段平均宽度 / m	12	7.5	16.5	14.5	12.5
街段密度 /（m · km^{-2}）	5 925.2	15 252.4	3 026.6	3 233.4	2 147.7
道路网连接度	3.01	2.99	3.31	3.07	2.76

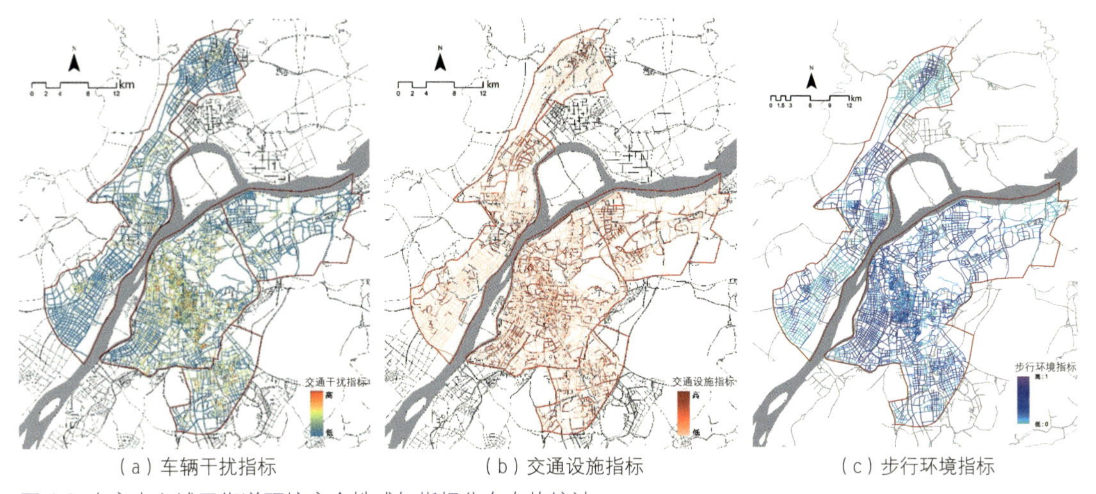

（a）车辆干扰指标　（b）交通设施指标　（c）步行环境指标

图 4.8 南京中心城区街道环境安全性感知指标分布态势统计

——老城区车辆干扰效应较大，新老城分布差异明显。由于车辆干扰指标主要基于人们在街道环境中对机动车数量及以机动车可见性为基础的对人们自身在街道环境中活动行为的侵扰程度的判断感知。因此，一方面，车辆干扰指标在南京中心城区整体空间的分布态势与客观的机动车要素的分布特征相似，两者均表现出很大程度上的老城区集聚，以及城市新区与老城中心区的显著差异特征（图 4.8）。另一方面，结合对相关街道环境对应街景图片的调取验证及对部分街道的现场调研情况分析结果，虽然南京中心城区内车辆干扰指标与机动车要素分布具有较强的联系和相似性，但两者仍然存在一定的偏差分布特征。在老城中心区内部的部分街道，具有良好的车道比例关系和人车分流设置，使得老城中心区内仍然存在着机动车分布较多，但车辆干扰效应较小的街道环境，如北京西路、太平北路、中山路等，这同时也反映出车辆干扰指标在老城区所具有的峰谷交错的数值分布特征。车辆干扰指标所具有的上述两方面空间分布特征在一定程度上反映出以机动车要素可见性为观察基础信息，以机动车给人们观察环境过程中的视觉刺激为作用媒介，进而影响人们对于街道环境安全性感知导向判断的逐级传递和交互的意象建构逻辑链，并与本书第 2 章所建构的意象感知模型相对应。

——交通设施整体分布较为平均，与道路等级存在较高相关性。交通设施层面人们的环境安全性感知主要受到街道中信号灯、人车分流隔离栏、交通标识等客观要素在可见性方面对人们环境观察结果的影响。通过观察交通设施指标在南京中心城区整体空间的分布态势，并结合对应街道所具有的客观基础信息进行综合分析。结果表明在南京中心城区内的交通设施虽然整体上分布较为均衡，没有出现显著的集聚或无分布现象，但是交通设施在不同街道之间仍然存在着一定程度的差异，这种差异主要由对应街道的等级和功能所造成。一方面，在南京中心城区内，等级越高的街道其相应的交通设施分布越齐全。例如，中央路、龙蟠路、将军大道等城市主干道的交通设施指标就明显高于广州路、汉口路等次级道路。另一方面，交通设施指标在不同功能导向的街道之间也存在着差异。在南京中心城区内，如中山路、湖南路、华侨路、珠江路等生活服务型、商业休闲型和景观型街道的交通设施指标明显高于恒飞路、苏源大道、乐山路等日常通勤、工业及商务类型的街道。值得指出的是，在人们观察街道环境的过程中，交通设施在街道环境中的要素占比较少，基础可见性较低。因此，交通设施指标对人们环境安全性感知的影响程度相对较弱（权重为 0.019），在人们的环境初级感知中一般被作为参考性的感知要素，对整体的环境感知结果起辅助作用。

——步行环境整体呈交错分布态势，与客观步行道要素空间分布特征偏差显著。基于对南京中心城区 8 720 条街段对应街景图片中的步行道要素识别结果的统计结果，在南京中心城区内含有步行道要素的街段共计 7 830 条，具有步行空间的街道比例为 84.9%。通过测算步行道的连续度、宽度与整体街道水平界面之间的比例关系，所得到的南京中心城区步行环境指标在整体空间上呈现交错分布的态势。这一结果表明，虽然南京中心城区内的绝大部分街道均具有可步行的基础，但是不同街道给人们造成的步行环境安全性感知存在一定程度上的差异。基于此，通过比对步行环境指标和第 3 章对步行道要素空间占比分布结果发现，步行环境指标与街道环境中步行道要素的分布可以被划分为对应分布区域和偏差区域。其中，对应分布区域主要集中在新城范围，如河西新城中的兴隆大街、江山大街；江宁副城的利源中路、清水亭西路等。这些街道中步行道与整体街道水平界面具有良好的比例关系，且步行道上没有人为障碍物，整体步行连续性较好。步行环境指标与步行道要素空间分布的偏差区域主要集中在老城中心区内，如珠江路、青岛路等老城中心区的次干道。这些街道中的步行道要素在街景图片中的占比在 [0.002，0.011] 数值区间内波动，而步行环境指标测度结果则在 [0.035，0.139] 数值区间内。这些街道中步行道与整体街道水平界面的比例关系较差，如珠江路的街道水平界面总宽度为 16 m，其中机动车道占比平均为 14 m，而步行道平均宽度仅为 1 m，甚至部分街段步行道仅有 0.5 m，整体步行环境指标仅为 0.0625。步行环境指标仅在新街口—大行宫中心区内的太平北路沿线、中山南路、长江路，以及老城南历史风貌区内的长乐路、来燕路和马道街等生活服务、商业休闲及历史文化型街道具有较高的指标结果。

3）初级分异的南京中心城区环境安全性感知特征

环境安全性感知作为一个综合性的基础生理感知指标，其与所包含的三类测度指标也同样存在着整体与局部之间的偏差性。对此，通过结合各项指标的权重参数对南京中心城区街道环境安全性感知进行综合测算，并在 GIS 空间平台中进行数据的可视化，进一步分析主客观交互的环境初级感知过程中所显现出的感知与环境的偏差特征。

$$SP = 0.118\,CDI + 0.019\,TFI + 0.129\,PFI \quad (4\text{-}3)$$

式中，SP（Safety Perception）是安全性感知；CDI（Car Disturb Index）是车辆干扰指标；TFI（Transportation Facilities Index）是交通设施指标；PEI（Pedestrian Environment Index）是步行环境指标。

通过式（4-3）对南京中心城区街道环境安全性感知进行测算，并将测算结果用于空间落点和核密度分析。南京中心城区街道环境初级生理感知在安全性层面表现出由核、轴、点所构成的整体分布结构特征（图 4.9）。在此基础上，结合环境安全性感知各指标，以及对应的街道环境客观构成要素的测度结果及空间分布特征进行综合分析后发现，在主客观交互的环境初级感知过程中，环境安全性感知层面表现出两个方面的偏差特征。

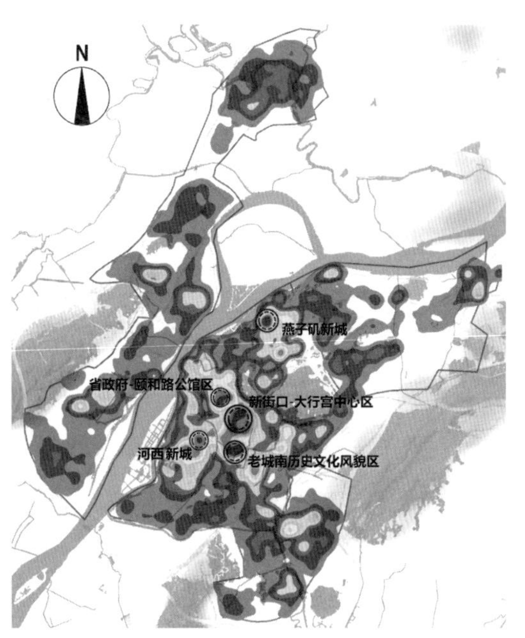

图 4.9 南京中心城区街道环境安全性感知结构

——特征一：各指标权重综合影响下的“格式塔”环境安全性感知整体结构。通过观察南京中心城区街道环境安全性感知结构可以发现，环境安全性感知较高的新街口—大行宫、老城南、燕子矶新城、河西新城等聚集核心的车辆干扰指标、交通设施指标、步行环境指标测度结果均较高。因此，如果单就车辆干扰指标而言，上述四个聚集核心所对应的应该为南京中心城区中环境安全性感知较差的区域。但是，环境初级感知过程中对于街道环境的整体性感知特性，使得不同指标结合权重进行综合感知测度时产生了整体测度结果大于单一指标测度结果的现象，进而在空间分布层面呈现出一定的分异特征。

表 4.12 南京中心城区较高环境安全性感知区域部分街段测度结果统计

区域	车辆干扰指标	交通设施指标	步行环境指标	总体感知指标
新街口—大行宫区域	0.227	0.042	0.413	0.027 3
老城南—夫子庙区域	0.137	0.024	0.319	0.025 4
河西中—南京奥体中心区域	0.251	0.033	0.572	0.058 2
燕子矶新城区域	0.348	0.029	0.335	0.002 6
省政府—颐和公馆区域	0.264	0.036	0.308	0.009 3

——特征二：环境安全性感知中的指标对冲与强化效应。在上述基础上，特征二在一定程度上是对特征一的延续和解释。南京中心城区街道整体的环境安全性感知结果之所以呈现出与车辆干扰指标分布相反，与交通设施指标和步行环境指标在空间上更加显著的集聚特征，在很大程度上是由于各指标在权重参数影响下的对冲和强化效应(表 4.12)。其中，由于车辆干扰指标对环境安全性感知具有负相关的影响，因此其与交通设施指标与步行环境指标之间具有对冲效应。而由于车辆干扰指标对环境安全性感知的影响权重低于后两者，因而使得车辆干扰指标对环境安全性感知的负面作用，在环境初级感知的过程中通过对冲效应被消减和抵消了。对于交通设施指标和步行环境指标而言，由于两者与环境安全性感知均为正相关性，因此两者通过结合会强化人们对于环境的安全性感知，从而使得安全性层面的环境初级感知结果与客观环境构成之间产生偏差。

4.2.2 主客观交互强化的街道环境景观性感知特征

在基于观察的街道环境初级生理感知的景观性层面，由于其中所包含的环境绿视指标、环境开敞指标和景观可视指标从客观环境影响主观感知的逻辑来看，与人们环境景观性意象感知结果之间呈正相关关系。因此，在环境初级感知层面，人们对于街道的环境景观性感知并不会出现显著的主客观分异或者整体与局部的反向偏差特征。环境初级感知在景观性层面主要是以人们能够观察到的街道环境客观景观要素所具有的可见性为基础，通过在人们观察环境的过程中的视觉刺激作用，人们会产生相应的环境感知导向。由此可见，人们对街道的环境景观性感知结果与街道的客观环境存在着递进的产生过程。而在此过程中，由于景观性要素在部分街道环境中的主导地位和对人们环境观察所具有的视觉统治性，使得人们对于街道的环境景观性感知得到强化。

1）强弱波动的感知指标统计特征

街道环境景观性感知所具有的主客观交互强化特征，在南京中心城区街道环境景观性感知指标层面：一方面体现为指标测度数值结果的强弱波动；另一方面通过总体环境景观性感知指标所具有的较大数值标准差反映出环境景观性感知的离散分异（表 4.13）。

表 4.13 南京中心城区街道环境景观性感知指标测度结果统计

分项指标	平均值	最大值	最小值	标准差	超均数街道占比
环境景观性感知	0.189 804	0.949 61	0.000 03	0.145 925	41.66%

通过表 4.14 可以发现，南京中心城区街道在环境景观性感知总体指标方面最大值和最小值之间相差较大，表明人们对于南京中心城区街道的环境景观性感知在一定程度上存在强弱分化的特征。同时，由于环境景观性感知指标的标准差数值也相对较大，因此人们对南京中心城区街道环境景观性感知结果的离散程度相对较高，对街道的环境景观性感知意象存在空间上强弱分布不均的波动特征。这种环境景观性感知的数据统计特征，通过对环境景观性感知所包含的环境绿视指标、环境开敞指标和景观可视指标三项指标各自的测度结果和数值分布特征的分析，可以更清楚地说明主客观交互下环境景观性感知的强弱分化及波动特征（表 4.14）。

表 4.14 南京中心城区街道环境景观性感知指标数据分布区间

环境绿视指标	环境开敞指标	景观可视指标
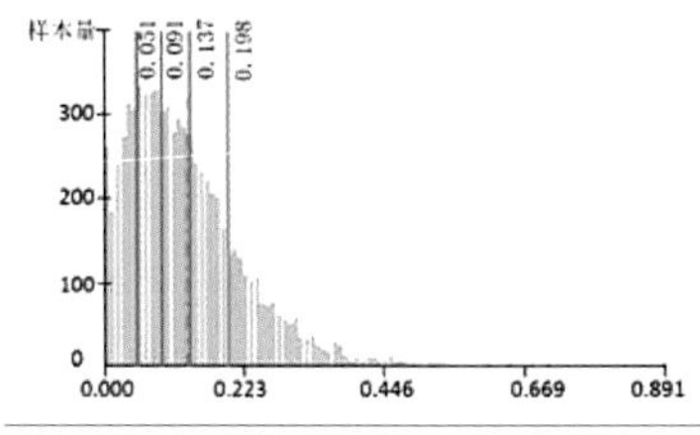	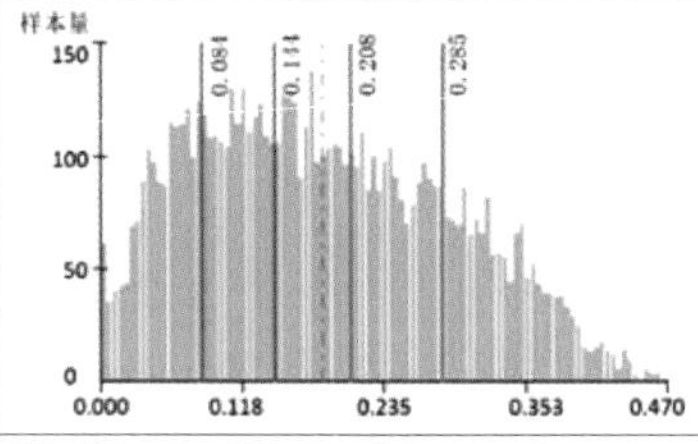	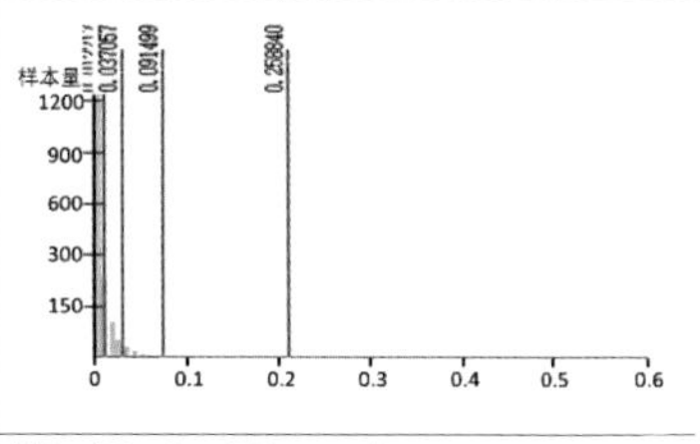
指标主要区间：0~0.051，0.051~0.091，0.091~0.137，0.137~0.198，0.198~0.891	指标主要区间：0~0.084，0.084~0.144，0.144~0.208，0.208~0.285，0.285~0.470	指标主要区间：0~0.012，0.012~0.037，0.037~0.091，0.091~0.258，0.258~0.297

——环境绿视指标结果呈正偏态分布，环境整体绿视感知较好。根据对南京中心城区8720条街段的环境绿视指标测度统计结果，环境绿视指标整体上呈现出单峰波动的正偏态分布特征，说明在南京中心城区中存在一定量具有较高环境绿视指标的街道环境。另外，在数据整体分布层面，南京中心城区的环境绿视指标主要高值分布区间为[0.037，0.198]，极值分布区间为[0.198，0.891]，环境绿视指标均值为0.134。这说明街景图片所对应的南京中心城区街道环境中能够被人们观察到并对人们的视觉产生绿视景观特征影响的图幅像素平均占比为13.4%，且存在一定量绿视占比高达19.8%~89.1%的街道。同时，由于南京中心城区环境绿视指标峰值分布区间为[0.051，0.091]，峰值区间以外的数值呈缓坡下降的趋势且主要绿视指标仍维持在[0.037，0.051]的较高数值区间内，未出现断崖式的数值下跌态势。这说明在南京中心城区内，整体的街道环境绿视效应较好，无绿视或低绿视的街道占比较少，这在一定程度上奠定了人们对南京中心城区街道具有较好环境景观性感知的基础。另外，通过比对环境绿视指标所对应的街道环境客观构成要素在南京中心城区街景图片中的数值分布态势，环境绿视指标在很大程度上综合及强化了街道环境第三层级构成要素中草皮等单一景观要素对人们环境观察所具有的视觉刺激作用，使人们能够对其所观察到的街道环境整体产生良好的感知意象。

——整体街道环境开敞感知程度较好，强弱分化较小。人们对于街道的环境开敞感知主要受到街道空间高宽比和天空可视范围的影响。前已述及，由于天空要素在街道客观环境构成要素中属于第一层级要素，其在南京中心城区街道环境中的平均占比高达25.8%。因此，天空要素的可视范围，以及天空要素与街道空间正视界面的比例关系在人们通过观察客观环境进行环境初级感知的过程中，对人们的环境开敞感知具有直接的因果影响作用[14]。根据南京中心城区街道环境开敞指标测度统计结果，环境开敞指标呈现出平缓正偏态分布和多峰值波动分布的态势。在南京中心城区内，街道环境开敞指标主要分布区间为[0.069，0.353]，并同时存在三个峰值分布区间，分别为[0.084，0.144]、[0.144，0.208]和[0.208，0.285]。根据这一指标分布态势，一方面表明在南京中心城区街道环境中存在大量天空可视范围占比超过10%的街段，整体街道环境开敞感知程度较好。另一方面，虽然南京中心城区内的街道环境开敞指标统计结果仍然呈现出一定的正偏态分布特征，但是由于多峰值区间的存在，以及环境开敞指标在[0，0.084]的低值域区间和[0.285，0.470]的高值域区间均有大量的数据分布。因此，在南京中心城区内，街道环境开敞指标对人们环境景观性感知的影响较为均衡，强弱分化效应较小。

——景观可视指标强弱分化明显，存在极化感知现象。相对于前两项测度指标，南京中心城区内街道环境山体、河流等景观可视指标的统计结果呈现出显著的强弱分化特征。

结合前文对南京街景图片山体与河流景观要素的识别结果，在南京中心城区的 8 720 条街段和 368 763 个街景点中，共计含有 15 530 个山体景观可视感知点和 9 800 个河流水体景观可视感知点，分别占比为 4.21% 和 2.66%，这表明山体、河流等景观可视要素在南京中心城区街道环境中的不均衡分布特征（表 4.15）。

表 4.15 山体与河流景观资源可见性统计

分项指标	可视点数	平均值	最大值	最小值	标准差	超均数视点占比
山体	15 530	0.001 5	0.374	0.000 27	0.009	20.60%
河流	9 800	0.003 2	0.371	0.000 31	0.172	24.23%

同时，景观可视指标中所包含的山体和河流两个景观资源在要素占比分布的标准差方面均较小，分别为 0.009 和 0.172。这表明在南京中心城区的街道环境中，对于具有基础景观要素可见性的街道环境，其分布态势较为均衡。在此基础上，根据南京中心城区景观可视指标测度统计结果，虽然景观可视指标所含的山体及河流要素在部分具有景观要素基础可见性的街道环境中分布相对均衡，但是，在南京中心城区整体街道环境景观可视指标层面却显示出显著的数据强弱分化态势。景观可视指标在南京中心城区的主要分布区间为 [0，0.012]，在 0.012 数值后出现断崖式下跌，并在 [0.012，0.0915] 数值区间内波动下降。同时，南京中心城区部分街道环境的景观可视指标处于 [0.258，0.297] 的极值区间内。基于上述景观可视指标的分布态势，一方面表明山体及河流水体等景观要素在南京中心城区内的街道环境可视度较低，人们在大部分街道环境中对城市景观资源没有明确的感知意象。另一方面，景观可视指标在数据统计分布区间所具有的显著强弱分化特征，在很大程度上反映出人们对南京中心城区街道环境在山体、河流等景观可视层面的极化感知特征。

2）强化集聚的感知指标结构特征

前已述及，人们对于街道的环境景观性感知主要受到街道环境景观构成要素的基础可见性和视觉刺激性的影响，并在此基础上结合街道整体环境特征产生了景观性感知导向结果。根据南京中心城区街道环境景观性感知指标数值分析结果，对人们环境感知结果均呈正相关性的三项环境景观性指标在测度数据方面均表现出不同程度的强弱分布和峰值极化特征。通过将各指标的测度结果导入 GIS 平台进行对应结果的空间分析，结果表明在南京中心城区整体空间分布层面，三项测度指标在与之对应的客观环境构成要素分布态势层面均表现出强化特征（图 4.10）。在此基础上，进一步叠加各项指标的权重参数进行分析后发现，南京中心城区街道环境景观性感知在整体空间层面显现出强化集聚的感知结构特征，以及客观环境和初级感知对应进阶的内在关系。

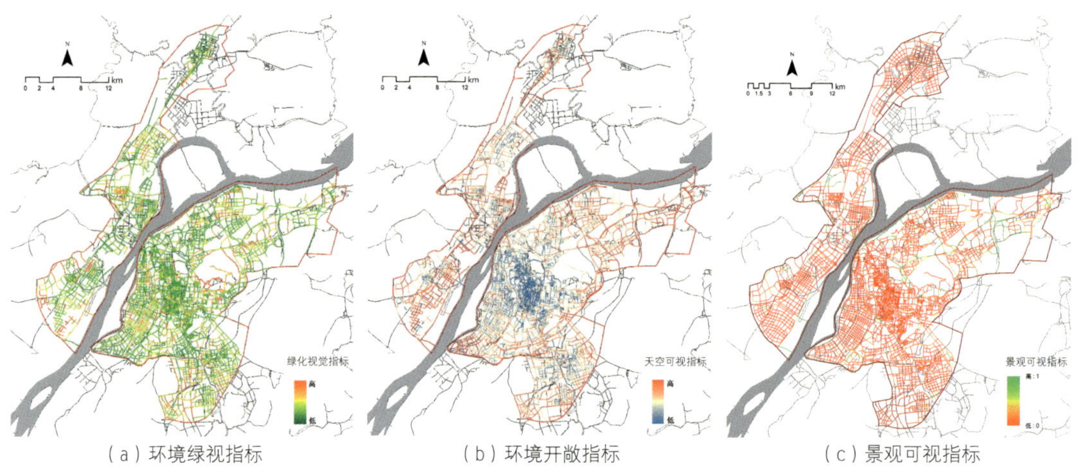

（a）环境绿视指标　　（b）环境开敞指标　　（c）景观可视指标

图 4.10 南京中心城区街道环境景观性感知指标分布态势统计

——强弱交错分布，新老城差异明显的环境绿视感知结构。在南京中心城区范围内，一方面环境绿视指标受到道路等级、道路性质等的影响在老城中心区呈现出交错分布的态势。结合对应的街景图片和街道抽样现场调研的验证结果，南京老城中心区内对应的街道环境可以被划分为两类。一类为一般性的城市次干道和支路。这些道路虽然均有一定量的绿视景观要素分布，但是由于街道界面尺度和整体空间要素复杂度的综合影响，这些街道环境对人们的环境绿视感知程度影响较弱，如秦淮区的太平南路、游府西街等。另一类则为具有一定特殊定位或功能的街道，如礼仪性道路、景观大道等。在这些街道环境中，客观的景观构成要素往往对人们的观察结果具有视觉主导或者统治性的地位，从而对人们的环境绿视感知程度影响较强，如花神大道、北京东路、中山路等。另外，基于环境绿视指标的空间分布特征，南京中心城区街道环境绿视指标还在很大程度上受到自然要素和城市功能设施的影响。例如，靠近紫金山的环陵路、邮局西路的环境绿视指标显著高于其他街道；而以商务办公功能为主的丁墙路和周边具有工业生产功能的竹影路的环境绿视指标则相对较低（表 4.16）。另一方面，南京中心城区街道环境绿视指标还显现出新老城之间明显的感知差异。街道空间尺度及要素构成层面等的差异，使得街道环境绿视指标在南京河西新城、燕子矶新城、江宁副城等区域明显高于鼓楼、秦淮等老城中心区。这种新老城分异的分布态势，在一定程度上解释了人们对新城或新区街道的环境景观性感知通常高于老城街道的环境意象感知特征。

表 4.16 南京中心城区不同环境景观性感知指标测度数值所对应的街道环境

测度指标	环境绿视指标		环境开敞指标		景观可视指标	
高值域	花神大道	邮局西路	仙林大道	江东中路	樱花路	永济大道
低值域	丁墙路	竹影路	王府大街	金銮巷	苜蓿园大街	板仓街

——老城中心范围极度空心化的环境开敞极化感知结构。在南京中心城区范围内，街道环境开敞指标呈现出显著的老城中心区低值集聚，由老城中心区向外围依次递增的圈层感知意象结构。受到街道空间高宽比以及空间建设密度和强度的影响，环境开敞指标在老城中心区范围内呈现出高度的空心化特征，仅在靠近明城墙、和平公园、明故宫等城市公园或景点的周边街道环境中出现相对的高值分布。基于这一分布结构，人们对南京中心城区街道环境开敞感知程度，会出现随着人们越靠近城市中心区，其环境开敞度感知程度越低的感知极化效应。人们对城市外围街道，如仙林大道、江东中路等的环境开敞感知程度，会与老城中心区内的街道，如王府大街、金銮巷等产生强烈的反差。

——景观特征要素邻近效应显著的环境景观可视度结构特征。如表 4.17 中景观可视指标的空间分布所示，在南京中心城区内大部分的街道均不具有良好的山水景观可视度，以及相应的城市山水景观感知意象。而存在较高景观可视度的街道，大多数与城市中的山水等自然景观资源之间存在典型的邻近效应。根据其与城市中山体、河流水体等自然景观资源的关系，可以进一步地划分为两类。第一类街道与城市山水自然景观资源在空间位置上呈垂直关系。南京中心城区内的紫金山、南部的方山、将军山等为此类型街道环境的主要景观可视对象，如垂直于紫金山的樱花路、太龙路等。在此类街道环境中，人们对景观资源的观察和感知主要来源于景观资源在人们正视范围内的视线占有效应。第二类街道与城市山水自然景观资源在空间位置上呈平行关系。长江、秦淮河、玄武湖等为此类型街道环境的主要景观可视对象，如平行于长江的永济大道、平行于玄武湖的龙蟠路等。人们在此类街道环境中对景观的观察和感知主要为山水等景观资源在人们左右环顾视野范围内的占有程度。

3）交互强化的南京中心城区环境景观性感知特征

基于上文对南京中心城区街道环境景观性感知指标统计及空间分布分析结果，环境初级生理感知在景观性层面同样存在与街道环境之间的偏差。但是，在街道环境景观性感知中，由于不存在指标间的对冲和相互消减作用，因此景观性层面环境初级感知与客观环境的偏差，在很大程度上是以街道环境客观构成要素为基础的，以要素对人们环境观察的视觉刺激作用和感知导向权重为中介的强化与进阶。在此内在关系的基础上，通过结合上述三项环境景观性感知指标的权重参数，在式（4-4）中对南京中心城区街道环境的整体景观性感知结果进行综合测算，并在 GIS 平台中进行数据的空间可视化分析。结果表明，在整体环境景观性感知层面，人们基于观察的环境初级感知结果，受到街道客观环境中多重指标以及关键或独特性的景观构成要素的影响，表现出主客观交互强化的感知效应，以及关键性的景观物质要素对人们环境景观性感知的导向作用。

$$LP = 0.125\,GVI + 0.116\,OVI + 0.128\,NFI \tag{4-4}$$

式中，LP（Landscape Perception）是景观性感知；GVI（Green Vision Index）是环境绿视指标；OVI（Open Vision Index）是环境开敞指标；NFI（Nature Factor Index）是景观可视指标。

——特征一：多重景观感知指标综合影响下的环境景观性感知强化效应。在多重街道环境景观要素和对应感知指标的综合影响下，南京中心城区的环境景观性初级感知结果呈现出主客观交互下的感知强化效应。如表 4.17 所示，在不同强弱程度的环境景观性感知指标组合形式的综合影响下，当某一指标表现出较弱的感知程度时，其他指标可以对其进行一定程度的反补，从而在总体层面提升并强化人们对街道的总体环境景观性感知程度。需要说明的是，由于单一指标对总体环境景观性感知的影响的权重不同，其对总体环境景观性感知的反补和强化作用也存在差异。其中，环境绿视指标和景观可视指标由于各自所具有的较强视觉特征性和感知导向性条件，因此能够对人们的总体环境景观性感知起到较强的反补和强化作用。

表 4.17 不同指标感知程度组合下街道环境景观性感知程度统计

测度指标	相关性	指标感知程度强弱特征					
环境绿视指标	正相关	强	强	强	弱	弱	弱
环境开敞指标	正相关	强	强	弱	强	强	弱
景观可视指标	正相关	强	弱	强	强	弱	强
环境景观性指标组合形式		T-1	T-2	T-3	T-4	T-5	T-6
总体环境景观性感知程度		好	好	较好	较好	一般	一般

——特征二：关键景观要素对环境景观性感知的导向影响效应。通过对街道总体环境景观性感知指标的空间可视化分析可以发现（图 4.11），在南京中心城区范围内具有较高环境景观性感知的街道环境存在两种分布类型。第一类是以南京奥体中心和老城南历史文化风貌区为代表的、具有特定功能的城市街道环境。以南京奥体中心周边街道环境为例，由于奥体中心在整体城市层面具有的高等级体育文化中心定位，其周边街道的宽度、街道空间高宽比和沿街绿化水平等均相对较高。因此，其周边范围内的街道环境，虽然没有山水等可视资源，但由于其在环境开敞和绿视感知层面具有较强的反补作用，从而使得其周边范围的街道环境具有较好的总体环境景观性感知。而除了奥体中心和老城南历史文化风貌区外，南京中心城区内所存在的其他具有较好环境景观性感知的区域，均在不同程度上表现出与城市关键或独特性山水等景观要素的相关性。同时，根据相关区域街道各项环境景观性感知指标和总体环境景观性感知指标结果（表 4.18）可以发现，具有相似环境绿视指标和环境开敞指标的街道环境，其景观可视指标越高，则总体环境景观性感知指标也相对越高。例如，燕子矶滨江的街道环境，在环境绿视指标和环境开敞指标均低于奥体中心街道的情况下，由于其仅高于奥体中心街道 0.012 的景观可视指标，使得其总体环境景观性感知优于奥体中心区域内的街道。这一类街道环境所具有的指标特征，表明了城市中关键性的山水等景观要素对总体环境景观性感知所具有的感知导向影响作用。

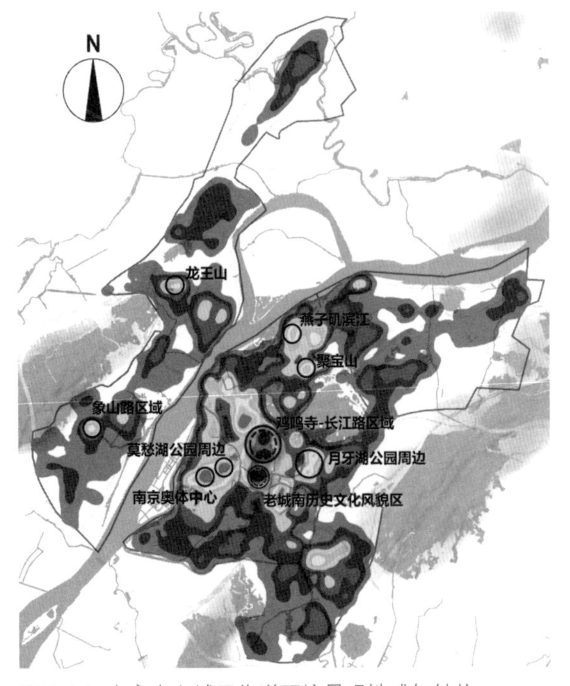

图 4.11 南京中心城区街道环境景观性感知结构

表 4.18 南京中心城区较高环境景观性感知区域部分街段测度结果统计

区域	环境绿视指标	环境开敞指标	景观可视指标	总体环境景观性感知指标
鸡鸣寺－长江路区域	0.164	0.079	0	0.0297
月牙湖公园周边	0.151	0.104	0.006	0.0317
莫愁湖公园周边	0.188	0.193	0.003	0.0463
南京奥体中心区域	0.132	0.341	0	0.0561
燕子矶滨江	0.080	0.291	0.012	0.0591
老城南历史文化风貌区	0.246	0.040	0.001	0.0355
聚宝山周边	0.175	0.131	0.063	0.0451
龙王山周边	0.447	0.229	0.001	0.0826
象山路区域	0.173	0.201	0.024	0.0480

综上所述，基于观察的环境初级生理感知在景观性层面表现出了主客观交互的感知与环境之间的相互作用关系。一方面，街道环境中的构成要素由于其在人们环境观察视野中的可见性占比和视觉特征刺激性，会使得人们对其产生与其自身环境舒适性需求相关联的生理感知反应。另一方面，环境景观性感知指标间的互补强化和关键景观要素对总体景观性感知的导向效应，也反映出了环境初级感知过程中的主客观交互特征。

4.3 环境初级心理感知特征

随着人们对客观环境观察和理解的程度不断深化，人们自身感知环境的动机和需求也从以安全、景观品质等基础性的生理层面，逐渐过渡到以社交、舒适等更高层次的心理层面。在此基础上，主客观交互的环境初级感知内涵也随之从人的身体与环境相互作用的初级生理感知，转变为人的精神与环境交互体验的心理层面。根据南京中心城区街道环境色彩氛围感知和环境社交氛围感知的解析结果，环境初级感知在心理层面表现出更加综合性、抽象性的特征。另外，个体主观评分在环境色彩氛围感知等方面的介入，也使得环境初级心理感知结果与街道环境客观表征之间显现出偏差和分异的特征。

4.3.1 主客观交互进阶的街道环境色彩氛围感知特征

在人们感知环境的过程中，街道环境的色彩构成复杂程度及其所展现出的色彩氛围对个体具有强烈的视觉刺激作用，并进而影响人们对于环境的感知意象。基于第 3 章对南京中心城区街道环境色彩构成的识别结果，本书进一步对街道环境的色彩构成复杂度、个体主观色彩感受评分介入下的色彩氛围舒适度进行分析。

1）峰值与均质化并存的感知指标统计特征

根据对南京中心城区 368 763 张街景图片彩色构成复杂度的计算，以及叠合主观色彩感受评分的色彩氛围舒适度分析结果，南京中心城区街道环境在色彩氛围复杂度和舒适度层面，呈现出峰值分布和均质化分布两种截然不同的数据分布态势（表 4.19）。

表 4.19 南京中心城区街道环境色彩氛围感知测度结果统计

测度指标	数据分布态势	数据频数占比	数值分布区间
色彩氛围复杂度指标	样本量；0.651，0.691，0.718，0.744；0.200，0.358，0.515，0.673，0.830	1-0.651：2%；0.651-0.691：9%；0.691-0.718：27%；0.718-0.744：40%；0.744-0.830：22%	指标主要区间：0.2~0.651，0.651~0.691,0.691~0.718,0.718~0.744,0.744~0.830
色彩氛围舒适度指标	样本量；3.127，3.714，4.236，4.733；1.00，2.40，3.80，5.20，6.60	1-3.127：12%；3.127-3.714：22%；3.714-4.236：27%；4.236-4.733：25%；4.733-6.598：14%	指标主要区间：1~3.127，3.127~3.714,3.714~4.236,4.236~4.733,4.733~6.598

——街道环境色彩氛围复杂度相对较高，数据分布呈单峰波动特征。根据环境色彩氛围复杂度的测度结果，南京中心城区街道环境色彩氛围复杂度的峰值区间为 [0.691，0.744]。同时，还有较多的街道色彩氛围复杂度分布在区间 [0.744，0.830] 内。基于这一数据的高值域分布特征，进一步统计街道环境所对应街景点在关联数值区间的占比，结果表明，在南京中心城区内 89% 的街道环境色彩氛围复杂度高于 0.691，其中 27% 的街道分布在区间 [0.691，0.718] 内，高达 40% 的街道分布在区间 [0.718，0.744] 内，同时还有 22% 的街道分布在最高的区间 [0.744，0.830] 内。街道环境色彩氛围复杂度的分布态势表明，在南京中心城区内部存在较多色彩构成丰富的街道环境。但是，街道环境色彩氛围复杂度的数值分布呈现出的负偏态特征，说明色彩氛围复杂度测度结果的均值小于众数，即在南京中心城区内存在色彩氛围复杂度处于极低值的街道环境（表 4.20）。需要说明的是，虽然街道环境色彩氛围复杂度在南京中心城区内呈现出较高的分布特征，但是其与人们的环境色彩氛围感知并不存在完全正相关的关系。

表 4.20 南京中心城区不同色彩氛围复杂度区间街道环境示例

复杂度区间	[0.2，0.651]	[0.652，0.691]	[0.692，0.718]	[0.719，0.744]	[0.745，0.830]
街景示例					
识别结果					
复杂度程度	低				高

——街道环境色彩氛围舒适度感知较为均质，数据呈多峰正态分布特征。由于在对南京中心城区街道环境色彩氛围舒适度的测度过程中，叠加了个体对于不同色彩的主观感受评分，使得色彩氛围舒适度指标测度结果，一方面表现出更加复杂的、多峰值且相对均质化的数据波动特征；另一方面也显现出主观评价介入后，色彩氛围舒适度的感知结果与街道环境客观色彩表征、复杂度层面的偏差特征。根据指标测度结果，在南京中心城区范围内，74% 的街道所对应的街景点在 [3.127，4.733] 的主要数值区间内具有相似的频数占比。其中，22% 的街道环境色彩氛围舒适度指标分布在区间 [3.127，3.714] 内，27% 的街道分布在区间 [3.714，4.236] 内，另外还有 25% 的街道分布在区间 [4.236，4.733] 内。同时，这 74% 的街道在各自对应的数值区间均存在着多峰值的波动分布特征。另外，在 [1，3.127] 的相对低值和 [4.733，6.598] 的相对高值区间内还各自存在 12% 和 14% 的街道环境，而这些街道环境在其所对应的数值区间内，同样也存在内部的多峰值波动分布特征（表 4.21）。这在一定程度上表明，在南京中心城区内，对应数值区间的街道在色彩氛围舒适感知上，具有一定程度上的均质化特征。同时，在 [1，6.598] 的色彩氛围舒适度总体区间内，南京中心城区的街道环境占比及数值分布均表现出了正态分布特征。

表 4.21 南京中心城区不同色彩氛围舒适度区间街道环境示例

舒适度区间	[1，3.127]	[3.128，3.714]	[3.715，4.236]	[4.237，4.733]	[4.734，6.598]
街景示例					
识别结果					
复杂度程度	低				高

根据上述两项环境色彩氛围指标的测度统计结果，南京中心城区内街道环境的色彩氛围复杂度与色彩氛围舒适度之间存在较大的指标分布差异。同时，由于色彩氛围舒适度指标中存在个体对色彩的主观感受评价，使得色彩氛围舒适度指标具有更强的主观感知特性。

因此，色彩氛围复杂度和舒适度在指标分布态势上的差异，在很大程度上显现出了偏向客观的环境色彩氛围表征与偏向主观的环境氛围感知之间的差异性。另外，根据本书第 3 章对南京中心城区街道环境客观色彩构成的识别结果，一方面，街道环境色彩氛围复杂度的指标分布态势在一定程度上验证了南京中心城区内街道环境多种颜色交错，且非均衡的分布特征。而色彩氛围舒适度的均衡指标分布态势，则在很大程度上反映出了南京中心城区内街道环境具有相似主导色相的特征。另一方面，色彩氛围舒适度指标的均质化分布特征，在很大程度上也反映了人们对于客观环境信息的综合感知特征。

2）偏差分异的感知指标结构特征

根据南京中心城区街道环境色彩复杂度和舒适度的测度结果，通过将其各自所对应的数据在 GIS 平台中进行核密度及聚类分析，并结合第 3 章对南京中心城区街道色彩构成的识别结果进行综合解析。结果表明，环境初级心理感知在环境色彩氛围层面，呈现出两个方面的主观感知与客观环境表征的分异和偏差特征。一方面为上文所述的，环境色彩氛围两项测度指标之间在数据统计特征方面的分异。另一方面，则是基于上述两项测度指标所反映出的，主观评价参与下的环境初级感知与客观环境表征的偏差特征。基于此，环境色彩氛围感知在南京中心城区整体空间的分布结构，直观地反映出了上述两个方面的分异及偏差特征。其中，在环境色彩氛围感知指标内部，色彩氛围复杂度指标与舒适度指标在南京中心城区的空间分布中呈现出总体相反的结构分异特征（表 4.22）。

（1）色彩氛围复杂度与舒适度的感知分异特征

如表 4.22 所示，街道环境色彩氛围复杂度与舒适度，在南京中心城区范围内表现出显著的相反分异特征。其中，色彩氛围复杂度总体结构上表现出“内高外低”的分布特征。在南京老城中心区范围内，色彩氛围复杂度呈现出较高程度的集聚交错分布态势。通过调取色彩氛围复杂度较高区域内的街道所对应的街景图片，对其进行验证分析后发现：色彩氛围复杂度在老城中心区内的集聚分布，主要是由于老城范围内的街道大部分以生活服务类和商业休闲类等为主。此类街道垂直界面中包含有大量的建筑底层商业，以及这些底层商业所具有的颜色不统一的店面招牌，如三牌楼大街和文渊巷等。而中心城区外围的街道则大部分为单纯的以交通通勤或工业生产为主，其两侧界面要素构成相对较少，色彩氛围复杂度较低。与色彩氛围复杂度的分布结构相反，南京中心城区范围内的街道环境色彩氛围舒适度呈现出内部空心化、外围高低交错分布的特征。在老城中心区范围内，色彩氛围舒适度普遍较为低下，与色彩氛围复杂度呈现出一种“互斥”的分布特征。例如，卫巷等色彩构成较为复杂的街道环境，其色彩氛围舒适度较低。这意味着，色彩氛围复杂度对于

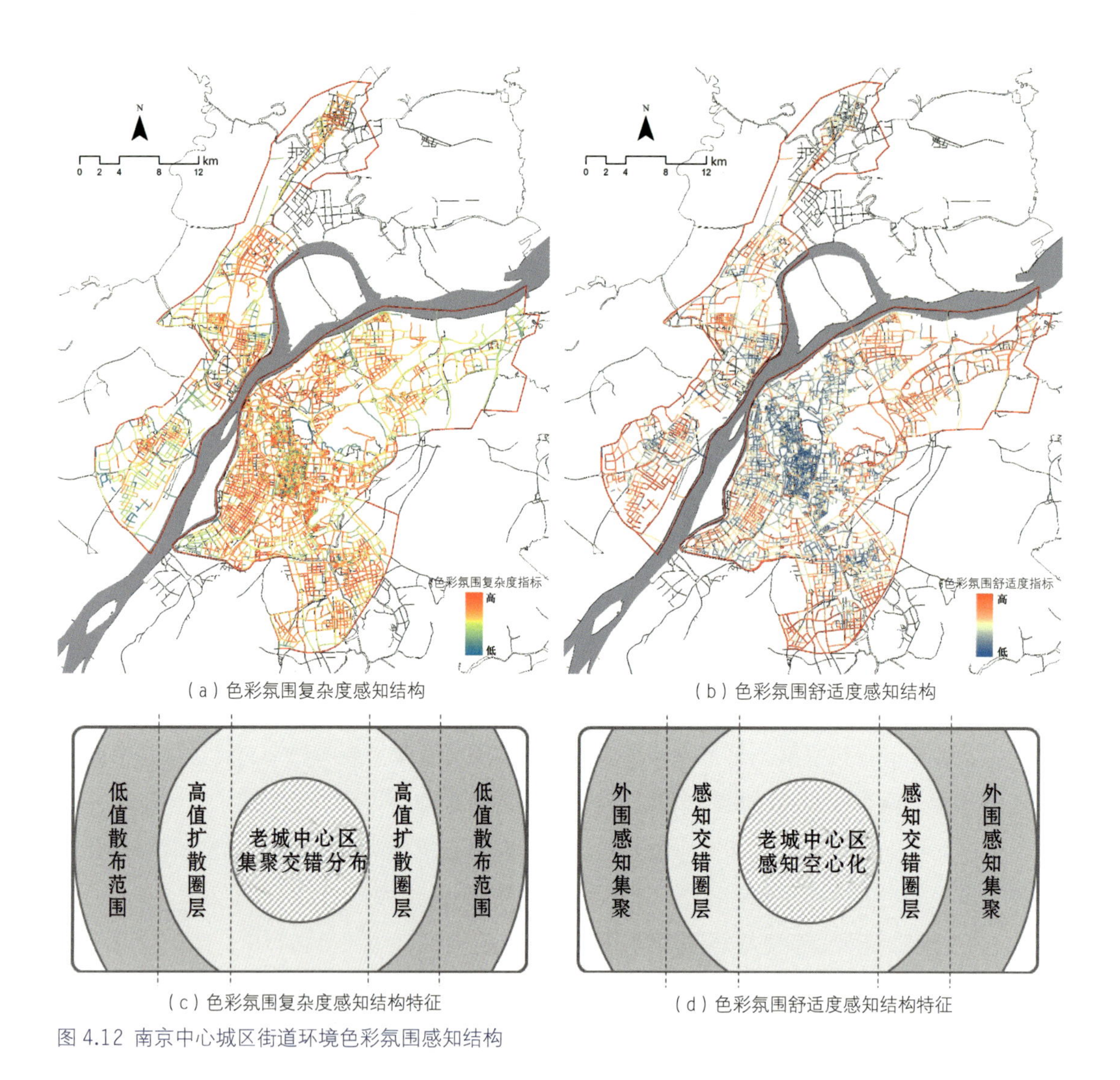

（a）色彩氛围复杂度感知结构

（b）色彩氛围舒适度感知结构

（c）色彩氛围复杂度感知结构特征

（d）色彩氛围舒适度感知结构特征

图 4.12 南京中心城区街道环境色彩氛围感知结构

人们色彩氛围舒适度的感知存在着临界值效应。当色彩氛围复杂度处于临界值内时，其与色彩氛围舒适度的感知结果呈正相关关系。一定程度的色彩氛围复杂度会强化人们的环境感知意象，并提升人们对于色彩氛围舒适度的感知。而当色彩氛围复杂度超出临界值，对人们的环境感知构成信息过载时，其与人们的色彩氛围舒适度感知则呈负相关关系。因此，当街道环境色彩氛围过于复杂时，人们对其的环境感知意象在很大程度上也表现出负面的特征，人们往往会感到街道环境混乱，甚至无法产生明确的环境感知意象。

（2）街道环境主导色彩对环境色彩氛围感知的强化效应

在色彩氛围复杂度和色彩氛围舒适度指标测度的基础上，结合其对整体环境色彩氛围感知的权重系数，对南京中心城区整体街道环境色彩氛围感知结果进行分析，并将南京中心城区 8720 条街段所对应街景点的分析结果在 GIS 平台中进行核密度空间分析。根据分析结果（图 4.13），在环境初级感知层面，南京中心城区内的街道环境色彩氛围感知较为均质化（色彩氛围感知指标主要分布区间为 [0.571，0.718]），仅在部分节点出现高值集聚的现象。对此，本书根据南京中心城区环境色彩氛围感知的分布特征，并结合城区道路等级，进一步选择了位于较高环境色彩氛围感知集聚范围内的 10 条街段，对其街道环境的色相构成和色彩氛围感知进行分析（图 4.14，表 4.22）。

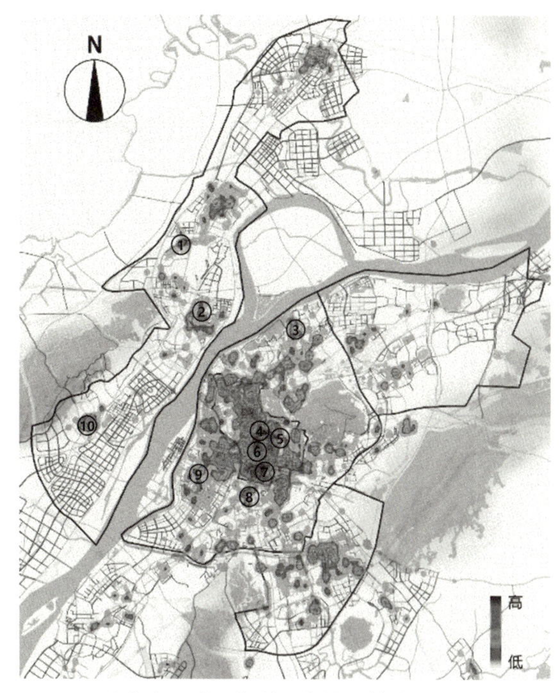

图 4.13 南京中心城区街道环境景观性感知结构

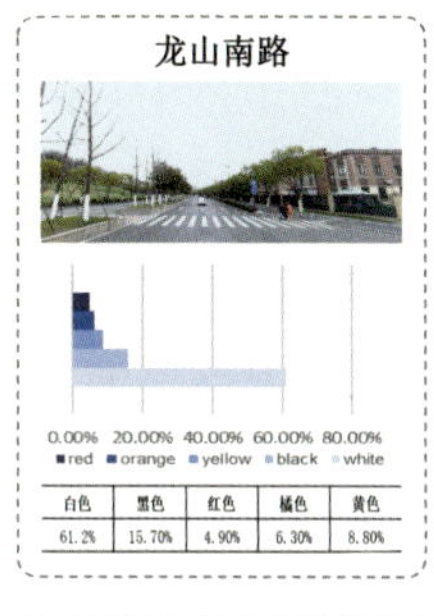

白色	黑色	红色	橘色	黄色
61.2%	15.70%	4.90%	6.30%	8.80%

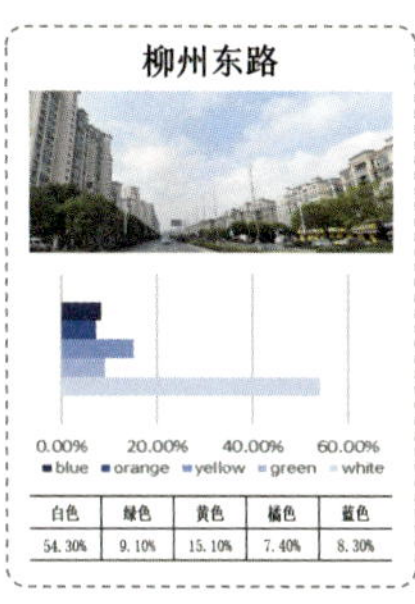

白色	绿色	黄色	橘色	蓝色
54.30%	9.10%	15.10%	7.40%	8.30%

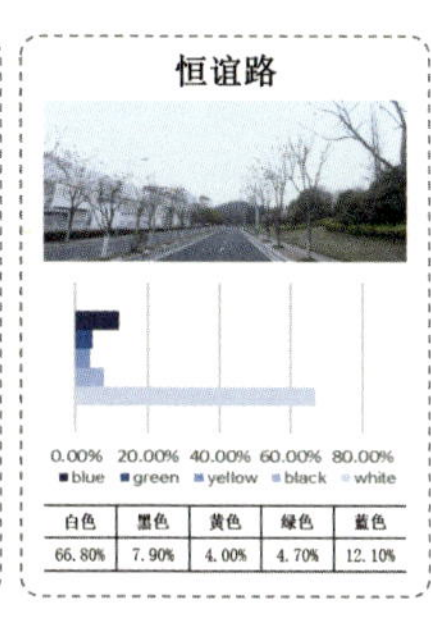

白色	黑色	黄色	绿色	蓝色
66.80%	7.90%	4.00%	4.70%	12.10%

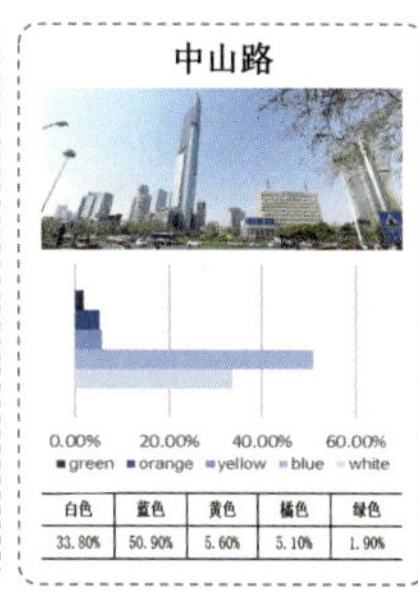

白色	蓝色	黄色	橘色	绿色
33.80%	50.90%	5.60%	5.10%	1.90%

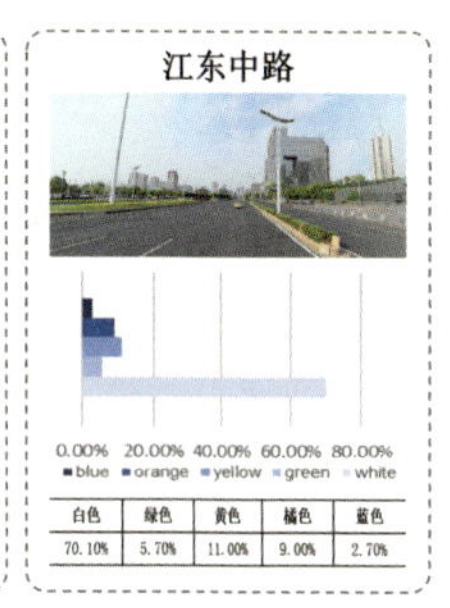

白色	绿色	黄色	橘色	蓝色
70.10%	5.70%	11.00%	9.00%	2.70%

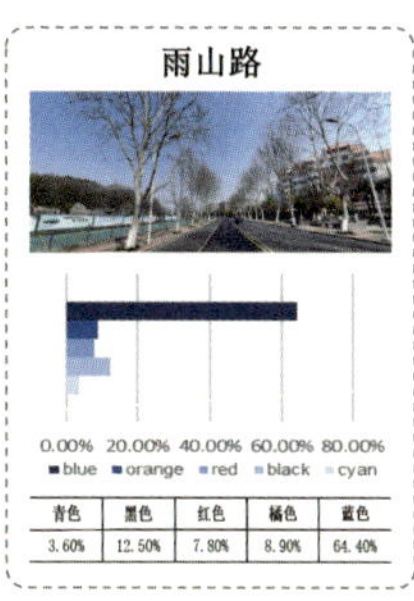

青色	黑色	红色	橘色	蓝色
3.60%	12.50%	7.80%	8.90%	64.40%

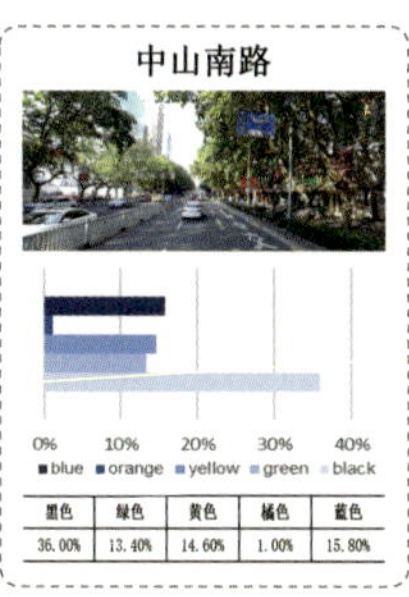

黑色	绿色	黄色	橘色	蓝色
36.00%	13.40%	14.60%	1.00%	15.80%

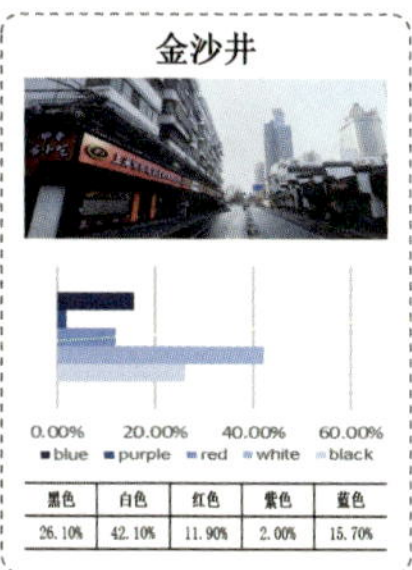

黑色	白色	红色	紫色	蓝色
26.10%	42.10%	11.90%	2.00%	15.70%

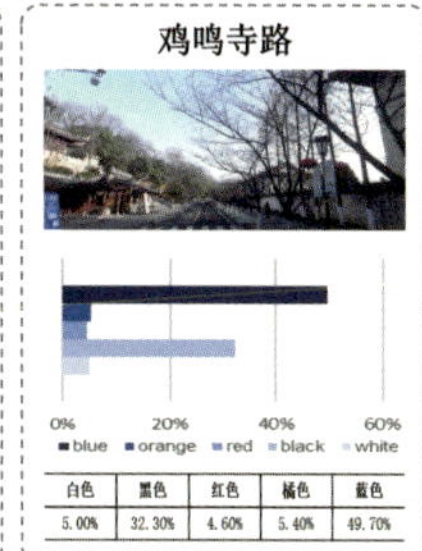

白色	黑色	红色	橘色	蓝色
5.00%	32.30%	4.60%	5.40%	49.70%

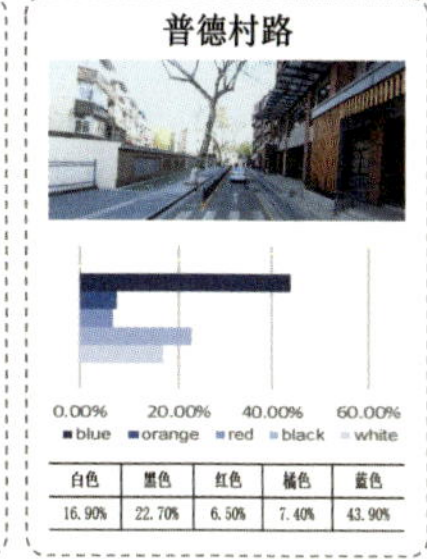

白色	黑色	红色	橘色	蓝色
16.90%	22.70%	6.50%	7.40%	43.90%

图 4.14 南京中心城区典型街道环境主导色彩占比

表 4.22 南京中心城区部分街段环境色彩氛围感知结果统计

序号	街段名称	色彩氛围复杂度指标	色彩氛围舒适度指标	环境色彩氛围感知指标	环境主导色彩
1	龙山南路	0.141	3.518	0.487	白、绿、黄
2	柳州东路	0.162	3.647	0.507	白、绿、黄
3	恒谊路	0.184	3.361	0.471	白、蓝、绿
4	中山路	0.524	3.843	0.574	蓝、白、黄
5	鸡鸣寺路	0.270	4.132	0.584	蓝、橘、红
6	中山南路	0.637	3.419	0.529	蓝、黄、绿
7	金沙井	0.512	3.744	0.559	白、蓝、红
8	普德村路	0.428	3.227	0.480	蓝、白、橘
9	江东中路	0.330	4.496	0.639	白、黄、橘
10	雨山路	0.403	3.281	0.485	蓝、橘、红

分析结果表明，除去黑色的机动车道部分，以黄色、橘色和红色为主的兴奋色系在具有较高环境色彩氛围感知的街道环境中占有较高的比例。从表 4.22 中 10 条街道环境色彩氛围感知结果来看，兴奋色系占主导的街道环境普遍高于以蓝、绿、白等镇静色系为主的街道环境。以恒谊路和鸡鸣寺路为例，以白、蓝、绿为街道环境主导色彩的恒谊路，其整体色彩氛围复杂度仅为 0.184，色彩氛围舒适度为 3.361。而以蓝、橘、红为主导色彩的鸡鸣寺路，其色彩氛围舒适度感知指标明显高于恒谊路。同时，由于鸡鸣寺路的色彩氛围复杂度指标相对合理，其整体街道环境色彩氛围感知结果与恒谊路的整体街道环境色彩氛围感知存在显著差异。这一特征表明，当色彩氛围复杂度处于合理区间时，由于暖色系对人们的视觉刺激作用要高于冷色系，因此暖色系主导的街道环境更容易使人产生特定的环境感知导向，因而对人们的环境色彩氛围感知具有一定的强化作用。

4.3.2 主客观交互影响的街道环境社交氛围感知特征

在以视觉刺激性为基础的环境色彩氛围感知之外，环境初级心理感知还受到个体自身使用客观环境时的动机和需求的影响。马斯洛需求层次理论和扬·盖尔所提及的空间与个体活动的相关理论均表明，人们对于外部客观环境的感知在视觉观察的基础上，表现为客观环境对人们的吸引力，以及人们对客观环境使用和体验的过程。根据前文所述，个体的需求和动机及其相关测度指标内容和对南京中心城区街道环境相关物质构成要素的识别结果，通过人群活力聚集度和街道界面积极度两项指标，对街道环境社交氛围感知结果进行测度。结果表明，在南京中心城区街道环境中，人群活力聚集度和街道界面积极度均表现出极化的指标数据统计特征和高度集聚的感知结构特征。

1）极化分布的感知指标统计特征

通过对人群活力集聚度和街道界面积极度两项指标测度结果的统计分析，发现上述两项指标在测度数据的分布态势上均呈现出极化分布的特征（表 4.23）。其中，人群活力集聚度指标的频数统计结果显示，在南京中心城区内人群活力集聚度与对应的街道数量呈负相关态势。在所测度的南京中心城区 8 720 条街段内，人群活力集聚度在区间 [0，0.006 9] 内的街道频数，占到了南京中心城区所有测度街道总量的 75%。同时，有 44% 的街道人群活力集聚度的测度数值分布在最小值区间 [0，0.002 3] 内。而人群活力集聚度在相对高值的区间 [0.015，0.074] 内的街道，其数量合计仅占街道总量的 10%。另外，根据人群活力集聚度数据统计波动态势，人群活力集聚度指标在 0.001 7 数值后，出现了陡减的数据波动态势，之后在 [0.001 7，0.019] 的数值区间内逐级平稳递减。综上所述，南京中心城区的街道环境在人群活力集聚感知层面存在很大程度的极化感知特征，即人群活力集聚度在绝大多数街道环境中较低，但存在部分具有极高人群活力集聚感知的街道环境。需要说明的是，本书通过结合相关街道的实际调研和环境观察后发现，此处所测得的人群活力集聚度，虽然在总体上能够大致反映出街道环境中人群活力的分布情况，但是其与实际环境仍存在一定的偏差。这是由于街道环境中人群活力集聚度本身是一个自变量，其在街道环境中的分布态势是不稳定的，会受到时间、季节、活动等诸多因素的影响。因此，本书基于 2019 年 3 月至 9 月所采集的南京街景数据进行测度，在一定程度上可以被认为是街道环境人群活力集聚度所具有的平均情况①。

表 4.23 南京中心城区街道环境色彩氛围感知测度结果统计

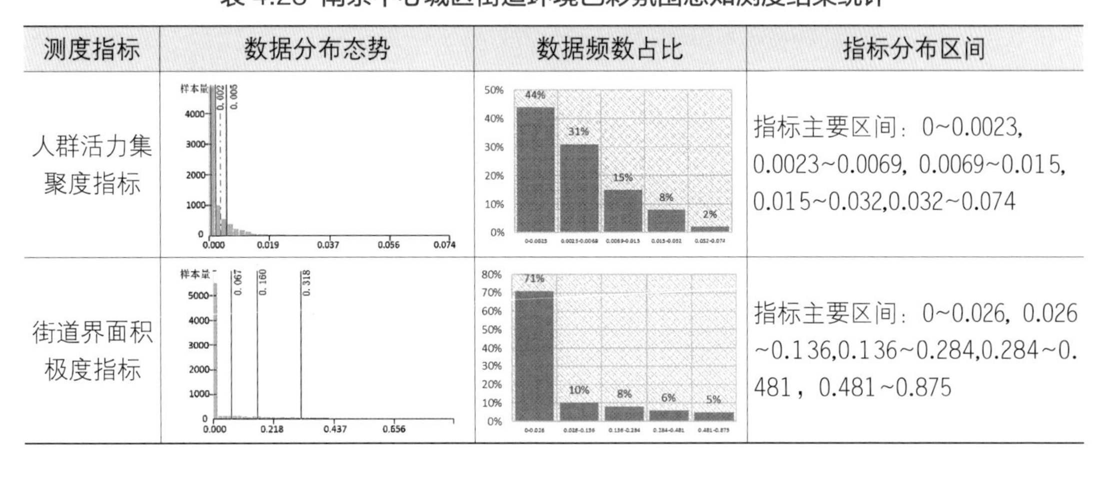

测度指标	数据分布态势	数据频数占比	指标分布区间
人群活力集聚度指标		44%，31%，15%，8%，2%	指标主要区间：0~0.0023, 0.0023~0.0069, 0.0069~0.015, 0.015~0.032,0.032~0.074
街道界面积极度指标		71%，10%，8%，6%，5%	指标主要区间：0~0.026, 0.026~0.136,0.136~0.284,0.284~0.481，0.481~0.875

① 本书研究所使用的百度街景数据在南京中心城区内的采集时间为 2019 年 5~8 月，在外围区域采集的时间为 2019 年 3~5 月和 9 月。同时，所采集街景数据时间，主要为工作日时间段，并不包含国庆节等重大节假日。因此，百度街景数据对于人群活力集聚度的测度仍然存在一定的局限性，但是其基本能够反映街道环境中人群活力的平均分布态势。

相对于人群活力集聚度，街道界面积极度的数据统计结果呈现出更加极化的分布态势。根据测度结果，南京中心城区范围内所测度的 8720 条街段，有 71% 共计 6191 条街道界面积极度指标分布在 [0，0.026] 的低值区间内。而街道界面积极度指标在 [0.026，0.875] 数值范围的街道数量，仅占总数的 29%，且在该数值区间内的数据频数比例较为均衡。同时，从街道界面积极度指标的数据波动态势可以发现，所测得的数据结果主要数值分布区间为 [0，0.318]，数据统计结果在 0.026 数值后出现了“断崖式跌落”，并在 0.026 数值后的区间 [0.136，0.875] 内呈现平缓递减的波动特征。这一数据分布态势一方面表明，在南京中心城区范围内，具有沿街日常生活服务和商业设施界面的街道样本量较少，但存在街道界面积极度极高值的街道环境；另一方面，这一数据统计分布态势也反映出南京中心城区街道在环境社交氛围感知层面的极化特征。

2）高度集聚的感知指标结构特征

与人群活力集聚度指标和街道界面积极度指标在数据统计层面所展现出的极化分布特征相对应，通过将上述两项指标的测度结果进行标准化处理，并在 GIS 平台中进行分析后发现，南京中心城区街道的环境社交氛围感知结构，一方面在整体空间层面呈现出高度集聚的“向心性”分布特征（图 4.15），并出现了一定的环境感知盲区和断裂地带。另一方面，通过与街道环境客观表征及相关物质要素的识别结果进行比对后，社交氛围的感知结果与其对应的客观环境要素及表征存在一定的偏差特征，社交氛围感知结果相对更加集聚，中心性分布趋势更加明显。

（1）中心高度集聚的社交氛围感知结构特征

如图 4.15 所示，人群活力集聚度与街道界面积极度两项指标，在南京中心城区整体空间分布上均呈现出显著的中心集聚趋势，并且不具有由内向外的圈层递减特征，高感知街道及区域与低感知区域之间存在较为明显的界线。其中，人群活力集聚度的感知结构主要由 1 个感知核心区域和 5 个感知集聚中心所组成。在南京中心城区范围内，人群活力集聚的感知核心区域主要为老城中心区，由老城南历史片区、新街口、大行宫、鼓楼、草场门大街等节点相互连接而成。在该区域内，街道分布密度较高，街道宽度相对宜人，居民建筑分布较广，使得整个区域内的街道环境存在较多的人口流动，因而整体人群活力感知较高。在该区域内，虽然部分人群活力感知较低的街道交错分布其中，但是由于主要感知节点的邻近效应，在感知核心区域内的节点之间不存在明显的断裂分界。另外，5 个人群活力感知中心分别为百家湖、六合中心区、弘阳广场、下马坊和浦口龙华路。值得注意的是，这 5 个人群活力感知中心在整体结构上均呈现出一定的“孤岛”现象，即在感知中心内的街道与外部街道之间存在较为明显的边界。位于感知中心内部的街道，其人群活力感知虽然存在一定的波动，但整体较为均衡，而位于感知中心区域外的街道，其人群活力感知会出现断崖式的减少，部分街道甚至不具有人群活力感知，从而在感知中心之间，以及感知中心与感知核心区域之间形成低人群活力感知或无感知的人群活力层面的街道环境社交氛围意象感知盲区。

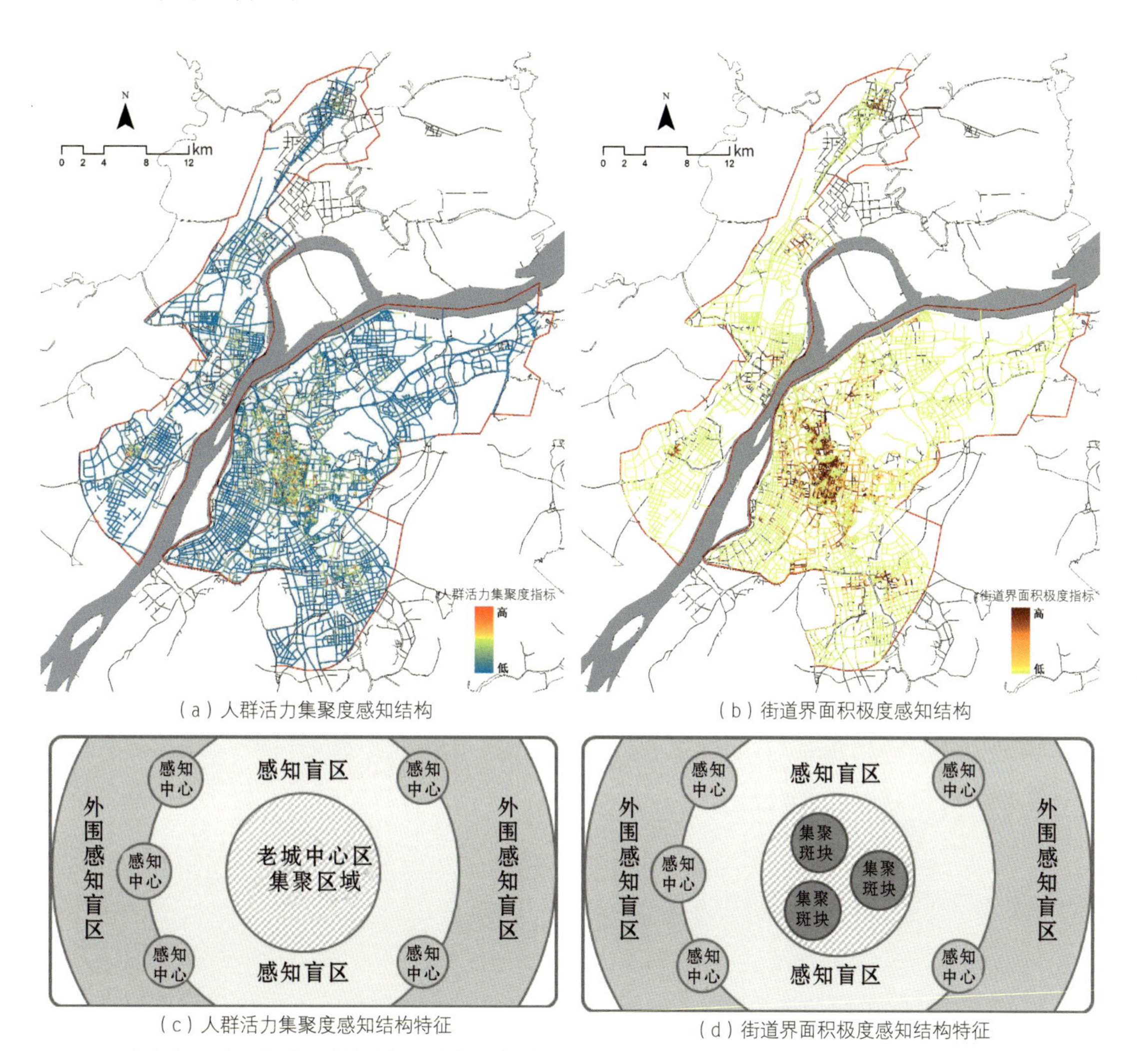

图 4.15 南京中心城区街道环境社交氛围感知分布结构

与街道环境人群活力空间分布结构相似，街道界面积极度也呈现出显著的“向心性”集聚特征。但与人群活力集聚度存在相互连接的感知核心区域不同，在街道界面积极度方面，即使在高度集聚的老城中心区，在不同的感知集聚中心之间仍然存在着明显的感知断裂分布特征，从而使得街道界面积极度在南京中心城区整体的分布结构主要由老城中心区内的 3 个感知斑块和外围的 5 个感知中心所构成。其中，3 个感知斑块分别为老城南、新街口—珠江路、鼓楼—湖南路；5 个感知中心中 3 个与人群活力感知中心相同，分别为六合中心区、弘阳广场和浦口龙华路，另外 2 个为大厂草芳路—园西路和江宁上元大街—鼓山路。

综上所述，在街道环境社交氛围感知中，人群活力集聚度指标与街道界面积极度指标两者之间存在内部的正相关关系，具有较高街道界面积极度的街道环境，其人群活力感知结果也相对较好，反正亦然。根据这一现象，街道环境社交氛围感知存在着客观环境决定主观行为，主观行为影响客观环境的主客观交互特征。由于具有较好的街道界面积极度，其能够吸引人们在街道中驻留和开展活动，而随着人们在街道中开展活动，街道环境中的人群活力集聚度也会随之上升，从而使得人们产生较高的环境社交氛围感知。

（2）环境社交氛围感知与街道环境客观表征的偏差现象

在对南京中心城区环境社交氛围感知测度的基础上，通过与其所对应的街道环境的构成要素及建筑风貌客观表征形式进行对比分析后发现，环境社交氛围感知指标的结果一方面是在街道环境客观表征及构成要素基础上的综合强化，从而表现为更加显著的集聚分布特征；另一方面，环境社交氛围感知指标的结果也与对应的客观表征形式存在一定程度的偏差。例如，街道界面积极度指标主要产生基础的商业建筑风貌，在南京中心城区内，其除了在新街口—珠江路等区域集聚分布外，还在龙江区域出现了较高程度的集聚，形成空间分布层面的商业建筑风貌分布中心。然而，在街道界面积极度的感知测度过程中，龙江区域却处于感知低值的范围内，其在一定程度上成为南京中心城区街道环境社交氛围感知盲区。

4.4 主客观交互的环境初级感知特征

根据上文从安全性、景观性、色彩氛围和社交氛围四个维度，对南京中心城区环境初级感知的解析结果，在环境初级感知层面，街道环境的物质构成要素与客观环境表征对人们的环境感知存在两个方面的主客观交互特征及效应（图 4.16）。

4.4.1 视觉刺激到主观响应的主客观交互进阶感知特征

环境初级感知中的主客观交互进阶特征，是客观环境与人们环境感知相互作用的基础方面。这一特征在环境初级感知的过程中可以进一步被划分为两个阶段进行说明（图 4.17）。

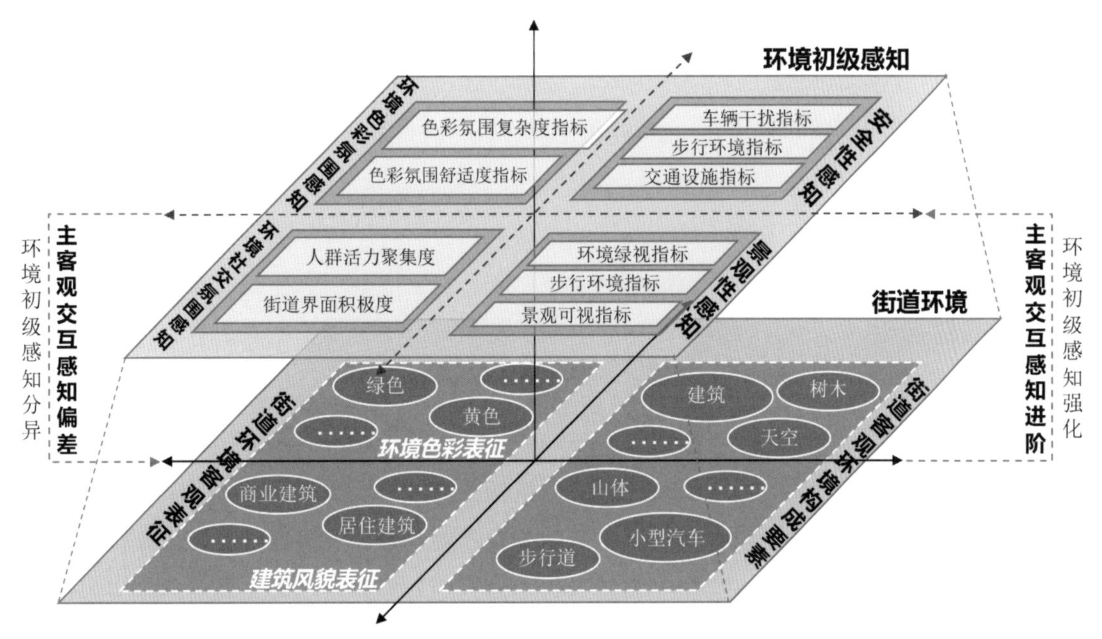

图 4.16 客观环境与环境初级感知间的进阶与偏差

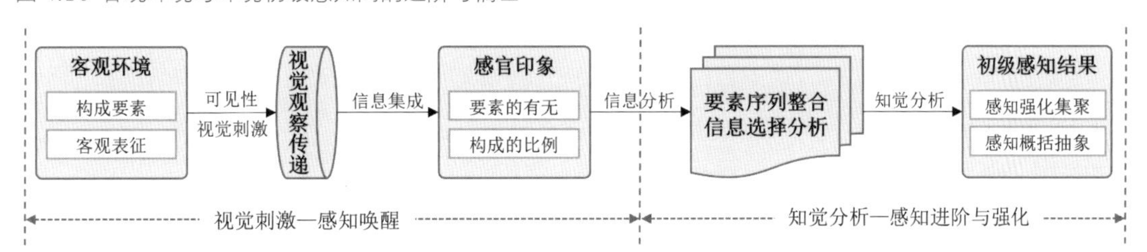

图 4.17 主客观交互进阶的环境初级感知特征

其中，第一阶段为客观环境对人们环境感知行为的唤醒作用。客观环境中的相关物质构成要素及表征形式通过其自身所具有的要素客观可见性和对人们环境观察过程所具有的视觉刺激作用，引起人们对于客观环境相关构成要素及表征形式的关注，进而唤醒人们对于街道环境的感官反应。在此基础上，第二阶段为人们受到客观环境视觉刺激作用后，通过自身对客观要素及表征的选择，以及对应的知觉分析，进而产生对客观环境的感知响应。在环境初级感知中，正是人们对所观察到的客观要素和信息的选择和分析，使得与人们自身基础性感知需求相关的客观要素和表征在感知过程中被关注，进而形成了客观要素在环境初级感知中的程度序列。根据客观要素及表征形式在环境要素感知程度序列中的位置，具有较高影响程度的要素及表征形式会在很大程度上强化其所对应的环境初级感知结果；而影响程度较低的要素则会被筛除，使得人们对其不具有有效的感知效应。对于城市意象而言，环境初级感知中的这一主客观交互进阶特征，主要表现为环境形式或结构层面的强化和概括特征。

4.4.2 个体动机与需求驱动下的主客观交互偏差感知效应

环境初级感知中的主客观交互偏差效应，所反映的是人们与客观环境更深层次的交互体验，以及在此过程中个体自身动机和需求的介入，使得人们的环境初级感知结果与客观环境实际要素构成及表征形式之间产生的分异和偏差特征（图 4.18）。在环境初级感知层面，虽然客观环境对人们的环境初级感知结果仍然具有主导性的作用，但是在个体心理层面的需求和使用环境的动机驱动下，人们对于客观环境中的物质构成要素及表征形式会出现主观理解后的排序及筛选。例如，上文中对于南京中心城区色彩氛围舒适度的测度中，由于引入了人们对不同色彩的主观评分系数，最终的环境色彩氛围感知结果与街道环境的客观色彩表征形式呈现出一定程度上的偏差。同样，南京中心城区街道环境社交氛围的感知结果，也与其所对应的相关建筑风貌类型客观分布特征存在较大的偏差。对于城市意象而言，环境初级感知中的主客观交互偏差效应反映了对城市环境意蕴的理解，即客观环境表征及要素对人们环境感知所具有的导向作用，与人们自身感知环境时所存在的动机和需求的对冲、融合与交互特征。

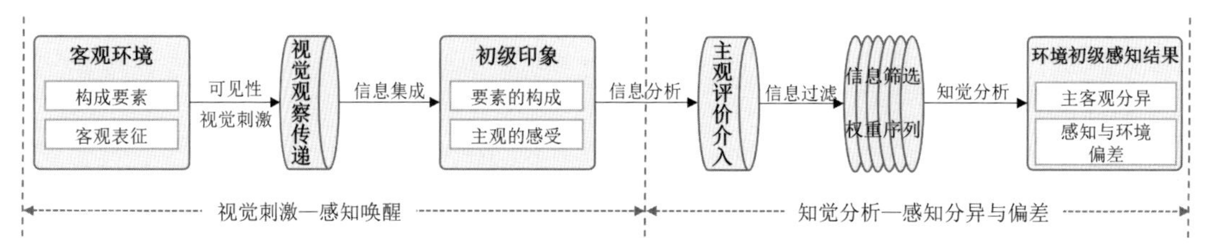

图 4.18 主客观交互偏差的环境初级感知特征

综上所述，主客观交互的环境初级感知，其一方面是客观环境对人们环境感受的进阶影响，客观环境的构成要素和表征形式在环境初级感知过程中，仍然占有主动的地位，对于人们的环境初级感知具有导向作用；另一方面，由于主观评价开始初步地对部分客观环境信息产生影响，人们对于环境信息的理解和知觉分析在自身基础性的需求和动机的影响下，逐渐与客观环境的原始表征及构成出现分异，进而在环境初级感知结果层面显现出一定程度的主客观偏差。由于环境初级感知结果在很大程度上既无法完全对应客观环境的原本特征，同时也不能直接将其看作是人们对客观环境的直接主观感知；因此，环境初级感知实质上所反映的，是主客观交互下人们对客观环境感知意象形成的过程，以及在此过程中基于自身属性和需求的初步感觉及知觉印象。

参考文献

[1] 李斌．环境行为学的环境行为理论及其拓展 [J]. 建筑学报，2008(2): 30-33.

[2] McLeod S. Maslow's hierarchy of needs[J]. Simply psychology, 2007, 1: 1-8.

[3] 李斌．环境行为理论和设计方法论 [J]. 西部人居环境学刊，2017, 32(3): 1-6.

[4] Park Y, Garcia M. Pedestrian safety perception and urban street settings[J]. International Journal of Sustainable Transportation, 2020, 14(11): 860-871.

[5] 吴浩．基于人本尺度的城市街道可步行性大数据测度研究：以南京中心城区为例 [D]. 南京：东南大学，2018.

[6] Isola P D, Bogert J N, Chapple K M, et al. Google Street View assessment of environmental safety features at the scene of pedestrian automobile injury[J]. The Journal of Trauma and Acute Care Surgery, 2019, 87(1): 82-86.

[7] 杨俊宴，马奔．城市天空可视域的测度技术与类型解析 [J]. 城市规划，2015, 39(3): 54-58.

[8] 缪岑岑．基于街景图片数据的城市街道空间品质测度与影响机制研究：以南京中心城区为例 [D]. 南京：东南大学，2018.

[9] Jonauskaite D, Parraga C A, Quiblier M, et al. Feeling blue or seeing red? similar patterns of emotion associations with colour patches and colour terms[J]. i-Perception, 2020, 11(1).

[10] Güneş E, Olguntürk N. Color-emotion associations in interiors[J]. Color Research & Application, 2020, 45(1): 129-141.

[11] 盖尔．交往与空间 [M]. 何人可，译．北京：中国建筑工业出版社，2002.

[12] Ghossoub C. Associations of ‘eyes on the street’ with the perception of safety in New York city[D]. Columbia : Columbia University, 2020.

[13] Yang T, Kuo C W. A hierarchical AHP/DEA methodology for the facilities layout design problem[J]. European Journal of Operational Research, 2003, 147(1): 128-136.

[14] Sophie D. The sky as mirror of the mind: Exploring the role of light and weather for emotional expression in northern European landscape painting[D]. Aberdeen: University of Aberdeen, 2019

大脑只对某些选择的视觉特征进行反应，毫无疑问最初对大脑来说这些高度提炼出来的特征特别重要，同时那些不重要的特征被忽略掉了。

——理查德·格里格瑞（Richard Gerrig）

·5· 所知：个体量化的主观环境认知

在主观感知与客观环境偏差视角的意象感知模型中，个体对客观环境的主观感知是模型中的最后阶段。人们的主观环境感知一方面可以理解为受到客观环境要素及表征影响，通过主客观交互的环境初级感知过程后，与自身属性、动机及需求相结合的人们对客观环境信息的最终综合理解和感知结果。另一方面，主观环境感知也是人们通过对客观环境观察、体验以及一系列交互过程后，对客观环境做出的主观性反馈与综合响应。因此，人们的主观环境感知既可以理解为城市感知意象中的一个部分或环节，同时也可以更加抽象地看作是在个体自身动机与需求驱动下形成的城市感知意象本身。因此，本章延续前文对南京中心城区街道环境和环境初级感知的测度内容，以个体自身的动机与需求为导向，确定反映主观环境感知的个体评价标签。进而基于统一的街景数据，搭建环境主观意象感知平台，对南京中心城区街道环境的主观感知进行分析。同时，根据所解析的结果，并在问卷调查和访谈的辅助下，进一步探讨主观环境感知的特征，以及主观感知与客观环境之间所存在的偏差关系。

5.1 个体量化评价的主观环境认知解析方法

在环境感知的过程中，由于不同个体属性、动机和需求的差异，因而理论上人们对于客观环境存在不同的主观感知意象。凯文·林奇的城市意象研究以及环境行为学领域相关研究所使用的心智地图等方法在主观环境感知意象的量化解析层面，均存在着较大的局限性。对此，本书基于凯文·林奇在经典城市意象理论中所提出的环境公众意象概念，将测度所得到的结果视为主观环境感知的平均结果。进而，通过基于 Python 的 Django Web 平台框架，使用南京中心城区街景数据作为统一测度数据源，搭建开源、随机的主观环境感知评价平台，对南京中心城区街道环境的主观感知结果进行量化解析。在此基础上，结合所开展的两个问卷调研结果，对街道环境的主观环境感知进行分析。

5.1.1 个体动机与需求导向的主观环境感知评价标签

前已述及，人们对于客观环境的主观感知，一方面来自客观环境构成要素及表征形式对人们的刺激和信息传递；另一方面更受到个体自身动机和需求驱动下的感知分析影响。在这一方面，作为将环境行为学与城市设计相连接的著名理论家，乔恩·朗曾指出人们与环境之间的联系和相互作用，并非一种简单的因果性或者交易性的关联关系[1]。事实上，人们与环境之间存在着一种个体需求和动机驱动下的动态交互关系。这种关系与吉布森所提出的知觉理论类似[2]，即在个体动机和需求驱动下，人与环境之间的关系由感觉、感知和行为等不同层面的动态交互过程所构成（图 5.1）。本书提出的主观感知与客观环境偏差视角下的城市意象感知模型，在很大程度上也与詹姆斯·吉布森（James Gibson）和乔恩·朗（Jon Lang）所指出的人与环境的动态交互关系理论相契合。因此，在前文对南京中心城区街道的客观环境构成要素和表征形式，以及主客观初步交互的环境初级感知解析的基础上，此处对南京中心城区主观环境感知的评价标签共包含街道主导类型感知和主观街道环境感知两个部分（图 5.2）。所设置的主观环境感知标签一方面是以个体动机与需求为导向，对前文解析内容的延续，体现了从客观环境到环境初级感知过程，再到主观环境感知的层级进阶关系；另一方面是以个体直观感受为基础，对街景数据所对应的街道环境做出的直接感知意象，与前文基于街道环境的解析结果相互验证，进而探讨主观感知与客观环境偏差视角的城市意象形成规律和特征。

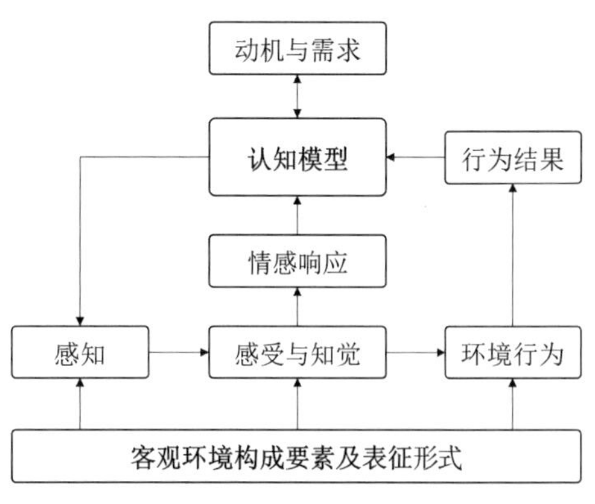

图 5.1 吉布森知觉理论框架

1）街道环境主导类型感知标签

街道环境主导类型感知主要是指人们基于街道环境构成要素以及客观表征信息，以其自身使用或体验街道环境为动机的、对于其所处街道环境主导功能类型的评判。如上文吉布森知觉理论框架所示，街道环境、个体环境行为、环境行为结果以及环境感知之间存在着内在的循环关联关系。在此过程中，人们基于街道环境客观表征信息所做出的、对于街道环境主导类型的感知判断在很大程度上决定了人们进一步的环境行为，以及基于环境行为结果的主观环境感知[3]。

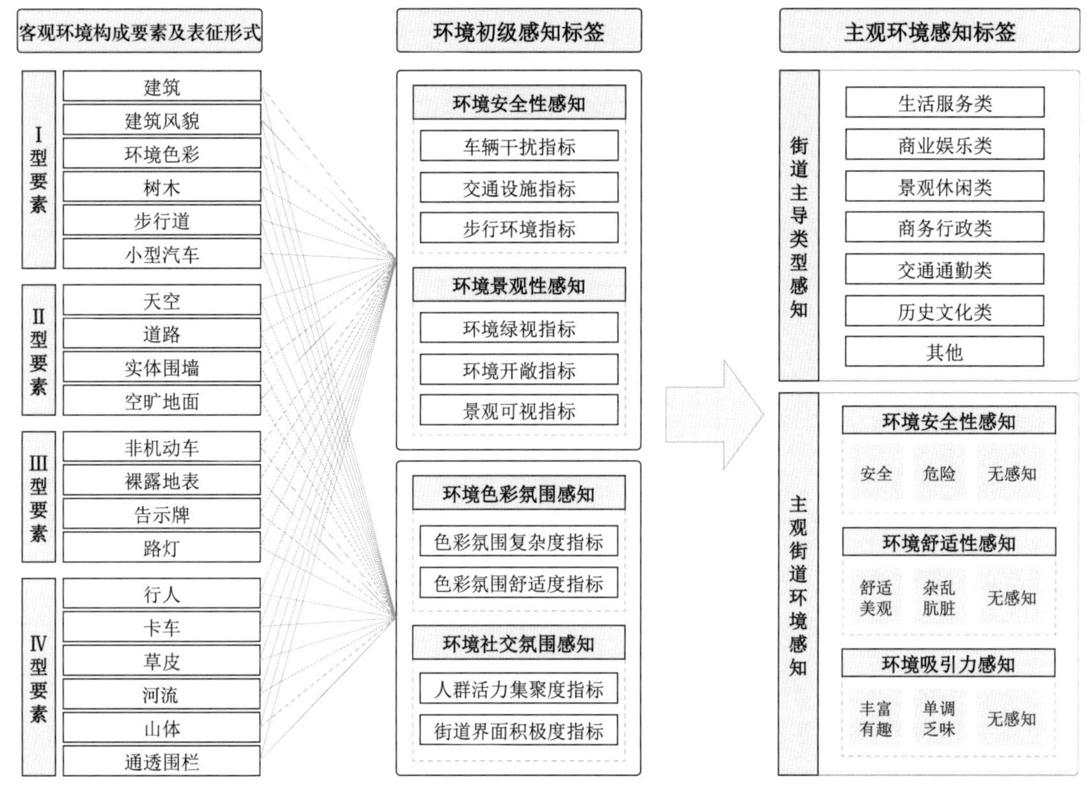

图 5.2 主观环境感知测度标签建构逻辑

因此，根据对南京中心城区街道环境构成要素及表征、街道环境初级感知的解析内容及结果，并结合《上海市街道设计导则》[4]《南京市街道设计导则（试行）》[5]等相关街道规划设计导则和标准中对于街道类型的划分结果，本书共设置了 7 类街道环境主导类型感知标签（表 5.1），并与街道环境客观表征和环境初级感知标签相关联。

表 5.1 南京中心城区街道环境主导类型感知标签

编号	主导类型标签	特征说明	主要关联标签
1	生活服务类	街道两侧以带有底商的居住类建筑为主 街道界面积极度较高 街道环境安全性、社交氛围感知较好	建筑风貌表征、色彩表征 道路、建筑、步行道、行人、树木、告示牌等要素
2	商业娱乐类	街道两侧以商业型建筑为主 街道环境安全性感知较好，道路占比适宜 街道环境社交氛围感知较好	建筑风貌表征、色彩表征 环境安全性感知指标、环境社交氛围感知指标，以及建筑、植物等要素
3	景观休闲类	街道两侧以景观植物为主 街道环境安全性、景观性感知良好 街道中植物、自然景观占比较高	环境景观性感知指标 山体、河流、树木、草皮、步行道等要素

续表

编号	主导类型标签	特征说明	主要关联标签
4	商务行政类	街道两侧以商务办公建筑为主 街道环境安全性感知较好 街道环境开敞度较好	建筑风貌表征，色彩表征 环境安全性感知指标、环境社交氛围感知指标，以及建筑、道路等要素
5	交通通勤类	街道车辆干扰指标、交通设施指标占比较高 街道环境安全性感知较低 街道环境开敞度感知较高	环境安全性及景观性感知指标 道路、机动车、交通设施、树木、天空等要素
6	历史文化类	街道色彩氛围特征较为明显 街道两侧以历史风貌建筑为主 街道中道路占比较为适宜、环境安全性感知较好	建筑风貌表征，色彩表征 环境社交氛围感知指标，以及建筑、树木、步行道等要素
7	其他类	街道环境中要素过多，无法判断 街道界面混杂，无法进行概括理解	街道环境构成要素及客观表征

在上述测度标签的基础上，本书还对人们对街道环境主导类型感知时的参考依据、要素关注层面，以及环境影响因素等进行了辅助问卷调研，进而探析人们感知街道环境类型时的内在规律。

2）街道环境主观感知评价标签

根据吉布森知觉理论框架和乔恩·朗的环境行为理论，客观环境与人们的主观感知之间还存在着两种直接影响关系。一种为客观环境直接影响人们的感受与知觉，进而使得人们产生情绪性的响应，进而产生主观的环境感知；另一种为客观环境直接影响人们的感知，从而在此基础上使得人们产生情感响应，以及作用于人们的环境行为。此处设置的街道环境主观感知评价标签，其所反映的正是客观环境构成要素和客观表征信息与人们主观环境感知之间的直接交互作用结果。同时，由于街道的主观环境感知与前文所论述的环境初级感知在感知对象、关联逻辑等方面具有相似性，因此环境初级感知强调的是客观环境对人们主观感知的影响，以及这种影响带来的初级感知结果，而主观环境感知所强调的则是人们主观对于环境客观信息具有价值观和情感响应的反馈与评价。因此，街道环境主观感知评价标签的设置在一定程度上延续并综合了环境初级感知中所涉及的安全性、景观性、色彩氛围及社交氛围四个方面的感知指标，进而设置为安全性、舒适性和吸引力三个标签（表5.2）。其中，安全性为街道环境初级感知指标的对应延续，而舒适性和吸引力则是环境初级感知中四个指标的综合及凝练。

表 5.2 南京中心城区街道环境主观感知评价标签

编号	感知标签	标签选项	标签说明	要素相关性
A	安全性	安全	街道具有良好的交通安全性、可步行性，以及良好的“街道眼”效应，人们不会受到外部安全威胁	(+) 步行道、行人、告示牌、交通隔离带等 (−) 小型汽车、摩托车、卡车、实体围墙等
		危险	街道因交通、界面、色彩等问题使人们认为或预判其街道活动存在安全性威胁	
B	舒适性	舒适美观	街道环境具有良好的景观性，构成要素比例适宜，使人感到整洁、舒适、美观	(+) 植物、山体、河流、步行道、色彩舒适度等 (−) 非机动车、生活垃圾、路边摊贩等
		杂乱肮脏	街道界面混乱、构成要素混杂，街道景观性较差，使人感觉黯淡和脏乱	
C	吸引力	丰富有趣	街道具有良好的景观、色彩氛围和社交氛围，使人们愿意在街道中逗留	商业及生活服务类建筑、行人、游憩设施等 色彩氛围复杂度、色彩氛围舒适度、街道界面积极度等①
		单调乏味	街道环境要素构成单一、均质，不具有良好的色彩及社交氛围，使得人们产生枯燥无聊、单调乏味等负面感知情绪	
D	无明确感知		街道环境过于简单或复杂，使得人们无法对其产生明确的感知结果	—

注：(+) 表示该要素对人们的感知结果具有正相关的积极作用，(−) 表示该要素对人们的感知结果具有负相关的消极作用。

在街道环境主观感知评价标签测度的基础上，本书进一步以问卷调研的形式对影响人们主观环境感知结果的因素进行了分析，归纳影响人们街道环境感知意象的要素，从而与城市设计及规划相结合，优化以人为本的规划设计策略。

5.1.2 基于街景数据的主观环境感知量化评价平台

在主观环境感知测度方法层面，对于城市意象研究领域中传统心智地图、访谈等方法在样本数量、样本属性，以及测度结果可靠性和有效性层面所具有的局限性，本书在上述所建构的基于个体评价的主观环境感知评价标签基础上，将南京中心城区街景数据作为研究客观环境要素构成表征形式，以及环境初级感知的统一数据源，通过 Python 网络框架和 Java 可视化等技术，搭建了用于主观环境感知量化评价测度的城市意象感知评价平台（开源平台网址：http://121.196.204.146/）。该平台主要包含三个核心部分，分别为由阿里

① 在街道环境吸引力方面，与其感知结果相关的要素并不存在正、负相关性，街道环境吸引力主要由相关要素的数量及构成比例所决定。

云服务器、Django 框架和 JavaScript 等构成的基础技术端，用于 PC 端和手机端通用显示的中间集成端，以及街道环境评价界面的用户操作端（图 5.3）。本书以该平台为基础，对南京中心城区的街景数据进行完全开源且随机的主观环境感知量化评价测度，进而在同一数据源的基础上，分析城市意象中所存在的主观感知与客观环境的偏差效应。

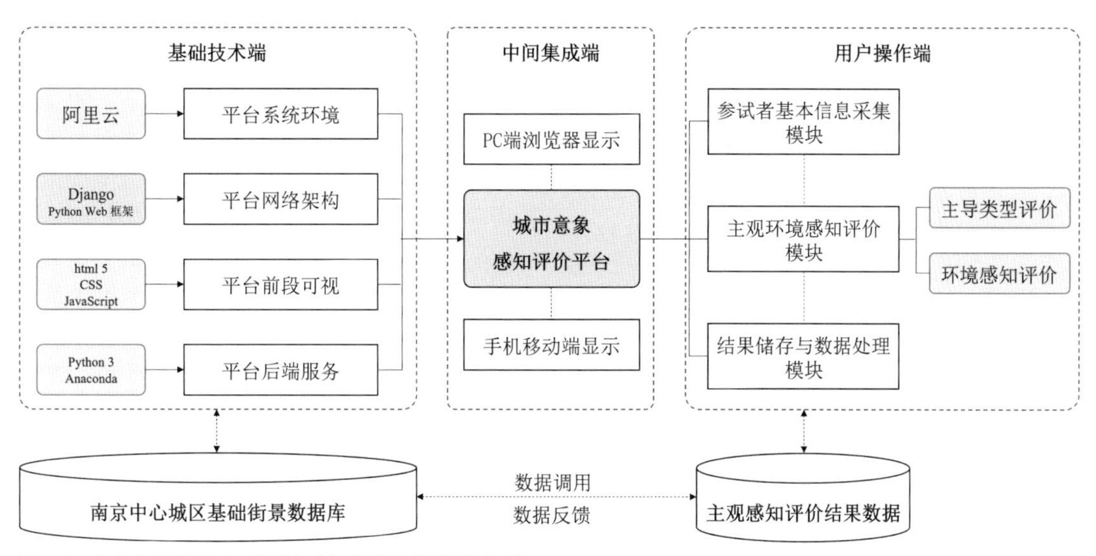

图 5.3 南京中心城区主观环境感知量化评价平台架构

1）平台搭建的技术基础

平台搭建的技术基础主要是以南京中心城区街景数据为统一调用数据基础，以实现以开源、随机的主观环境感知量化评价为目标的系统环境部署，以及数据储存、调用和响应反馈的系列基础参数及系统设置。根据此处主观环境感知量化评价的需求，其主要由平台系统服务器、平台框架搭建、前段可视化设置及后端系统逻辑四部分所构成。

——主观环境感知量化评价平台系统环境部署。基础街景数据的储存、调用及主观评价数据反馈是主观环境感知量化评价平台的基础技术功能。因此，本书主要通过使用阿里云服务器中的云服务器 ECS 和块存储①，以及其所具有的批量计算服务，在所采集的南京中心城区街景数据基础上，部署平台的系统环境、实现平台开源网站的运行和数据存储（图 5.4）。在实际平台搭建中，由于阿里云面向个人用户的存储限额仅能支持 40G 的存储空间，因此，本书首先对所采集的南京中心城区 368 763 张街景图片，在原有 30 m 点阵采集距离

① 云服务器 ECS 是指阿里云所提供的可弹性扩展、稳定、便捷使用且安全的系统计算服务；块存储是指阿里云服务器所支持的可弹性扩展、高性能的块级数据对象随机存储功能。

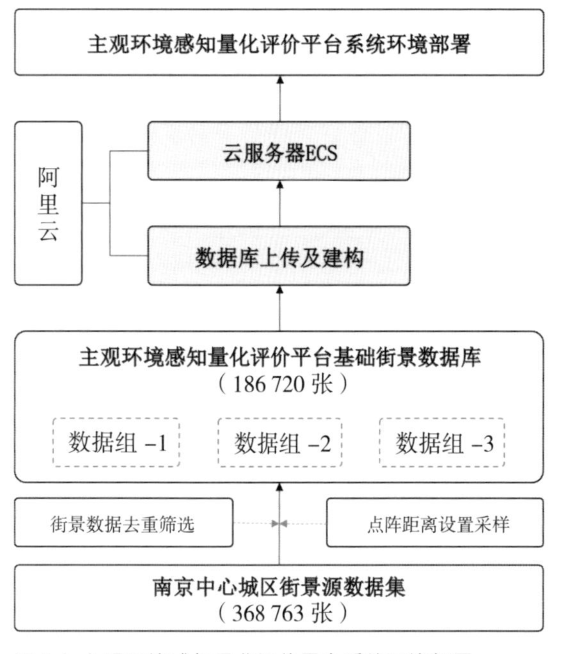

图 5.4 主观环境感知量化评价平台系统环境部署

的基础上，按照街景数据点距 50 m 进行了筛选，去重后最终得到 186 720 张用于主观环境感知量化评价的街景数据。进而将筛选后得到的街景数据随机地切分为 3 个数据组块，按照每组 62 240 张的数据量分批次上传至基于阿里云的数据存储模块中，搭建主观环境感知量化评价的基础街景数据库。进而通过阿里云提供的 CDN 和专有网络 VPC 服务[①] 进行平台的系统环境部署和运行。

——基于 Python 的平台网站框架。在完成主观量化评价所需调用的街景数据库存储、基础性的系统环境部署基础上，本书通过 Django[②]，一种基于 Python 的网站框架来建构从数据存储调用到主观量化评价反馈响应的平台网站框架（图 5.5）。其目的是实现开源的用户访问评价操作端与数据存储和分析的基础技术端的配合，将后台服务器的数据及公众逻辑在浏览器上展现出来。根据主观环境感知量化评价的研究需求，以及所建构的南京中心城区街景数据库，此处基于 Django 的平台框架主要包含了以下组件。首先是基于对象关系映射（Object-Relational Mapping）的主观环境评价模型创建，即通过对象关系映射将评价模型与街景数据库进行关联，从而形成一个开源且可操作的街景数据库 API。在此基础上叠加上文所述的测度标签，最终设置并搭建出可以进行评价，且评价结果与街景数据集相映射的平台网站。

——平台可视化交互。在基础数据库建构、系统环境部署和主观环境感知量化评价平台框架搭建的基础上，平台可视化交互设置的主要目的是将南京中心城区的街景数据，以及所确定的主观环境意象感知评价标签通过 PC 端的浏览器和手机移动端，按照平台的设计逻辑进行展示，并使得参设者可以在 PC 端或手机移动端参与评价过程。基于技术的可

---

① CDN 指阿里云提供的全网覆盖网络加速服务；专有网络 VPC 指基于阿里云随构建的逻辑隔离的专有网络。

② Django 是由 Python 编写完成，开放源代码的 Web 应用框架，其所遵循的设计框架为 Mvc，即代表基础数据模型的 Model，由表示视图模块的 View 和作为程序控制器的 Controller 所构成，其内在逻辑模式为 MTV，即作为数据存取层模型（Model）、页面表现层模板（Template）和在存取模型与调取模板中充当中介作用的业务逻辑视图层（View）。Django 的主要架构特征使得基于街景数据可以较为便捷地创建数据库驱动的网站及应用程序。

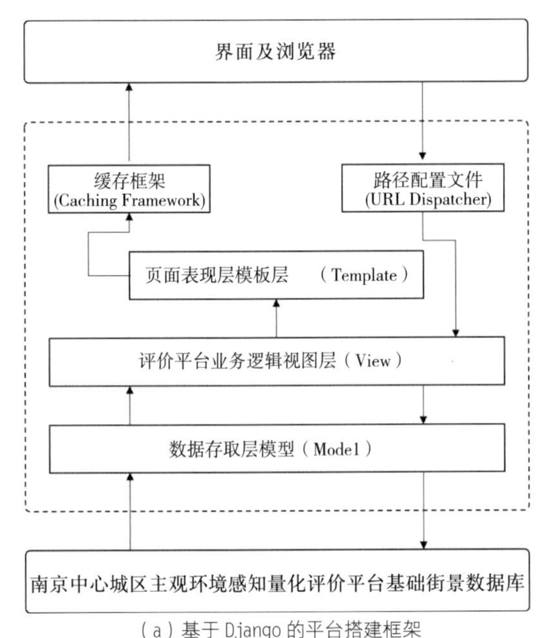

（a）基于 Django 的平台搭建框架

```
88  <body>
89      <div class="div1">
90
91          <!--跳转管理者用户界面，验证登录名和密码-->
92          <div class="title">
93              城市意象感知评价系统
94          </div><br>
95          <div class="subtitle">评价者输入自己的名字直接进入评价界面:</div>
96          <div class="subtitle">管理者输入用户名密码下载结果</div><br>
97
98          <form action="/login/" method="POST">
99              <div class="text_back">
100                 <span class="text">请填写姓名:</span>
101                 <input class="input" type="text" name="user_user" /><br />
102             </div>
103
104             <!--评价者用户名,函数中可以写判断是否重复-->
105             <input class="button" type="submit" value="评价者" />
106
107         </form>
108         <span class="msg"></span>
109         <br>
110         <span class="msg"></span>
111         <br>
112
113         <form action="/login/" method="POST">
114             <div class="text_back">
115                 <span class="text">用户名:</span>
116                 <!-- style="margin-left: 100px; " 管理者用户名: 密码: -->
117                 <input class="input" type="text" name="user_admin" /><br />
118             </div>
119             <div class="text_back">
120                 <span class="text">密码: </span>
121                 <input class="input" type="password" name="pwd" /><br />
122             </div>
123
124             <input class="button" type="submit" value="管理员" />
125         </form>
126
127         <br />
128     </div>
129 </body>
130
131 </html>
```

（b）主观环境感知量化评价平台部分搭建代码

图 5.5 基于 Django 的网站框架及平台搭建部分代码示意

行性和便捷性，本书选择了 HTML5[①] 和具有函数优先的，轻量级、可解释且可以即时编译的 JavaScript[②] 语言进行平台可视化交互环节的设置。

——数据存取与处理。主观环境感知量化评价结果的数据存取与处理，是整个平台搭建中的最后一个环节，其目的是实现人们对基于街景数据的环境量化感知评价结果的存取、调看，以及与所建构的南京中心城区街景数据库的关联和数据处理等功能。此处，主要借助 Python 3[③] 和 Anaconda[④] 工具进行数据存储及处理的系统逻辑编写，其主要包含了对无效数据的筛查，评价结果数据与南京中心城区街景数据的映射、关联及反馈，从而在人们完成随机的街景环境感知评价后，可以实时地将评价结果数据反馈并关联至街景数据库，为进一步的统计分析和在 GIS 中的感知结构分析完成基础数据准备。

① HTML5 是以网络中的 HTML 核心语言规范，在 HTML4 的基础上发展而来的，以构建及显示所搭建的网络平台内容的一种语言方式，其在本书研究中主要用于主观环境感知量化评价平台在 PC 端浏览器的可视化。

② JavaScript 是一种具有解释性的网络脚本语言，其主要目的是在 HTML5 的基础上，在主观环境感知量化评价平台中添加可交互的评价行为，并可以在手机移动端进行平台页面显示，从而实现平台在 PC 端和手机移动端的人机交互。

③ Python 是一种解释性的开放脚本语言，被广泛应用于网站开发、科学计算与统计、人工智能开发等方面。本书研究所使用的 Python 3 是结合了解释性、编译性、交互性的面向对象的语言。其语言工具包地址为：https://www.python.org/downloads/。

④ Anaconda 是一种开源的 Python 版本，其中包含了大量用于网站平台环境部署的软件工具包。

2）开源随机的个体量化评价

在完成主观环境感知量化评价平台的基础搭建后，基于该平台对南京中心城区街道环境的主观环境感知评价测度采用了开源和随机的方式进行，以弥补问卷调研及访谈形式在随机性和样本选择层面的不足。其中，开源性体现在对参试者的不受限层面。本书所搭建的平台通过网站对外发布，原则上任何个体均可以通过链接进入平台，对南京中心城区的街道环境进行主观感知评价（图 5.6）。但是，为了在后期分析时提升结果的可靠性和对研究的有效性，在评价初始页面设置了用户专业背景、年龄和性别三项属性标签，从而在对评价结果进行统计和初步分析时，对于年龄在 10 岁以下的评价数据进行单独分类存储。主观环境感知量化评价平台的随机性体现在对南京中心城区街景数据的调用层面。在人们对街景所反映的街道环境进行评价时，为避免人们对同一类或相似街道环境的集中评价，以及对于某一条街道不同街景照片的反复评价，本书所搭建的平台将人们评价的街景数据设置为随机调用模式，即平台所显示和提供给人们进行评价的街景数据是随机出现的。同时，由于本书对主观环境感知意象评价的原则延续了凯文・林奇及相关环境行为学领域的公众环境意象概念，因此，当一张街景图片被评价后，其不会二次出现，但一个街段中的其他未被评价的街景图片会随机出现并被不同的个体进行评价。

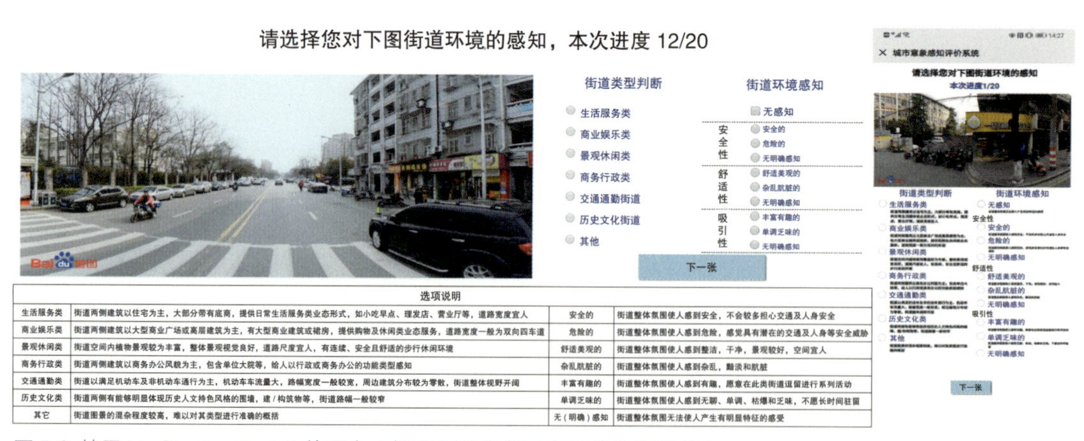

选项说明			
生活服务类	街道两侧建筑以住宅为主，大部分带有底商，提供日常生活服务类业态形式，如小吃早点、理发店、营业厅等，道路宽度宜人	安全的	街道整体氛围使人感到安全，不会较多担心交通及人身安全
商业娱乐类	街道两侧建筑以大型商业广场或高层建筑为主，有大型商业建筑或裙房，提供购物及休闲类业态服务，道路宽度一般为双向四车道	危险的	街道整体氛围使人感到危险，感觉具有潜在的交通及人身等安全威胁
景观休闲类	街道空间内植物景观较为丰富，整体景观视觉良好，道路尺度宜人，有连续、安全且舒适的步行休闲环境	舒适美观的	街道整体氛围使人感到整洁，干净，景观较好，空间宜人
商务行政类	街道两侧建筑以商务办公风貌为主，包含单位大院等，给人以行政或商务办公的功能类型感知	杂乱肮脏的	街道整体氛围使人感到杂乱，黯淡和肮脏
交通通勤类	街道以满足机动车及非机动车通行为主，机动车车流量大，路幅宽度一般较宽，周边建筑分布较为零散，街道整体视野开阔	丰富有趣的	街道整体氛围使人感到有趣，愿意在此类街道逗留进行系列活动
历史文化类	街道两侧有能够明显体现历史人文特色风格的围墙，建 / 构筑物等，街道路幅一般较窄	单调乏味的	街道整体氛围使人感到无聊、单调、枯燥和乏味，不愿长时间驻留
其它	街道图景的混杂程度较高，难以对其类型进行准确的概括	无（明确）感知	街道整体氛围无法使人产生有明显特征的感受

图 5.6 基于 html5、JavaScript 的平台人机交互评价窗口（PC 端及手机端）

3）数据统计与管理权限

前已述及，对于评价结果的数据统计，在主观环境感知量化评价平台搭建的过程中，本书已经将最终的评价结果数据与所采集的用于评价的南京中心城区街景源数据进行了关联和映射，因此，当人们完成对街道环境所对应的街景数据评价后，获得的评价结果数据将被分为两部分进行存储和统计。其中一部分为对平台所获得的主观环境感知评价结果数据的直接统计，以 CSV 文件格式进行统计和存储，可以在 SPSS 软件中进行直接的统计学层面的分析。另一部分则与南京中心城区的街景源数据进行反馈和关联，从而以一种数据“赋值”的形式与街景数据相关联，进而可以对应获得街景数据所具有的采集点坐标等属性信息，从而可以在 GIS 空间分析平台中对主观环境量化评价下的感知结构进行观察，并与前文的客观环境要素构成及客观表征结构特征，以及环境初级感知结果特征进行比对分析，探讨主观感知与客观环境的偏差特征，以及这种特征下的城市意象规律。

对于评价结果数据的管理权限，由于平台会自动地记录评价者的姓名、年龄和 IP 地址等信息，因此，为保证数据的隐私性，只有管理员或其他获得管理员用户权限及密钥的研究者才可以登录平台并查看数据。

5.1.3 主观环境感知量化评价平台支持下的主观环境感知解析流程

综上所述，根据本书所搭建的基于街景数据的主观环境感知量化评价平台与开展的线上问卷调研相结合的解析方法，此处对于南京中心城区街道的主观环境感知解析主要划分为主客观及人机交互的评价测度和测度结果数据的分析两个方面。

1）“人机交互”的主观环境感知评价测度

基于开源的主观环境感知量化评价平台，评价用户通过输入用户名即可进入平台对南京中心城区街道环境进行评价。在用户登录平台的过程中，对于用户的个人专业背景、主体属性等没有限制，因而在很大程度上保证了样本的随机性。当用户进入平台后，平台会从所搭建的街景数据库中每次随机地调用 20 张街景图片供参评用户进行评价。评价内容如上文所述，包含街道环境主导类型感知和主观环境感知评价两个方面。当参评用户完成一次 20 张的街景图片评价后，平台会自动记录参评者包括是否具有城乡规划学专业背景、年龄、性别在内的基础信息，以及其在平台中对相应街景图片的评价结果。同时，为进一步地理解人们对街道环境的主观感知结果，本书还进行了辅助的问卷调研。在此基础上，最终形成的主观环境感知评价结果，一方面会形成 CSV 格式的数据文件进行存储；另一方面，对于平台所获得的街景数据评价结果，会进一步地与街景源数据进行链接与反馈。

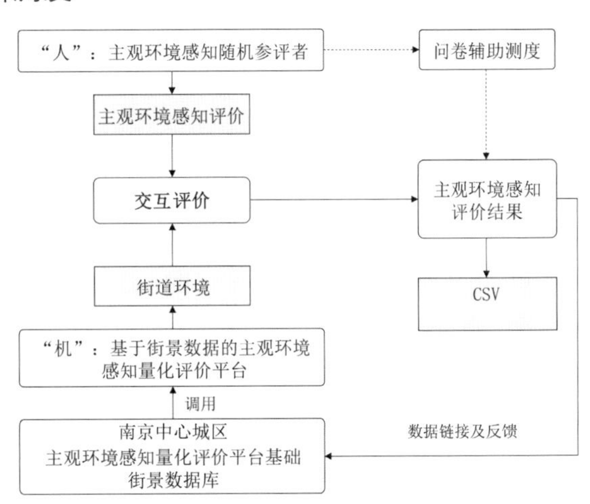

图 5.7 “人机交互”的主观环境感知评价测度

2）主观环境感知评价测度结果的统计及空间分析

根据南京中心城区街道主观环境感知评价测度结果，本书按照数据分析结果的导向形式，分别对测度结果进行空间分布结构分析和数据统计分析（图 5.8）。其中，对南京中心城区主观环境感知评价测度结果的数据统计分析主要基于 SPSSAU 软件进行[6]。在数据统计分析层面，本书首先对所测度的街道环境主导类型感知及街道主观环境感知评价两项量化结果的数据频数和各类型占比进行了初步统计，分析主观感知下南京中心城区客观街道环境在数据层面表现出的差异性，并与相关的街道环境客观构成要素及表征形式进行比较分析，探讨主观感知与客观环境之间的分异偏差特征。在空间分布结构层面，通过将主观环境感知量化评价平台的测度结果与南京中心城区街景源数据进行链接，进而将数据输入 GIS 空间分析平台中，通过路网映射和核密度分析，对南京中心城区街道环境主导感知类型分布特征及街道主观环境感知评价结构特征进行探讨。进而，在整体空间层面讨论主观环境感知的结构特征，尝试凝练出与凯文・林奇意象五元素在内涵层面相对应的意象感知空间形态要素。

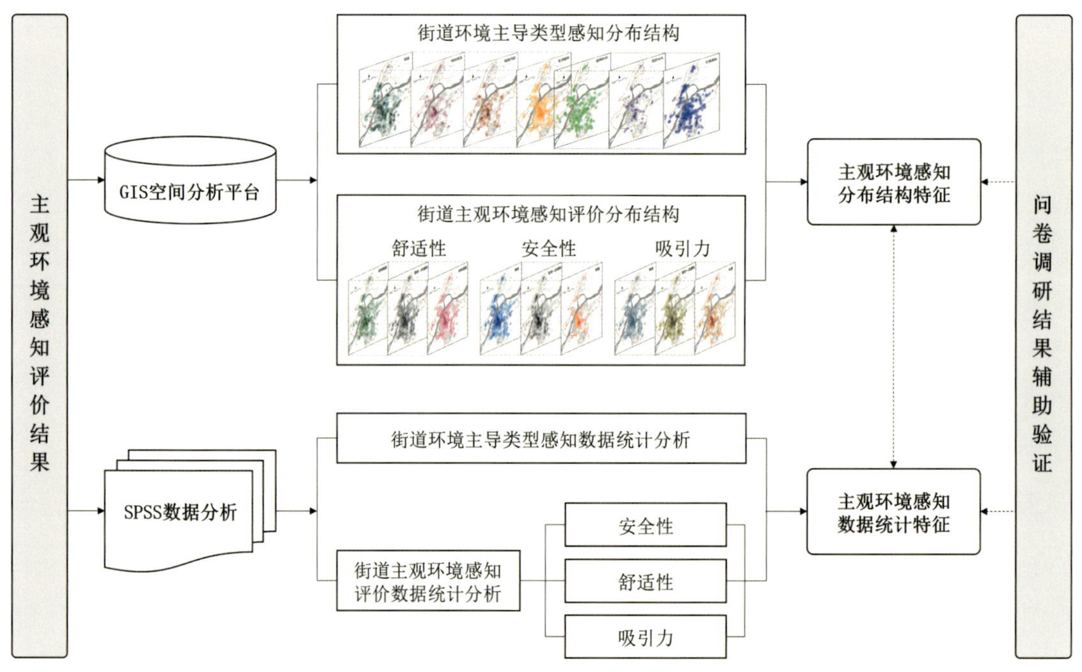

图 5.8 主观环境感知评价结果分析过程

在上述对主观环境感知评价结果分析的基础上，本书通过问卷调研对主观环境感知过程的规律和特征进行交互的验证分析。根据问卷调研结果，通过 SPSS 软件对主观环境感知过程中的因素进行了综合评分测算，进而分析主观环境感知过程中，街道环境中的客观表征及构成要素对主观感知的影响程度，以及主客观之间的相互作用关系。

5.2 街道环境类型认知特征

人们对于街道环境主导类型感知的判断，是在个体使用或者体验客观环境行为所具有的动机和需求驱动下，基于所观察到的街道环境客观表征，进而做出的与其行为相关联的类型判断。由此可见，街道环境主导类型在一方面可以被认为是街道环境的表现，是由街道建筑风貌、物质构成要素所决定的；另一方面，街道环境主导类型也可以被认为是人们环境行为动机和需求所导致的主观环境感知判断。对于第一方面，本书已在前文对街道环境的客观表征及客观表征影响下的初级感知进行了分析，此处主要针对个体主观导向下的街道环境主导类型感知进行分析，从而探讨城市意象中主观感知与客观环境的偏差特征。另外，基于前文所述，由于本书此处对于街道环境主导类型感知的分析是在公众环境意象语境下展开的，因此，研究结果并没有对不同个体属性所导致的不同感知结果进行分析，而是将所有参评者作为最本质的自然人来进行结果分析。

5.2.1 主客观正向关联的环境类型感知态势

由于本书所搭建的主观环境感知量化评价平台的基础设置，参评者所评价的街景图片是从 186 720 张南京中心城区主观评价基础街景数据库中随机调用的。因此，基于平台的主观环境类型感知判断在方法论层面属于抽样调查。经无效数据清洗、重复数据筛查后，本书共获得了 2 895 条有效评价数据，评价结果和评价数据的抽样比为 1.55%。根据统计学中对于抽样比的说明，当评价基础数据量超过 150 000 时，所对应的抽样比不应低于 1% 的要求[7]。因此，本书所获得的有效评价结果符合统计学对于抽样调查研究中抽样比的要求，表明结果数据具有有效性，所得到的评价数据对于反映南京中心城区街道环境的整体主观类型感知特征具有统计学层面的意义。

1）所有类型感知均呈非正态分布，主观类型感知与街道客观内涵正向关联

基于平台的评价结果，本书首先在 SPSS 软件中对结果数据的整体波动及分布特征进行分析。由于评价结果数据样本量超过了 50，因此采用 Kolmogorov-Smirnov（K-S）检验[8]对评价结果数据的整体分布态势和波动情况进行检验分析，判断结果数据统计值 P 是否在

整体数据统计层面具有显著性①。结果表明，南京中心城区街道环境主导类型感知的主观评价结果在 K-S 检验下其 P 值＜ 0.01，说明在主观环境感知中，南京中心城区的街道环境主导类型感知评价结果均呈现出非正态分布特征（表 5.3）。

表 5.3 街道环境主导类型感知评价结果正态性检验结果

样本量	标准差	偏度	峰度	Kolmogorov–Smirnov 检验		Shapro–Wilk 检验	
				统计量 D 值	P 值	统计量 W 值	P 值
2 895	2.470	−0.509	−1.503	0.287	0.000**	0.756	0.000**

注：** 表示数值后五位均为 0。

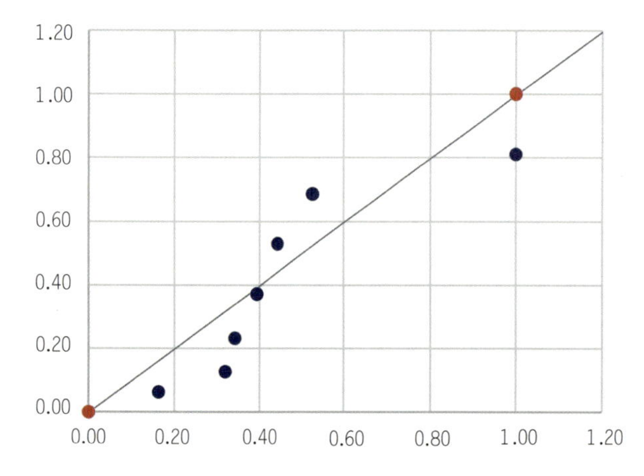

图 5.9 街道环境主导类型感知评价结果的数据统计分布态势

另外，根据表 5.3 中评价结果数据检验结果的偏度和峰度数值。虽然主观感知评价下南京中心城区街道环境主导类型感知呈现出非正态性的分布特征，但是各项类型感知评价结果的正态偏离程度并不高（图 5.9）。其中，评价结果数据的偏度系数（Skewness）为负数且小于 1。这表明，南京中心城区街道环境主导类型感知的评价结果总体上以负偏态分布态势为主，但偏离正态的情况并不显著，各项类型感知评价结果基本围绕正态分布中线上下摆动。同时，由于数据统计检验结果的峰度（Kurtosis）同样为负值，因此，评价结果的数据统计分布呈现出低阔峰的态势，即各类型感知的评价结果数据的频数趋向一定程度的分散态势，但整体分散程度并不高[9]。由此可见，一方面在南京中心城区街道环境主导类型的主观感知评价中，存在着某一类型分布明显高于其他类型的情况。另一方面，在主观感知评价下，南京中心城区内的各类型街道，其内部均存在一定的数据集聚分布态势，但各类型街道内部的数据集聚程度、评价结果的数据波动态势存在很大程度上的分异。

在街道环境主导类型感知评价数据整体统计特征分析结果的基础上，通过在 SPSS 软

① 对于采用 K-S 检验对数据正态分布性的分析而言，若其结果 P 值＞ 0.05，则说明数据结果在统计层面不具有显著性，即数据整体上呈正态分布特征。当 P 值＜ 0.05 或 0.01 时，说明数据具有统计层面的显著性，即数据在整体层面显现出非正态分布的特征。

件中进一步地对各类型感知的主观评价结果数据进行分项频数统计，进而分析南京中心城区街道类型的主观感知情况。如表 5.4 所示，生活服务类街道在人们对南京中心城区街道环境主导类型感知中占有47.53%的近半数比例，是南京中心城区中最主要的街道类型感知。商业娱乐和商务行政两类的主观评价结果基本一致，在总体类型感知中共占 10.19% 的比例。景观休闲类街道感知结果相对于前两者略高，南京中心城区中具有景观休闲类感知的街道占比为 8.22%。历史文化类街道的主观感知结果最少，仅占评价总数的2.18%。除此之外，值得注意的是，在一定程度上给人们以负面感知效应的交通通勤类街道，以及无法使人们产生明确感知导向的其他感知类街道，却具有仅次于生活服务类街道的感知比例，两者合计占比 31.88%。

表 5.4 各街道环境主导类型感知评价结果频数统计结果

主导类型感知	频数	占比	频数统计图示
生活服务类	1376	47.53%	
商业娱乐类	147	5.08%	
商务行政类	148	5.11%	
景观休闲类	238	8.22%	
历史文化类	63	2.18%	
交通通勤类	471	16.27%	
其他感知类	452	15.61%	

基于上述南京中心城区街道环境主导类型感知的评价结果，在主观环境感知层面可以得出两方面的推断结论。一方面，街道环境所反映出的功能内涵，对人们的主观环境感知具有重要的导向作用，且街道所具有的功能与人们的活动行为关联性或者交互性越强，人们对该类功能的感知程度越强。以街道环境的客观表征为基础，街道类型的主观感知结果很大程度上来源于主观动机与需求和客观环境内涵之间的契合度，即人们在城市中对街道环境的需求，与街道环境所提供的功能服务之间的满足关系。因此，生活服务类街道环境作为与人们日常活动行为高度关联的功能内涵，其相对而言更能够唤醒人们的主观感知。另一方面，街道环境的客观形式对人们的主观环境感知导向作用，相对要弱于街道环境的客观内涵，即人们对客观环境的主观感知更多的是受到环境所传递出的客观信息内涵的影响，而非街道环境的客观构成要素和物质要素的构成形式。对此，本书进一步结合问卷调研结果，对主观感知与客观环境之间的关系进行分析。

2）街道客观环境功能及活动对于主观环境感知的主导影响作用

根据上文对主观感知与街道类型之间关系的推断结论，本书围绕主观感知与客观环境之间的交互影响关系进行了辅助的问卷调研。本书共收集有效问卷数据 173 份，其中男、女性别占比 57.23% 和 42.77%；参评者中具有、不具有城乡规划学专业背景的各占 55.49% 和 44.51%；参评者年龄分布在 16~59 岁区间内。因此，问卷调研样本具有较为均衡的样本属性，所获得的问卷调研结果具有较好的代表性和有效性，进而在公众环境意象语境下分析主观感知与客观环境之间的相互作用和影响关系。

表 5.5 街道环境主导类型感知影响因素问卷结果统计

影响因素	因素评价计数	因素影响比例
街道两侧建筑	61	35.26%
街道设计形式	32	18.50%
街道景观设施	15	8.67%
街道活动行为	65	37.57%

在街道环境主导类型感知的影响因素层面，问卷基于街道环境的物质构成要素，从街道两侧建筑、街道设计形式[①]、街道景观设施及街道活动行为四个因素方面分析客观环境对主观感知的影响作用。问卷结果如表 5.5 所示，在人们对街道环境主导类型的感知过程中，街道两侧建筑因素和街道活动行为因素是人们感知并判别街道环境主导类型的两项关键因素，两者的影响比例合计高达 72.83%。相对于街道环境中的建筑和活动行为，更能够体现街道环境客观表征的街道设计形式和街道景观设施两项因素对街道环境主导类型的主观感知影响作用相对较小。其中，街道设计形式因素影响比例为 18.50%，而街道景观设施因素仅为 8.67%。根据此问卷调研结果，其一方面验证了上文给出的推断结论，即在街道环境主导类型感知方面，人们的主观感知结果主要受到街道环境氛围或意蕴，而非街道环境客观表征或构成要素的直接影响。另一方面，其也在一定程度上显现出主观环境感知层面的信息综合理解特征[②]。

基于上述问卷结果，本书进一步对影响人们主观环境类型感知判断的建筑属性进行了调查，并对调查结果进行了综合得分测算[③]，进而与南京中心城区街道环境的客观建筑风

① 街道设计形式包括街道中的机动车道、人行道占比，道路断面形式等。

② 主观环境感知的信息综合理解特征详见本书第 2 章第 2.3.2 节。

③ 根据问卷调研结果，主观环境感知下的街道环境客观构成要素和表征形式的序列，主要由各要素及表征的综合得分所决定。影响要素的综合得分是根据所有问卷参与者对要素对应选项的排序情况进行计算得出的，其计算公式为：要素综合得分＝（Σ 频数 × 权值）/ 问卷参与总人次（其中，权重由该要素对应选项被排列的位置决定，第一计 3 分，第二计 2 分，依次类推），综合得分越高，则表明该物质要素或表征对人们的主观环境感知的影响程度越高。

貌识别结果相呼应，分析主观感知与客观环境之间的偏差现象及作用关系。由于街道活动行为与环境类型感知具有较明确的直接指向性，并且街道活动的行为类型与本书研究主线并不存在较强的联系。因而，此处不再对街道环境的活动行为进行详细的剖析。

表 5.6 影响街道环境主导类型感知判断的建筑属性问卷结果统计

影响街道环境主导类型感知判断的建筑属性	综合计分
街道两侧建筑的功能风貌	4.57
街道两侧建筑的立面形式	4.54
街道两侧建筑的立面色彩	3.87
街道两侧建筑的视觉观察通透性	3.58
街道两侧建筑的可进入及可互动性	3.42
其他	0.03

如表 5.6 所示，对人们街道环境主导类型感知具有主要影响作用的建筑属性为功能风貌和立面形式，其感知影响的综合计分分别为 4.57 和 4.54，两者对人们街道环境主导类型感知的影响作用相近。其中，建筑的功能风貌使人们通过观察街道环境，拾取街道环境中的建筑风貌表征信息，可以对街道环境的主导类型进行初步的感知判别。而街道两侧建筑的立面形式，则是在街道环境建筑风貌客观表征的基础上，对街道环境主导类型的进一步感知深化及确认。在很大程度上，街道环境中具有主导地位的建筑功能风貌与建筑立面形式是相互紧密关联，并共同作用于人们的主观环境感知。以南京中心城区街道环境主导类型感知占比最高的生活服务类街道为例，在此类街道环境中，两侧的建筑风貌通常以居住类为主，进而由于居住类建筑所具有的底层商业等立面形式，以及可互动的建筑沿街界面，最终共同作用于人们的感知，使人们产生生活服务类的类型感知判断。

5.2.2 主客观偏差驱动的环境类型感知结构

在对南京中心城区街道环境主导类型感知结果统计及数据特征分析的基础上，通过将主观感知的评价数据关联至主观评价街景数据库中的源数据，借助 GIS 平台的相关空间分析功能，将带有主观类型感知评价结果标签的街景数据映射至对应的街道，进而对主观类型感知评价街景点数据进行核密度和等值线分析，在南京中心城区整体空间层面探寻街道环境主导类型感知结果的结构特征和结构元素。

1）环境类型感知结构的集聚分布模式及偏差效应

环境类型感知结构的集聚效应及核心，在整体空间结构中体现为主观类型感知点在一

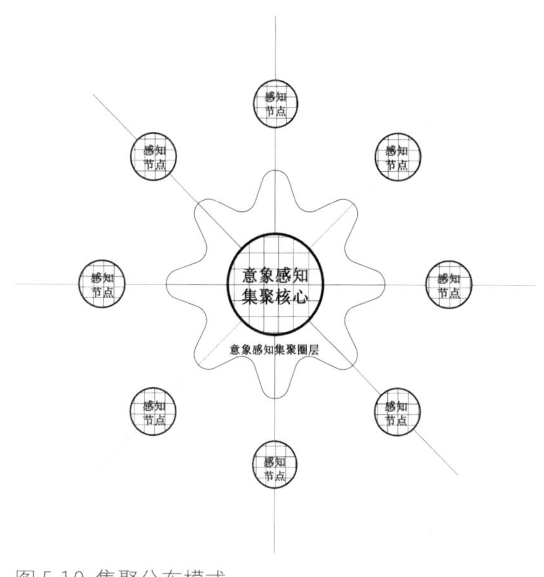

图 5.10 集聚分布模式

定尺度范围内的高度集中，以及沿集聚核心向外的圈层递减特征。同时，具有集聚效应的感知核心或斑块，其彼此之间大部分存在隔断（图 5.10）。在南京中心城区街道环境主导类型感知层面，具有较强集聚效应的感知核心和节点主要体现在商业娱乐、商务行政、历史文化类街道的感知结构中（图 5.11）。另外，交通通勤类街道的感知结构，虽然在整体空间层面也显示出一定的感知集聚特征，但根据感知集聚区域的范围和结构形式，其更加偏向于一个有较高感知结果分布的廊道或者区域。

对于商业娱乐和商务行政两类街道而言，两者的感知结构与感知数据统计一样存在相似的特征。在南京中心城区整体层面，人们对于商业娱乐类和商务行政类街道的主观感知均集聚分布在新街口—大行宫中心区 [10] 和鼓楼湖南路范围内。这些感知集聚区域一方面均为南京中心城区内 CBD 或传统商业商务功能区域，与街道环境的建筑风貌客观表征存在较大程度上的对应关联。另一方面，上述商业娱乐和商务行政类型的感知集聚区域，在很大程度上也与人们脱离客观环境的认知意象中的南京城市中相对应。需要指出的是，在主观类型感知与建筑风貌客观表征的关联层面，虽然两者之间在集聚核心的分布区域具有一定的对应关系，但是商业娱乐和商务行政类的感知结构，相对于其建筑风貌的客观表征而言，其结构层面的集聚效应更加明显，且两者存在一定的主客观偏差。通过比对商业娱乐和商务行政类的感知结构，与对应的建筑风貌客观表征分布特征①，在商业娱乐类街道感知方面，新街口—大行宫和湖南路范围的感知核心，相对于商业建筑的分布特征而言，其集聚程度更加显著。同时，新街口—大行宫的高集聚范围在主观感知中出现了向南扩展，并融合了南京老城南北侧的部分区域，而街道客观表征中的商业建筑风貌在此区域分布集聚程度却相对较低。然而，作为客观商业建筑风貌表征集聚中心的龙江区域，在主观类型感知中的集聚程度则相对较低。同样，商务娱乐类街道的主观类型感知与客观建筑风貌表征之间也具有相同的偏差特征，并且相对于客观的商务建筑风貌表征分布而言，商务行政类主观感知结构的集聚趋势更加显著，除新街口—大行宫集聚核心外，还在河西

① 南京中心城区建筑风貌客观表征的分布特征详见本书第 3 章第 3.4.2 节。

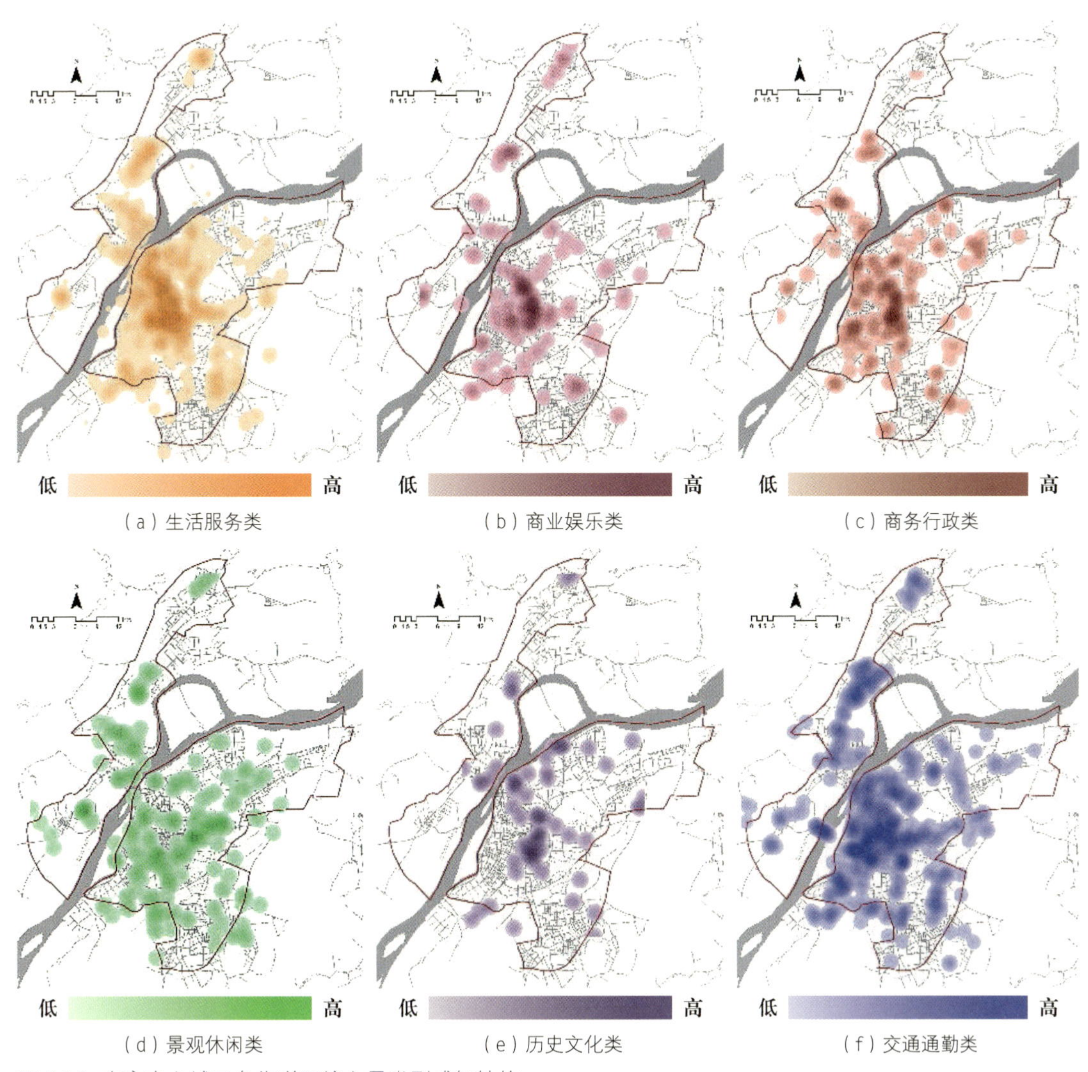

（a）生活服务类　（b）商业娱乐类　（c）商务行政类

（d）景观休闲类　（e）历史文化类　（f）交通通勤类

图 5.11　南京中心城区各街道环境主导类型感知结构

奥体 CBD、仙林中心等区域形成了感知集聚中心，与客观的商务建筑风貌的分布存在一定的偏差。

与商业娱乐类和商务行政类的感知结构特征类似，南京中心城区的历史文化类的感知结构也具有较强的集聚特征。同时，其主观感知与客观历史建筑风貌的分布特征也同样存在着较大的偏差。在主观类型感知层面，其集聚核心主要为南京老城南历史文化风貌区、长江路、鸡鸣寺—四牌楼区域、阅江楼区域、燕子矶古镇区域。其中，除老城南历史文化风貌区与客观的历史建筑风貌分布相对应外，其他区域在客观历史建筑风貌层面均未出现与主观感知对等的集聚特征。

2）环境类型感知结构的弥散分布模式及偏差效应

环境类型感知结构的弥散分布模式是指主观环境感知结果在整体空间层面的均态分布特征，以及在空间分布层面表现出的大范围弥散链接和弱集聚的结构特征，即主观感知结果的整体空间分布不存在明显的感知断点，整体感知结构连续且分布相对均衡，也不存在显著的高度集聚核心（图 5.12）。如图 5.11 所示，南京中心城区街道环境主导类型感知的弥散区域分布特征，主要体现在生活服务和交通通勤两类街道的感知结构中。

在生活服务类街道环境主观感知层面，其感知结构具有双层级弥散分布特征。其中，具有较高感知的弥散区域分布在新街口—大行宫中心区域内，并沿中山路—中山北路向西北方向弥散延伸。通过与建筑风貌客观表征的识别结果进行比对后发现，此层级区域内的建筑风貌以居住类为主，并且绝大多数为老旧小区。基于进一步的现场调研结果，在该层级区域内的街道环境，其两侧的街道界面 1~3 层基本为中低端业态，如小型超市、便利店、餐馆、理发店、早餐店等组成的底层商业，而 3 层以上则为临街的居住建筑。而生活服务类的感知结构的第二层级则基本覆盖了南京中心城区的建成范围，其中虽然镶嵌地分布着个别高感知区域，但第二层级在整体上分布相对更加均衡。另外，根据表 5.6 所示，街道两侧建筑的功能风貌对人们环境类型的感知具有显著影响作用。通过比较与生活服务类感知相关的南京中心城区居住类建筑风貌空间分布特征后发现，除主观环境类型感知结果在个别区域的集中程度要高于居住类的建筑风貌表征外，两者的总体分布结构基本一致。因此，在南京中心城区内，生活服务类街道的感知结构，一方面体现了建筑风貌客观环境表征对主观环境感知的直接导向作用；另一方面也反映出客观环境表征和个体需求动机驱动下的交互及感知强化效应。

相对于生活服务类街道的感知结构而言，交通通勤类的主观感知空间分布态势则表现出总体弥散分布与小范围集聚分布的嵌合特征，即在具有感知弥散分布的第一层级，其范围相对而言更加集中，弥散分布的边界更加紧缩。如图 5.11 所示，南京中心城区具有较高主观感知的交通通勤类街道环境主要分布在虎踞南路和应天大街范围内，其构成了具有较高主观类型感知程度的第一弥散分布层级。基于对应客观环境构成要素的识别结果，具有较高交通通勤类主观感知的街道环境，其内部的机动车道、小型汽车、路灯、告示牌等交通设施要素在整体街道环境图幅中占据主导比例。而对于交通通勤类街道的主观感知的第二弥散分布层级而言，相关街道所对应的街景中虽然机动车道占比、机动车数量并不占据主导地位，但是由于街道环境两侧的建筑功能、植物景观等均未显现出特定的感知导向，因而使得人们在街道环境主导类型感知过程中，一定程度上放大了机动车等交通要素的感知导向效应，从而造成交通通勤类的主观感知范围和程度，高于小型汽车、机动车道等环境构成要素的客观分布程度，导致主观感知与客观环境的偏差。

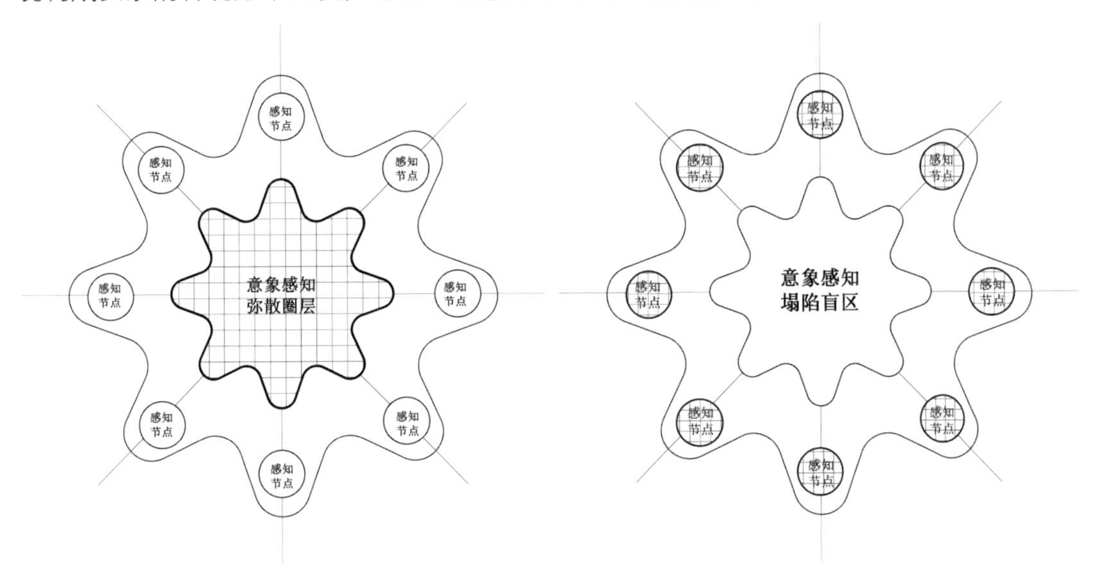

图 5.12 弥散分布模式

图 5.13 塌陷分布模式

3）环境类型感知结构的塌陷分布模式及偏差效应

环境类型感知结构的塌陷分布模式表现为无感知的“盲区”在整体主观感知结构中的嵌入分布特征（图 5.13）。如图 5.11 所示，此类分布模式主要体现在景观休闲类的感知结构中。在南京中心城区范围内，具有景观休闲类主观感知的街道环境，整体上呈现出较为均质的分布特征。但是，在整体均质化分布的基础上，景观休闲类街道环境的主观感知结果在新街口中心区、新模范马路—南瑞路周边范围、雨花西路，以及绕城路和内环线围合范围内呈现了无感知的盲区。由于上述感知盲区周围均存在一定的感知分布，因此在整体感知结构层面显现出被包围的中心塌陷分布特征。在人们的主观环境感知过程中，其对于景观休闲类的感知在很大程度上会受到这种“有、无”反复切换的分布态势影响，从而在一定程度上对人们的环境感知存在由明显视觉观察对比差异性[①]而带来的感知导向效应，并导致了主观环境感知与客观环境表征之间的偏差。这种视角感知的差异导向效应对人们环境类型感知的影响是双向的，即当人们从具有较多景观植被等要素构成的街道环境，进入景观要素构成相对较少的街道环境时，由于视觉感官的明显落差，后者往往成为无感知的“盲区”，反之亦然。

① 视觉差异性及其对主观环境感知的影响效应详见本书第 2 章 2.1.3 节。

5.3 街道场景氛围认知特征

街道环境场景的主观感知是指人们对其所处外部环境的直观感觉，以及基于直观感觉信息传递的主观知觉分析。相对于街道环境类型的主观感知评价而言，基于街道的环境场景主观感知评价在内涵上更加感性，个体自身的需求、动机以及信息理解的方式对感知结果的影响更加显著，客观环境构成要素及表征形式对主观感知的影响作用更加综合和深层化[11]。前已述及，本书对南京中心城区主观环境感知研究的前提是公众环境意象概念。因此，在主观环境感知量化评价平台量化测度结果的基础上，本节主要在南京中心城区整体环境层面，对主观量化感知的评价数据结果进行分析。另外，不同于街道环境类型感知评价主要受到街道两侧建筑及建筑功能的影响，其客观环境影响主观感知的关系较为简单和直接。在主观环境场景感知层面，对客观环境信息的综合理解特征，使得客观环境构成要素及表征形式理论上均会对人们的主观感知产生影响。对此，本书在对主观环境感知评价结果分析的基础上，进一步地将各类主观感知结果与对应的客观环境表征进行关联，从而探讨主观感知与客观环境的偏差关系。

5.3.1 负面评价主导的主观场景感知态势

根据主观环境感知量化评价平台的测度结果，主观场景感知在安全性、舒适性和吸引力三个评价指标方面均获得 2 895 条有效数据。在此基础上，为归纳总结南京中心城区整体街道环境层面的主观感知评价态势，本书通过 SPSS 软件对各项主观场景感知指标的评价结果数据进行了分类频数统计汇总和相关数据检验，从而在整体层面对南京中心城区街道环境的主观场景感知态势进行总结。

1）非正态分布的数据波动特征

由于主观环境感知的各项指标评价数据样本量均超过了 50 条，因此对主观环境感知数据的样本正态性检验，同样采用了 Kolmogorov-Smirnov（K-S）方法对南京中心城区街道环境在安全性、舒适性和吸引力三项指标的主观环境感知评价数据样本的分布态势进行了分析。结果表明，上述三项指标对应的主观环境感知评价数据样本，在 K-S 检验结果中的显著性 P 值均小于 0.01（表 5.7）。这意味着，在主观环境感知层面，安全性、舒适性和吸引力三项主观环境感知评价指标的结果样本均呈现出显著性特征（$P < 0.05$），即三项主观环境感知评价指标的结果数据均不具有正态性的样本统计分布波动特征。

表 5.7 南京中心城区各主观环境感知评价结果数据波动特征

感知名称	标准差	偏度	峰度	Kolmogorov–Smirnov 检验		Shapro–Wilk 检验	
				统计量 D 值	P 值	统计量 W 值	P 值
安全性	0.696	0.004	−0.936	0.258	0.000**	0.806	0.000**
舒适性	0.806	−0.026	−1.460	0.221	0.000**	0.797	0.000**
吸引力	0.706	−0.142	−0.989	0.253	0.000**	0.805	0.000**

注：** 表示数值后五位均为 0。

进一步观察表中各项主观环境感知评价指标的偏度系数（Skewness）和峰度系数（Kurtosis）可以发现，除安全性感知结果呈现正偏态分布态势外，舒适性和吸引力两项指标的主观环境感知评价结果均呈现负偏态特征。另外，由于三项指标的峰度均为负值，表明三项指标的主观环境感知评价结果数据的波动较为平缓。其中，安全性和吸引力两项指标的数据波动态势较为相似，且负向峰度值相对较小。因此，其数据所呈现的“平顶峰”分布态势，要高于舒适性的数据波动态势（图 5.14）。同时，主观环境感知评价结果在安全性、舒适性和吸引力三项指标层面的数据分布态势，在很大程度上与街道环境初级感知相关测度指标数据统计特征具有较强的相似性。相对而言，环境初级感知由于受到客观环境构成要素及表征非均衡分布的效应影响，使得其在整体指标结果数据分布态势层面的波动幅度更加剧烈，其数据的峰度系数和偏度系数均高于主观环境感知的数据特征。主观环境感知与环境初级感知在数据分布态势上呈现的相似与分异共存的特征，既反映了客观环境逐步影响、进阶并对主观环境感知进行导向的相互作用关系，同时也体现了人们的主观环境感知对客观环境信息的综合知觉分析及理解的特征。

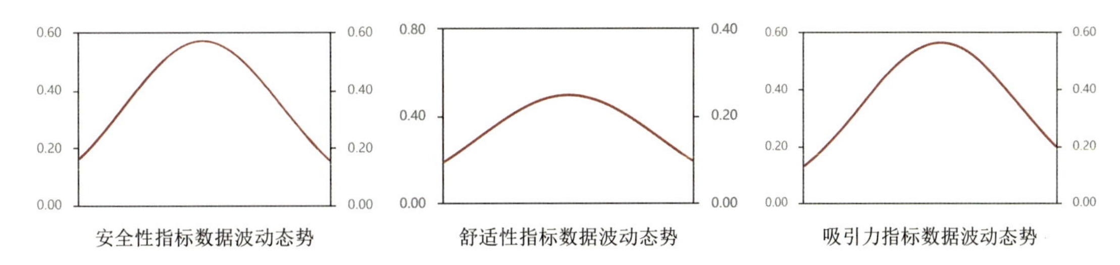

图 5.14 主观环境感知数据样本波动态势

2）负面感知主导的数据分布特征

在对主观环境感知评价的结果进行基础数据检验的基础上，进一步在 SPSS 数据分析软件中对安全性、舒适性和吸引力三项主观环境感知指标的评价结果，按照其各自对应的感知标签进行了基础性的频数和感知占比统计（表 5.8）。

表 5.8 南京中心城区各主观环境感知评价结果频数统计

感知名称	感知标签	频数	占比	频数统计图示
安全性	环境安全	1492	51.54%	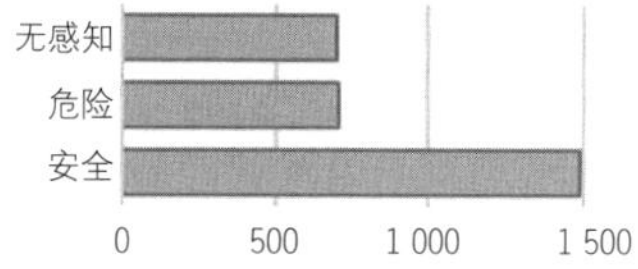 无感知 危险 安全 0 500 1 000 1 500
	环境危险	706	24.39%	
	无明确感知	697	24.07%	
舒适性	舒适美观	961	33.20%	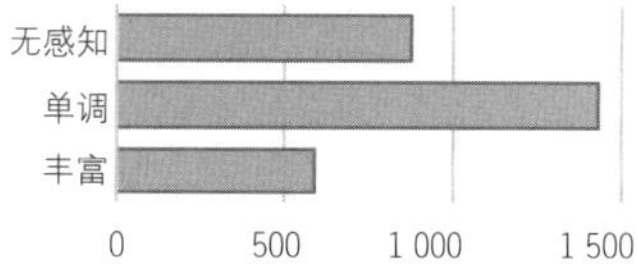 无感知 单调 丰富 0 500 1 000 1 500
	杂乱肮脏	1014	35.02%	
	无明确感知	920	31.78%	
吸引力	丰富有趣	591	20.41%	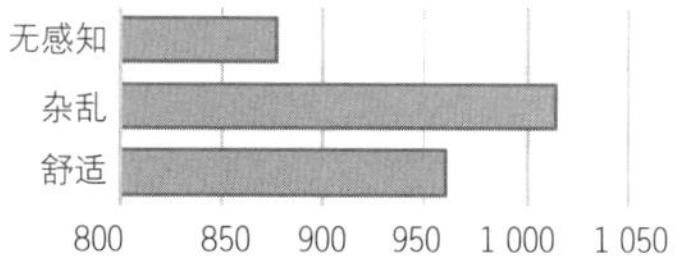 无感知 杂乱 舒适 800 850 900 950 1 000 1 050
	单调乏味	1426	49.26%	
	无明确感知	878	30.33%	

如表 5.8 所示，人们对于街道环境的主观环境感知评价数据分布态势表明，在南京中心城区范围内，除安全性方面的主观环境感知以正面评价主导外，舒适性和吸引力的主观环境感知评价结果均由负面评价主导。在街道环境安全性感知层面，南京中心城区范围内有 51.54% 的超半数街道环境能够使人们感知安全。这一正向的主观环境感知评价，在舒适性和吸引力方面仅各占 33.20% 和 20.41%。其中，在街道环境舒适性感知层面，使人们感到舒适美观、杂乱肮脏的街道环境在比例上较为相近。考虑到舒适性评价数据呈现的非正态性分布特征，这一评价结果的比例特征，在很大程度上反映了具有较好或较差舒适性感知特征的街道环境在南京中心城区非均衡的分布态势，即可能存在部分区域舒适性感知普遍较高，而部分区域具有较差舒适性感知的街道集聚分布的交错特征。相对于正面评价主导的安全性评价结果及正负面评价相近的舒适性评价结果，人们对于南京中心城区街道环境吸引力的主观环境感知，则完全由“单调乏味”的负面评价主导，负面评价街道在吸引力感知方面占到了 49.26% 的近半数比例。进一步结合问卷调研中人们主观环境感知在安全性、舒适性和吸引力三个方面的重要程度计分结果（表 5.9）可知，安全性的重要程度计分最高，反映了其作为马斯洛需求层次理论中基础生理需求指标的特征；而舒适性和吸引力作为人们主观环境感知中更加高级的审美和认知需求[12]，两者对人们影响的重要程度较为类似，其综合计分结果仅相差 0.04。

综上所述，虽然人们对南京中心城区街道环境具有积极的安全性感知评价，但由于安全性指标本身具有的基础性、生理性的属性，因此其在城市意象感知层面所反映的更多是人们对于客观环境的“底线”感知，即在前文所述环境初级生理感知基础上的延续和进阶。相对而言，在主观环境感知层面，舒适性和吸引力两项指标的强主观性、情绪性以及个体价值判断对主观环境感知评价结果的影响更显著。而由于这两项指标的评价结果均相对消极，因此可以推断出南京中心城区的街道环境整体上以负面感知意象为主。另外，值得注意的是，在安全性、舒适性和吸引力三项指标中，均存在较高比例的“无明确感知”评价结果，而这些“无明确感知”的评价结果构成了主观环境感知中的意象盲区。

表 5.9 南京中心城区各主观环境感知标签重要性统计

感知标签	安全性	舒适性	吸引力
感知综合计分	3.83	3.25	3.29

5.3.2 个体需求和动机驱动下的主观场景感知结构

基于平台感知评价结果，将主观场景感知评价结果对应的数据点与街景数据库进行链接，获取各评价指标结果数据点对应的街景数据坐标，并在 GIS 平台中与南京中心城区的基础空间矢量数据进行关联和核密度等空间分析。在南京中心城区范围内，人们对街道环境安全性、舒适性和吸引力的主观感知在整体空间层面均呈现出一定的正负面评价结果交错分布，无明确感知的意象盲区穿插嵌合的结构特征。在此基础上，进一步与客观环境的构成要素及表征的分布结构，以及环境初级感知的分布特征进行关联分析。结果表明，客观环境表征、环境初级感知与主观环境感知三者之间既存在由于客观环境对主观感知的导向性，而在结构层面具有的延续和进阶特征，也存在主观需求和动机驱动下，主观感知结构与前两者的分异和偏差现象。

1）安全性：中心集聚交错分布，与环境初级感知和街道客观环境表征偏差显著

如图 5.15 所示，在南京中心城区范围内环境安全、危险以及无明确感知的街道环境在整体分布结构方面存在相互交错和重叠分布的特征。此处，本书将无明确感知的街道环境理解为人们无法产生明确街道环境感知的意象盲区①。如前文所述，此类无明确感知的街道环境在一定程度上代表着意象感知的“塌陷”区域，即主观环境感知的空缺区域。在

① 此处无明确感知的街道环境存在两种情况：一种为街道环境的信息过少，无法唤醒人们的感知；另一种为街道环境的信息过载，导致人们无法做出明确的感知判断。而上述两者情况在主观环境感知中，其结果均表现为感知的空缺，因而将其视为“意象盲区”。

南京中心城区内，人们普遍感到安全的街道环境主要集聚分布在江南老城中心范围内，以及江北新区中心区、大厂和六合区老城中心范围内，并呈现出由高感知集聚核心内部向外逐级递减的态势，其主要感知集聚核心分布在新街口、鼓楼、北京西路、云锦路范围内。而南京中心城内人们感到危险的街道环境，同样也在江南老城范围内具有较高的分布态势，其集聚的核心出现在具有较高环境安全性感知的新街口和云锦路的中间地带，主要沿内环西线向南北两端延伸。相对于安全和危险的环境感知分布态势，南京中心城区内无明确感知的街道环境与上述两者存在较高程度的重叠，并与上述两者在老城中心区范围内形成各自集聚并相互交错的分布特征。南京中心城区街道环境安全性感知方面的“盲区”中心主要分布在察哈尔路和中山北路交会的周边区域内。

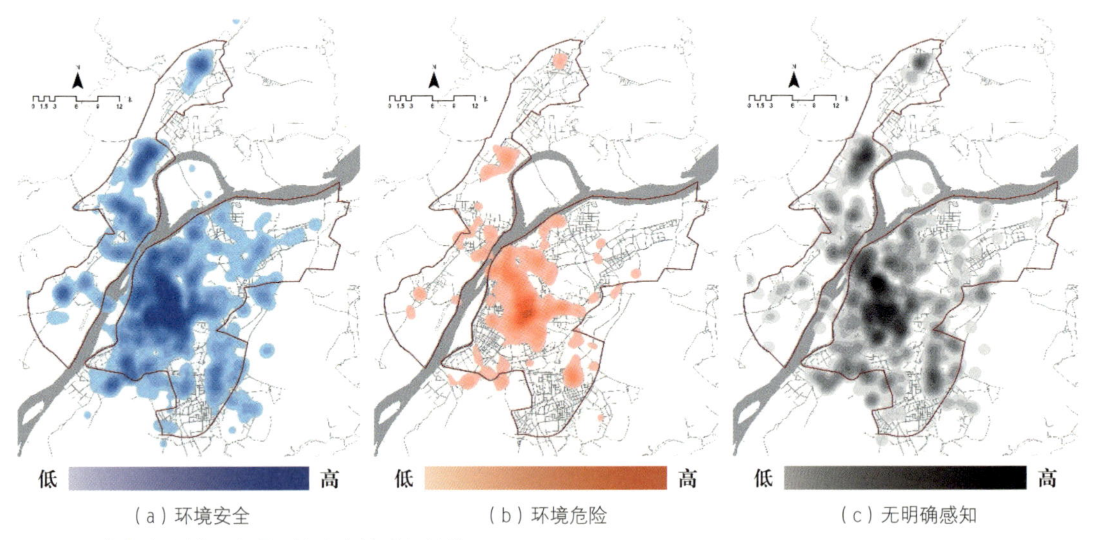

（a）环境安全　（b）环境危险　（c）无明确感知

图 5.15 南京中心城区主观环境安全性感知结构

根据南京中心城区的主观环境安全性感知结构，其在分布特征层面与环境初级感知中的安全性感知结构，以及客观环境表征中相对应的要素分布态势均表现出了较大程度上的偏差特征。根据环境初级感知中的生理性安全感知的解析结果[①]，南京中心城内具有较高安全性环境初级感知的街道主要分布在包括新街口—大行宫区域、老城南夫子庙区域、河西奥体中心区域、省政府颐和路公馆区等四个主要集聚核心。而在主观环境安全性感知中，仅有新街口—大行宫区域、省政府颐和路公馆区两个区域与环境初级感知的测度结果相对应，而其余几个环境初级感知层面的集聚核心在主观环境感知层面则分布在危险性或无明

① 环境初级生理安全性感知的详细测度结果详见本书第 4 章 4.2.1 节。

确感知的范围内。同样，主观环境安全性的感知结果，与客观环境中对安全性具有影响的要素分布态势也存在显著的分异特征。例如，对安全性具有负面影响效应的小型汽车，其在南京中心城区内的分布态势，与主观环境感知的结果在一定程度上是相互对立的。基于此，可以明显发现个体自身动机和需求驱动下的主观环境感知与客观环境表征，以及基于客观环境的环境初级感知在结果层面的偏差特征。对于这种偏差特征，后文将主观环境感知的结果与客观环境表征相关联，进一步分析客观环境构成要素及表征形式对人们主观环境感知的影响作用。

2）舒适性：均衡交织分布，与街道客观环境表征及初级感知对应及偏差并存

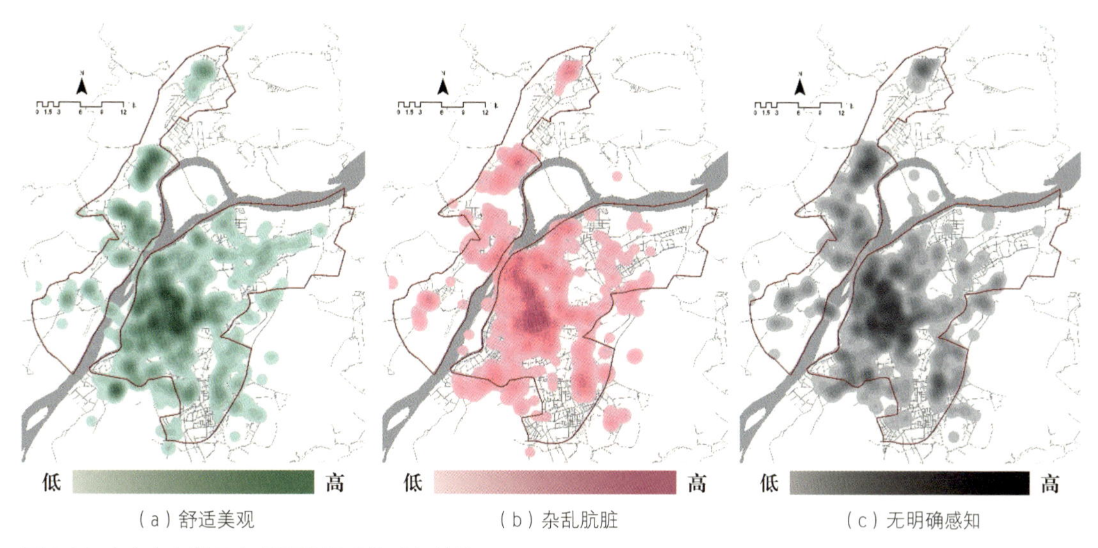

（a）舒适美观　（b）杂乱肮脏　（c）无明确感知

图 5.16 南京中心城区主观环境舒适性感知结构

根据舒适性主观感知评价结果数据正态性分布检验结果可知，由于其峰度系数和偏度系数均相对较小，因此整体评价结果数据的波动态势较为均衡和平缓。南京中心城区主观环境舒适性感知结构与其数据统计的分布态势相对应，整体上呈现出不同舒适性主观评价结果的均衡交错分布结构（图 5.16）。其中，具有“舒适美观”的主观环境感知街道在整体空间层面表现出“串珠式”的较为均衡的分布特征。在南京中心城区范围内，虽然整体上不存在高度集聚的“舒适美观”的主观感知区域，但每隔一段距离就会显现出一个具有较好舒适性感知的节点，并相互组成了起伏分布的“串珠式”结构特征。相对于“舒适美观”的主观感知评价分布特征，“杂乱肮脏”的感知结构在整体上也呈现出全覆盖的较为均质的态势，但相对而言其在新街口—珠江路周边区域范围内表现出一定程度的集聚特征。

而作为“意象盲区”的无明确舒适性感知的街道环境，一方面其与“舒适美观”和“杂乱肮脏”的感知结果相互交织地分布在老城中心区范围内；另一方面，则主要集中在“舒适美观”不同感知节点之间的“断点”区域。

根据南京中心城区主观环境舒适性的感知分布特征，其与环境初级感知中的环境色彩氛围感知、环境景观性感知，以及与街道客观环境表征中的相关景观性要素在结果层面存在对应与偏差共存的两种情况。其中，主观舒适性感知结果，与环境初级感知和客观环境表征的对应关系较为明显。在南京中心城区范围内，环境绿视指标、环境开敞指标和景观可视指标的低值分布区域，环境色彩氛围复杂度的高值分布区域、色彩氛围舒适度的低值分布区域，与主观舒适性感知中具有“杂乱肮脏”感知评价的区域范围基本一致，均主要集中在江南老城中心区范围内。另外，小型汽车、非机动车等要素在老城中心区范围内的集中分布，在一定程度上也加剧了人们所观察和拾取街道环境的信息载荷，使得人们感到环境要素过于复杂，进而强化了人们对于相应区域“杂乱肮脏”的主观环境感知。而上述三者的偏差关系，则主要是由环境初级感知与客观环境构成要素之间的偏差效应导致的。例如，在南京中心城区内具有“舒适美观”感知评价的中山路、长江路等街道，虽然其整体街道环境要素构成及色彩氛围较为复杂，天空可视域也相对较低，但是街道景观要素占比较多，街道整体色彩氛围舒适度感知较好，使得人们最终产生“舒适美观”的主观感知结果。主观环境舒适性感知，与环境初级感知结果和客观环境表征的对应及偏差关系，一方面体现了街道环境客观信息经由视觉刺激和特征效应，对人们主观环境感知的导向作用；另一方面，其也反映出在主观环境感知阶段，人们对于街道环境客观信息的主观能动选择，以及动机和需求驱动下的知觉综合理解特征。

3）吸引力：集聚并均衡融合分布，与环境氛围初级心理感知结果高度对应关联

在南京中心城区主观环境吸引力感知结构方面，具有“丰富有趣”的主观感知评价的街道环境在南京中心城区范围内呈现出集聚分布的态势（图 5.17）。其感知集聚的核心主要集中在新街口—大行宫、珠江路—鼓楼、湖南路—山西路的区域范围内。使人们感到“单调乏味”的街道环境，则在整体空间层面呈现出一定的均衡分布特征，并在燕山路 - 水西门大街范围内呈现出一定程度的集聚态势，但集聚程度相对“丰富有趣”的感知区域较低。同时，根据“丰富有趣”和“单调乏味”两类街道环境吸引力感知的空间分布结构，具有“单调乏味”主观感知评价的街道环境与具有“丰富有趣”主观感知评价的街道环境，在南京中心城区整体空间层面呈现出紧邻分布的态势。这表明，在人们对南京中心城区街道环境吸引力的主观感知过程中，存在由“丰富有趣”到“单调乏味”的“断崖式”切换特

征。这一特征所变现出的客观环境特征的快速转变，以及由这种快速转变而带来的视觉差异性，会对人们的主观感知产生强化的导向效应。相对于上述两类主观环境吸引力的感知特征，吸引力层面的无明确感知呈现出更加均衡的分布态势。

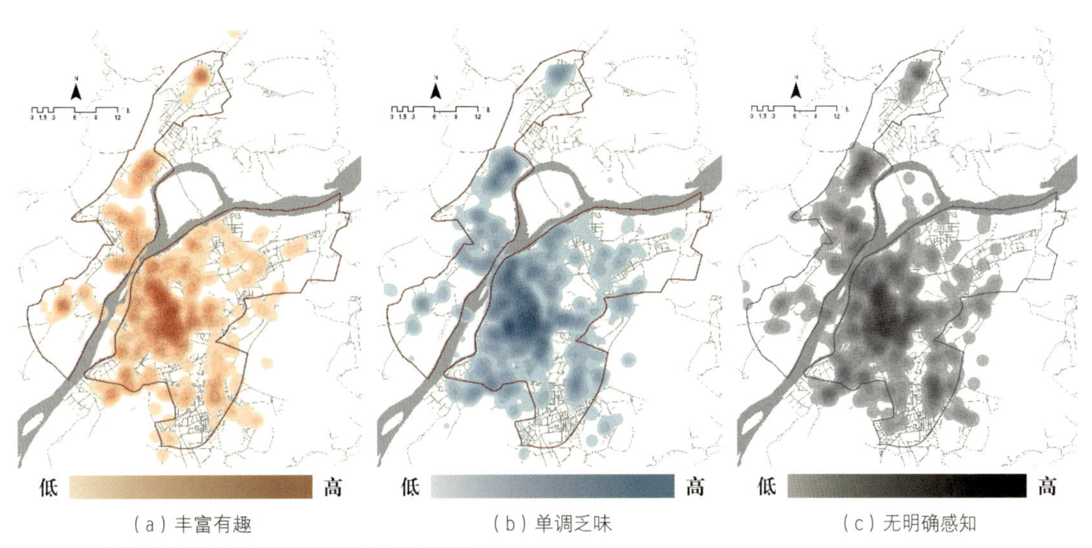

（a）丰富有趣　（b）单调乏味　（c）无明确感知

图 5.17 南京中心城区主观环境吸引力感知结构

基于南京中心城区街道环境主观吸引力感知的分布结构特征，通过将其与环境初级感知中相关的色彩氛围感知结构，以及社交氛围感知结构进行联系比较后发现，街道环境主观吸引力的感知结果与环境色彩氛围、环境社交氛围感知具有较高的内在对应关系。其中，人们感到“丰富有趣”的街道环境集聚范围，与社交氛围感知中的人群活力集聚度和街道界面积极度的高值分布范围基本一致。同时，其也与色彩氛围复杂度感知的中间值区间分布范围较为相近。由此可见，人们对于街道环境吸引力的主观感知结果，在一定程度上与人群活力集聚度和街道界面积极度之间具有正相关关系，以及与环境色彩氛围复杂度在合理数值区间内的正向关联作用。另外，此处主观环境吸引力感知与环境初级感知的对应关系还体现在，具有“单调乏味”感知的街道环境分布区域与街道环境色彩氛围舒适度、复杂度两者低值分布区域的相似性。

5.3.3 主观环境感知与客观环境要素的关联作用关系

通过在南京中心城区街景数据库中调取并关联与主观评价数据点对应的街景图片，以及相应街景图片的构成要素语义识别结果，将主观环境感知结果与客观环境要素进行关联分析，进而探讨主观感知与客观环境的交互及偏差特征，以及主客观交互及偏差下的城市意象影响要素体系。在此过程中，在主观环境感知结果的基础上，采用模糊综合评价方法[①]对相应客观环境构成要素的影响权重进行判断，分析对人们主观环境感知具有影响作用的要素序列。在此基础上，进一步筛选出具有代表性的街景图片，对主观感知与客观环境之间的相互作用关系，以及两者之间存在的偏差效应进行具体讨论。

1）关键特征要素对主观环境安全性感知的导向作用

根据主观环境安全性感知的评价数据统计结果，南京中心城区内人们感到安全、危险和无明确感知的街段频数分别为 1 492、706 和 697。因此，基于主观环境安全性感知三项评价标签对应的频数，以 18 类街道构成要素为模糊综合评价中的评语集，分别构建出 1492×18、706×18 及 697×18 的权重判断矩阵 R（图 5.18）。进而，将 18 类构成要素标签分别在安全、危险和无明确感知中对应的数值作为评价结果，计算以评价均值为基础的客观环境各构成要素标签对主观环境安全性感知的视觉观察影响权重。

$$R=\begin{bmatrix} 0.056 & 0.011 & 0.351 & 0.011 & \cdots & 0.473 & 0.001 & 0.086 & 0.001 \\ 0.117 & 0.001 & 0.199 & 0.086 & \cdots & 0.358 & 0.005 & 0.168 & 0.001 \\ 0.180 & 0.031 & 0.011 & 0.069 & \cdots & 0.398 & 0.083 & 0.016 & 0.000 \\ 0.023 & 0.001 & 0.073 & 0.007 & \cdots & 0.610 & 0.022 & 0.002 & 0.174 \\ \vdots & \vdots & \vdots & \vdots & & \vdots & \vdots & \vdots & \vdots \\ 0.117 & 0.002 & 0.090 & 0.258 & \cdots & 0.273 & 0.007 & 0.000 & 0.076 \\ 0.230 & 0.006 & 0.062 & 0.381 & \cdots & 0.007 & 0.021 & 0.001 & 0.005 \\ 0.101 & 0.111 & 0.306 & 0.125 & \cdots & 0.332 & 0.009 & 0.128 & 0.004 \\ 0.090 & 0.020 & 0.238 & 0.147 & \cdots & 0.327 & 0.008 & 0.036 & 0.015 \end{bmatrix}$$

图 5.18 权重判断矩阵

如图 5.19 所示，在南京中心城区的街道环境中，单从客观环境构成要素占比层面来看，对人们主观环境安全性感知过程中具有主导视觉影响的三类构成要素分别为建筑、道路及树木。这一结果与前文基于深度学习的客观环境构成要素识别结果，及各要素在街道环境中所具有的基础可见性结论相似。然而，通过进一步比较客观环境构成要素在安全、危险和无明确感知三项具体主观环境安全性评价指标的特征，以及辅助的问卷调研结果可以发现：在很大程度上，除道路要素外，建筑与树木均不是造成或影响人们对客观环境的主观安全性感知差异的主导构成要素。在安全性层面，造成人们主观感知差异的要素更多为步行道、实体围墙等在整体环境视觉观察中占比不高，但对主观环境安全性的感知结果却具

① 此处的模糊综合评价方法，与前文所对应的 18 类客观环境构成要素被作为模糊综合评价方法中的评语集，各主观感知标签结果对应的街道频数及要素识别结果被作为评价样本指标。

有较强的导向作用。这意味着，在人们主观环境感知层面，客观环境要素基础可见性对人们感知的直接影响作用在减弱，而与人们主观感知动机与需求相契合的特征要素对人们的主观环境感知结果则具有更强的导向作用。在此基础上，本书进一步调取了不同安全性感知的街景评价数据，对其影响主观感知的特征要素进行讨论。

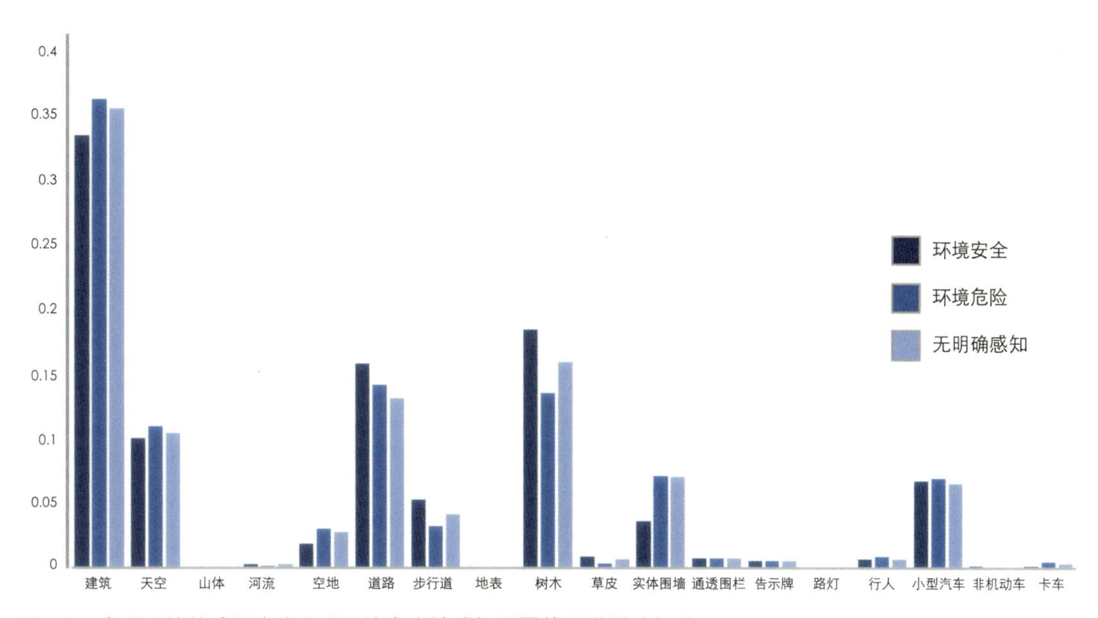

图 5.19 客观环境构成要素在主观环境安全性感知层面的视觉影响权重

如表 5.10 所示，具有“环境安全”感知的三个街道环境相对于具有“环境危险”感知的街道环境而言，两者在街道环境的建筑、道路、小型汽车等要素的占比层面差异较小。而导致两类街道环境在主观安全性感知层面差异的原因主要是步行道、通透围栏两类要素标签占比，以及其所形成的具有不同人车分流和环境可步行性的整体感知氛围。例如，对于 #79119 和 #239234 两张街景数据而言，两者在小型汽车、建筑、道路等基础环境要素方面分异较小，而导致两者在安全性层面出现分异的关键要素在于 #79119 街景所反映的街道环境中存在隔离围栏，降低了车辆干扰度对人们感知的负面影响，进而使得整体街道环境具有了人车分流的环境感知内涵。同时，两者在步行道要素占比层面的差异，也在一定程度上强化了人们对于两者的主观环境安全性感知结果。基于此结论，对于人们环境安全性感知而言，客观环境构成要素所具有的视觉影响权重，对人们主观环境感知的影响在很大程度上取决于对整体街道感知氛围起关键改变或影响作用要素的有与无，而非客观环境构成要素在基础可见性层面的占比多少。

表 5.10 主观环境安全性感知各评价标签对应街景构成要素分析

标签	数据代码	街景图片源数据	街景图片识别结果	构成要素频数统计
环境安全	#59555			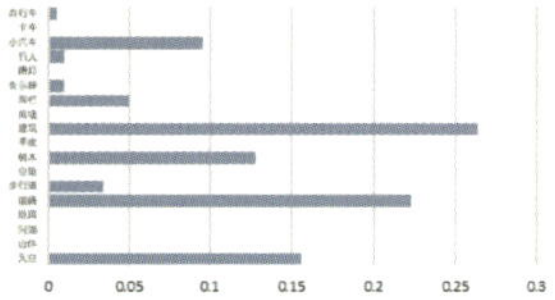
	#79119			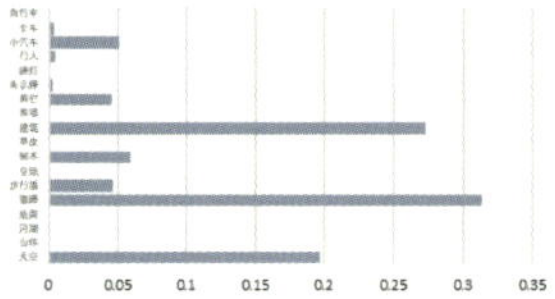
	#296004			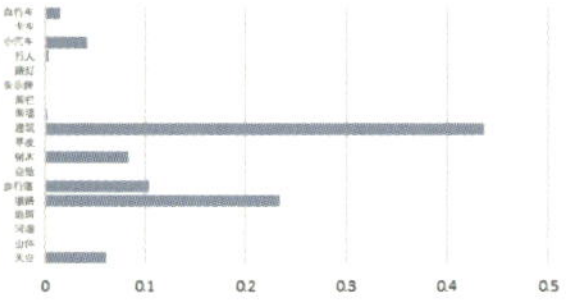
环境危险	#29259			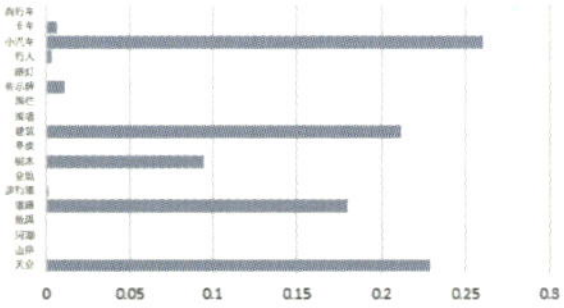
	#169338			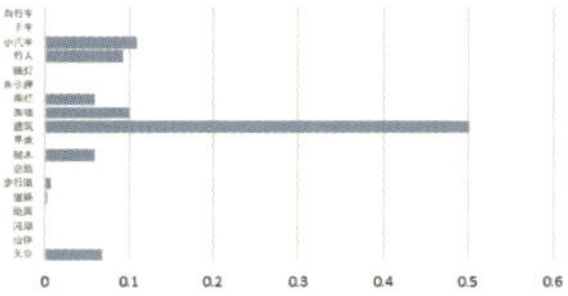
	#239234			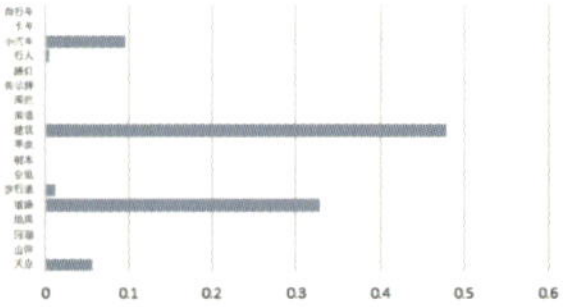
无明确感知	#132239			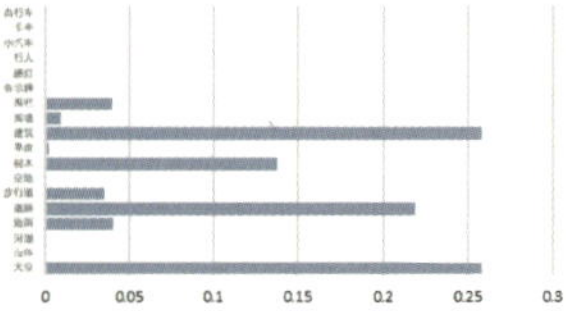
	#292633			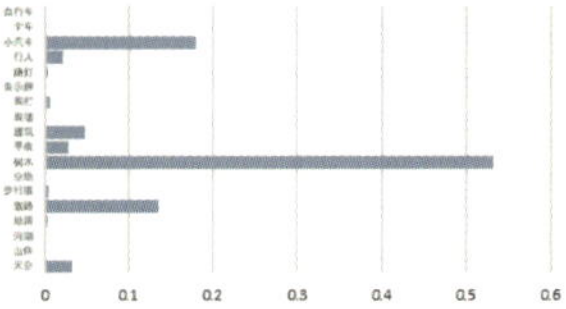

2）环境信息负载对主观环境舒适性感知的影响效应

在主观环境舒适性感知层面，本书首先基于所统计的主观感知评价结果，建构了与“舒适美观”“杂乱肮脏”和“无明确感知”三项指标相对应的961×18、1014×18和920×18的客观环境构成要素视觉影响权重评价矩阵，对街道环境各构成要素在主观环境舒适性层面的影响权重进行统计分析。进而在此基础上，调取并选择了8张具有典型代表性，分别对应不同舒适性感知评价标签的街景图片进行详细分析。结果表明，主观环境舒适性感知一方面表现出与安全性感知类似的特征要素对主观环境感知的导向作用；另一方面，还显现出客观环境本身所具有的信息负载量对主观环境感知的影响效应。

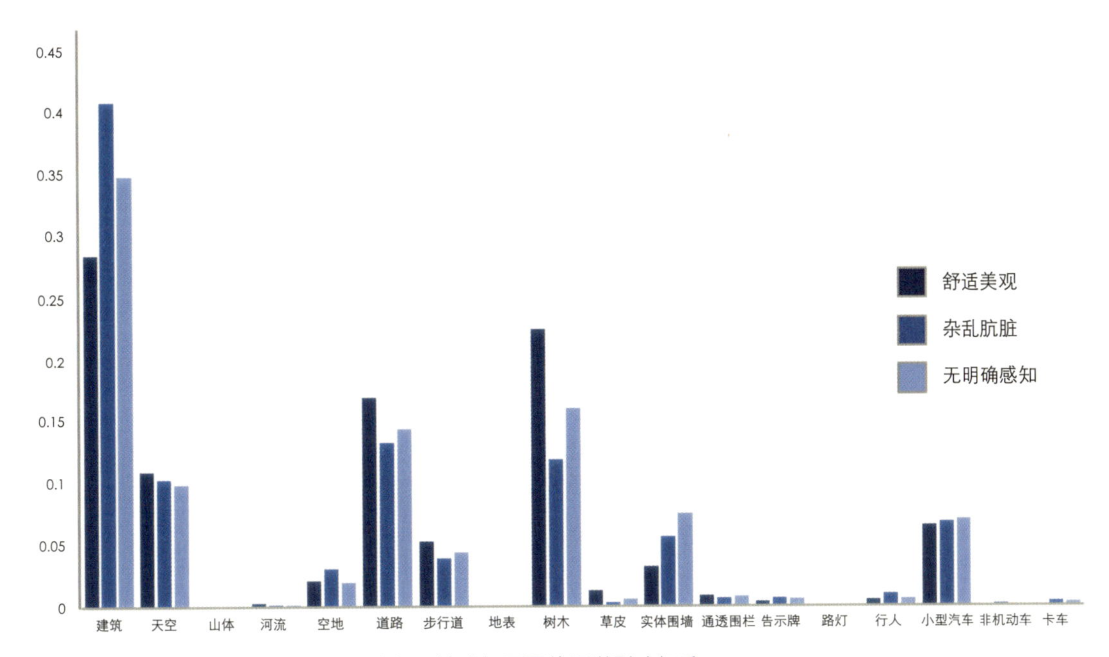

图5.20 客观环境构成要素在主观环境舒适性感知层面的视觉影响权重

在特征要素对主观环境感知的导向作用方面，虽然其在主观环境舒适性与安全性两个感知类别中的作用机制相似，但是在主观环境舒适性感知层面，特征要素对主观感知结果的影响，则在一定程度上与其对应要素在街道环境中的视觉影响权重关联更为紧密。如图5.20所示，在南京中心城区主观环境舒适性感知评价结果中，具有“舒适美观”感知评价的街道环境，其内部的天空、河流、树木、草皮等自然景观要素，以及步行道、通透围栏等宜人的相关设施要素，在视觉影响权重层面均普遍高于其他两项舒适性感知标签。而空地、实体围墙、小型汽车等对舒适性存在潜在负面影响的要素，其在具有“舒适美观”感知评价街道中的视觉影响权重则低于其他两项评价标签。

由图5.20还可以发现，南京中心城区街道中具有“杂乱肮脏”感知评价的环境在建

表 5.11 主观环境舒适性感知各评价标签对应街景构成要素分析

标签	数据代码	街景图片源数据	街景图片识别结果	构成要素频数统计
舒适美观	#12548		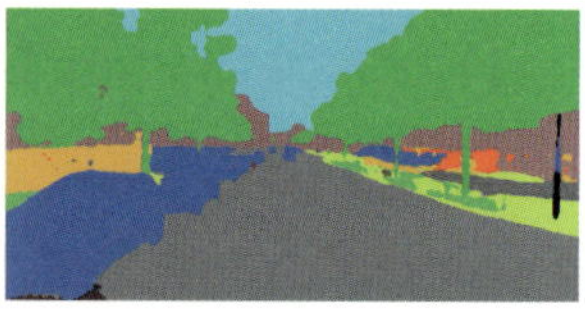	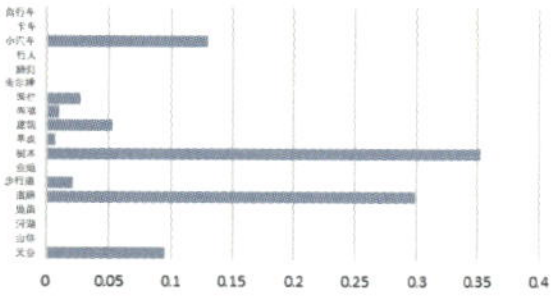 自行车 卡车 小汽车 行人 路灯 指示牌 围栏 [illegible] 建筑 草皮 树木 [illegible] 步行道 道路 [illegible] 河湖 山体 天空 0 0.05 0.1 0.15 0.2 0.25 0.3 0.35 0.4
	#152670			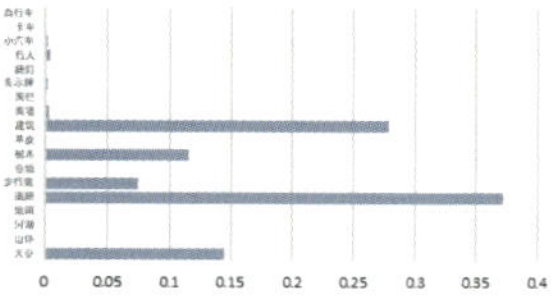 自行车 卡车 小汽车 行人 路灯 指示牌 围栏 [illegible] 建筑 草皮 树木 [illegible] 步行道 道路 [illegible] 河湖 山体 天空 0 0.05 0.1 0.15 0.2 0.25 0.3 0.35 0.4
	#328221			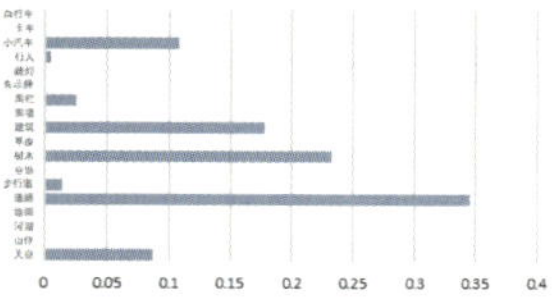 自行车 卡车 小汽车 行人 路灯 指示牌 围栏 [illegible] 建筑 草皮 树木 [illegible] 步行道 道路 [illegible] 河湖 山体 天空 0 0.05 0.1 0.15 0.2 0.25 0.3 0.35 0.4
杂乱肮脏	#2644			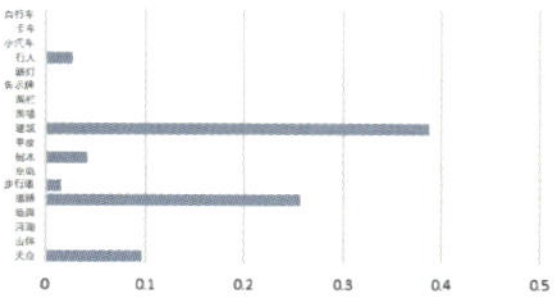 自行车 卡车 小汽车 行人 路灯 指示牌 围栏 [illegible] 建筑 草皮 树木 [illegible] 步行道 道路 [illegible] 河湖 山体 天空 0 0.1 0.2 0.3 0.4 0.5
	#126722			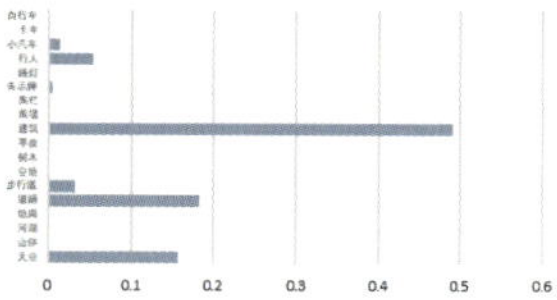 自行车 卡车 小汽车 行人 路灯 指示牌 围栏 [illegible] 建筑 草皮 树木 [illegible] 步行道 道路 [illegible] 河湖 山体 天空 0 0.1 0.2 0.3 0.4 0.5 0.6
	#151984			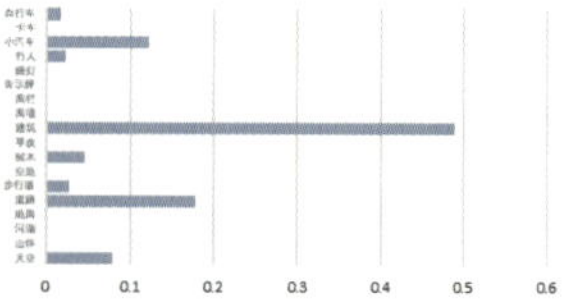 自行车 卡车 小汽车 行人 路灯 指示牌 围栏 [illegible] 建筑 草皮 树木 [illegible] 步行道 道路 [illegible] 河湖 山体 天空 0 0.1 0.2 0.3 0.4 0.5 0.6
无明确感知	#238575			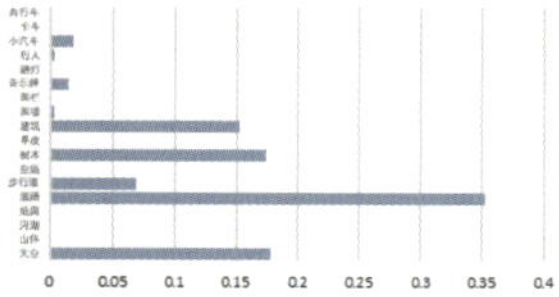 自行车 卡车 小汽车 行人 路灯 指示牌 围栏 [illegible] 建筑 草皮 树木 [illegible] 步行道 道路 [illegible] 河湖 山体 天空 0 0.05 0.1 0.15 0.2 0.25 0.3 0.35 0.4
	#313449			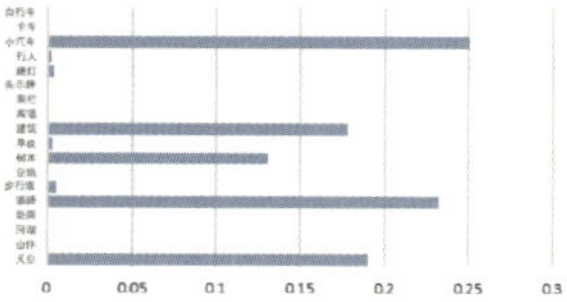 自行车 卡车 小汽车 行人 路灯 指示牌 围栏 [illegible] 建筑 草皮 树木 [illegible] 步行道 道路 [illegible] 河湖 山体 天空 0 0.05 0.1 0.15 0.2 0.25 0.3

筑要素的视觉影响权重层面具有极高值。同时，具有“无明确感知”感知评价的客观环境各构成要素的视觉影响权重，虽然在某些景观要素方面低于“舒适美观”感知类型的街道，但整体上各要素的视觉影响权重均较高。对此，本书进一步选择了各感知导向下具有代表性的街道环境进行综合讨论和分析。

如表 5.11 所示，在南京中心城区范围内，具有不同主观环境舒适性感知评价结果的街道环境，在环境整体视觉特征、要素构成等方面均表现出明显的分异。其中，具有“舒适美观”感知评价的街道环境，在整体环境氛围层面具有“干净”“简洁”的主观感知特征，其街道环境内部构成要素的比值整体上位于区间 [0.1，0.35] 内。同时，在城市街道环境中占据主导景观影响作用的“树木”要素标签，其在具有“舒适美观”感知评价的街道环境中的数值主要分布在 [0.2，0.35] 的高值区间内。相对于“舒适美观”的街道环境而言，具有“杂乱肮脏”感知评价的街道环境，其各构成要素比值主要位于区间 [0，0.5] 内，整体环境构成要素及其所反映出的环境要素视觉复杂度，相比“舒适美观”感知评价的街道环境平均高出 10%~20%，从而使得当人们身处“杂乱肮脏”的街道环境时，客观环境传递至人们知觉分析的信息负载，在很大程度上超出人们感知环境的最佳信息负载区间，进而造成人们主观感知的信息过载现象，并导致人们对外部客观环境产生“无序”“混乱”的主观感知结果（图 5.21）。这种感知的信息过载现象可以进一步地归纳为两个方面：一方面，如上文所述信息过载是由客观环境中各构成要素所共同形成，并传递出的整体环境复杂度决定的，即环境行为学理论中所认为的环境表征对人们感知行为的过度刺激作用 [13]；另一方面，本书认为信息过载是由客观环境中个别或几个要素的视觉统治，以及视觉统治下的负面感知压迫而造成的。例如，#2644 街景图片中大量分布的电动自行车，以及其在人们环境感知中的视觉统治作用，导致人们对其整体环境产生负面的主观感知结果。

基于上述客观环境信息负载对人们主观环境感知的影响效应，此处可以对“无明确感知”街道环境的产生原因进行推断。在客观环境与主观感知相互作用的过程中，主观“无明确感知”结果的产生原因主要包含两个方面。一方面是客观环境信息负载无法唤醒人们在舒适性层面所对应的动机和需求驱动下的主观感知反应，即街道环境的构

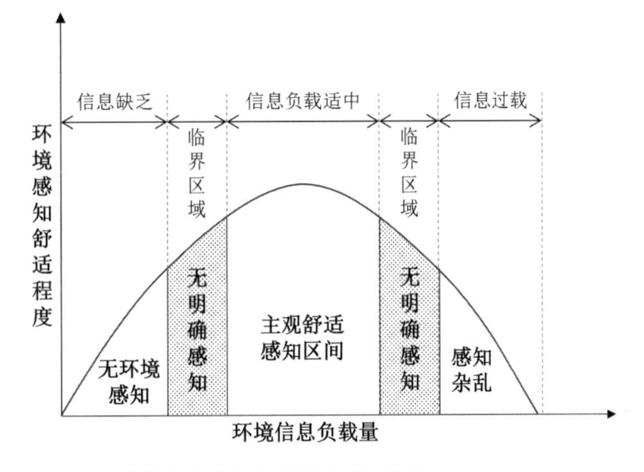

图 5.21 环境信息负载与主观环境感知关系

成要素及客观表征，以及其对人们的刺激作用与人们舒适性层面的感知动机和需求缺乏契合度，导致人们的主观环境感知模糊。另一方面，则是由于人们对客观环境的主观感知处于临界区间而出现的、无法产生对环境的准确感知判断结果。如图 5.21 所示，当人们的感知与客观环境提供的信息负载处于临界区域时，人们对环境的主观感知会陷入“左右为难”的状态，从而难以形成准确的判断。

3）“社会助长”效应对主观环境吸引力感知的影响作用

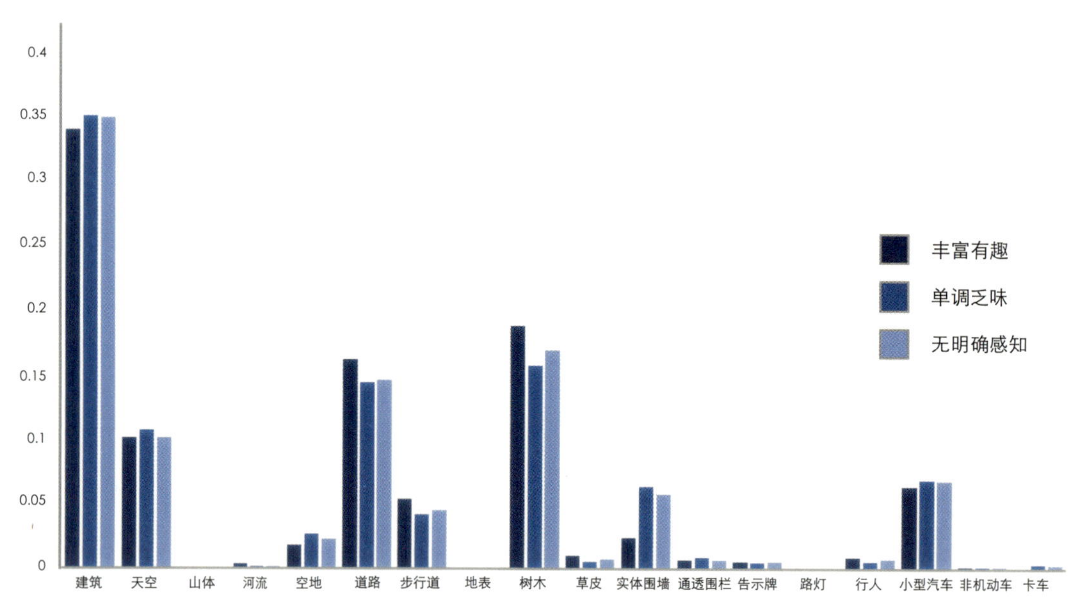

图 5.22 客观环境构成要素在主观环境吸引力感知层面的视觉影响权重

主观环境吸引力感知结果所反映的是，人们受到客观环境构成要素或氛围的影响，进而产生在相应街道环境驻留或进行活动的动机与意愿。因此，客观环境所能够加强或促进人们在相应街道环境进行活动意愿的程度即为环境吸引力。由此可见，主观环境吸引力感知层面更加注重的是对客观环境整体氛围的感知，即环境的意蕴感知。与主观环境安全性及舒适性感知分析类似，此处仍然首先根据主观环境吸引力感知评价的结果数据统计频数，并与客观环境构成要素识别结果相关联，构建了分别对应“丰富有趣”“单调乏味”及“无明确感知”三项评价标签的 591×18、1426×18 和 878×18 三个模糊综合评价权重矩阵，对客观环境构成要素在主观环境吸引力感知层面的视觉影响权重进行分析（图 5.22）。结果表明，客观环境视觉影响权重在主观环境吸引力感知所对应的三项评价标签层面不具有典型的差异特征。在客观环境视觉影响权重中，南京中心城区具有“丰富有趣”“单调乏味”及“无明确感知”评价标签对应的街道环境，在建筑、树木、道路、天空及小型汽车等要素方面均具有相似的视觉影响权重分布区间，各要素的权重差异均在“波动差值”内。而上述三项吸引力评价标签所对应的视觉影响权重，仅在实体围墙要素中表现出较大的分异态势。而实体围墙所反映的，正是客观街道界面的积极程度，以及人们能够与街道界面进行互动的水平，对于街道环境社交氛围具有直接的负相关影响作用。由此可见，在主观环境吸引力感知层面，一方面客观环境各构成要素的基础可见性、可识别性及视觉刺激作用，对主观吸引力的感知结果不构成直接影响；另一方面，主观环境的吸引力感知反映了人们从客观环境构成要素“个性”到环境“结构”最终到环境“意蕴”① 的三阶段感知特征。

在客观环境构成要素视觉影响权重分析结果的基础上，调取并关联了 8 条具有典型代表性，能够明显反映出“丰富有趣”“单调乏味”及“无明确感知”三项评价标签结果，以及三者之间差异性的南京中心城区街景源数据及构成要素语义识别结果。通过比对上述三项评价标签各自对应的街道环境特征，以及要素构成差异，发现具有“丰富有趣”和“单调乏味”评价标签对应的街道环境在人群活力集聚度、环境所体现的合理的“社会助长”效应（Social Facilitation）② [14-15] 方面具有显著差异，即具有“丰富有趣”评价标签的街道环境更能够促进人们与外部环境互动，激发人们进行环境活动的意愿。其中，具有“丰富有趣”评价标签的街道环境行人要素的平均占比高达 0.2，而具有“单调乏味”评价标签的街道环境行人要素的构成比例仅分布在区间 [0，0.02] 内，两者在街道环境人群活力集聚度层面分异明显（表 5.12）。同时，在街道界面积极度层面，“丰富有趣”感知下的街道环境相比“单调乏味”感知的街道环境而言，人们与街道两侧界面的可互动性更强，进而导致具有“丰富有趣”感知在街道环境社交氛围感知层面显著高于“单调乏味”感知的街道环境。

另外，如表 5.12 所示，在主观环境吸引力感知方面具有“单调乏味”负面评价结果的 #152670 街景图片，在主观环境舒适性感知层面却具有“舒适美观”的感知评价结果。通过观察并比较“丰富有趣”和“单调乏味”两类感知评价结果所对应的街道环境要素构成可以发现，在树木、草皮等客观环境景观性要素方面，“丰富有趣”感知的街道环境普遍低于“单调乏味”感知的街道环境。而这一现象也直接表明，意象形成过程中及结果的

① 客观环境构成要素的“个性”是指环境物质构成要素所具有的可识别性，以及能够给个体留下感官印象的条件；“结构”是指客观环境构成要素相互联系组成所表现和传递出的客观表征；“意蕴”则是在客观构成要素和表征基础上，人们对于客观环境氛围和内涵的感知及体验。

② “社会助长”效应反映出环境心理学中个体“爱凑热闹”的心理特征及对个体环境行为的促进影响。

表 5.12 主观环境吸引力感知各评价标签对应街景构成要素分析

标签	数据代码	街景图片源数据	街景图片识别结果	构成要素频数统计
丰富有趣	#4060			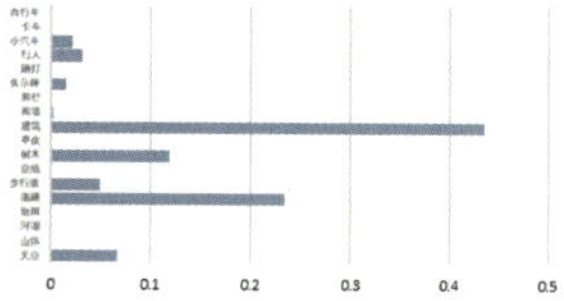 0 0.1 0.2 0.3 0.4 0.5
	#57222			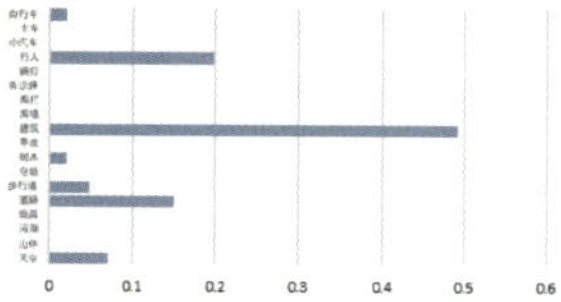 0 0.1 0.2 0.3 0.4 0.5 0.6
	#168310			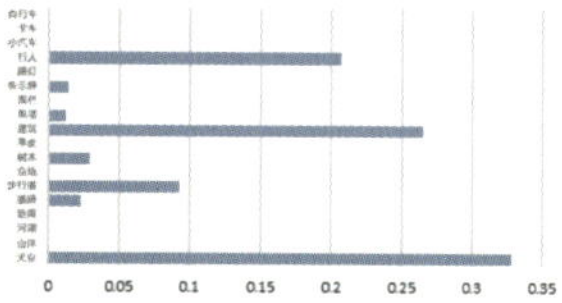 0 0.05 0.1 0.15 0.2 0.25 0.3 0.35
单调乏味	#38249			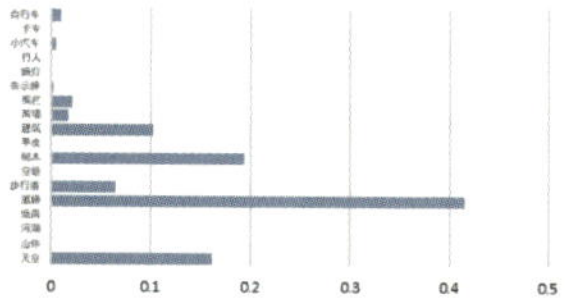 0 0.1 0.2 0.3 0.4 0.5
	#50661			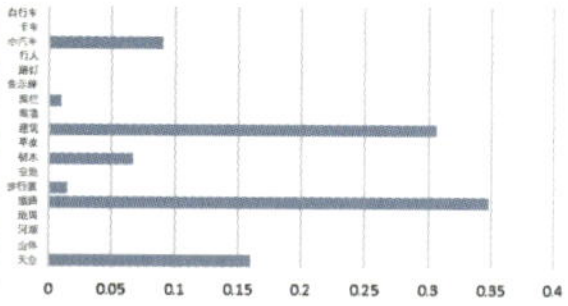 0 0.05 0.1 0.15 0.2 0.25 0.3 0.35 0.4
	#152670			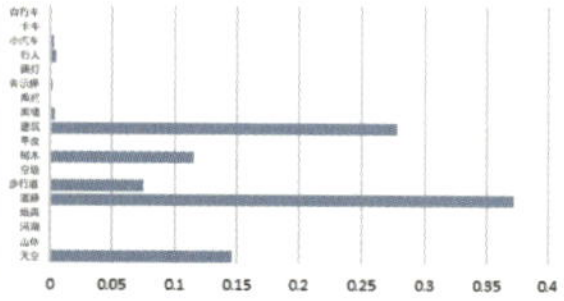 0 0.05 0.1 0.15 0.2 0.25 0.3 0.35 0.4
无明确感知	#22701			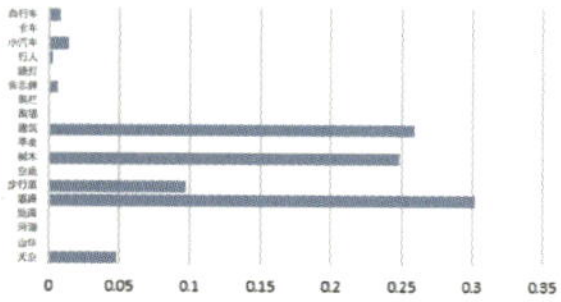 0 0.05 0.1 0.15 0.2 0.25 0.3 0.35
	#169005			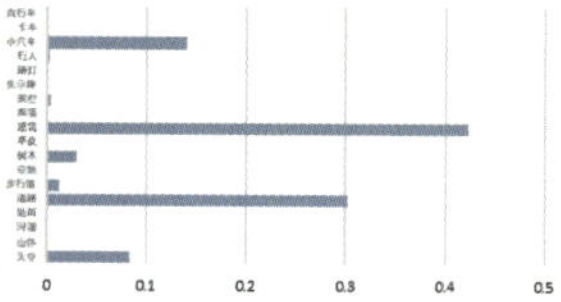 0 0.1 0.2 0.3 0.4 0.5

偏差效应，一方面存在于主观环境感知与客观环境表征层面，另一方面还存在于个体不同需求和动机驱动下所形成的主观环境感知结果内部。

综上所述，客观环境关键特征要素对主观环境感知的导向作用，在主观环境安全性、舒适性和吸引力感知方面均存在，因而可以将其视作城市意象感知过程中，主观感知与客观环境的基础交互作用形式。同时，在主观环境舒适性及吸引力感知方面，上述环境关键特征要素对主观环境感知的导向作用，在很大程度上与其相关构成要素在人们感知过程中所具有的视觉影响权重具有直接的对应关联，即客观环境特征要素的多寡对人们的主观环境感知具有较大的影响作用。而客观环境关键要素对主观感知的导向作用，在主观环境安全性感知层面则略有不同，其影响效应在一定程度上与要素视觉影响权重的多寡无关，而与要素是否存在及其带来的客观环境表征变化相关（图 5.23）。

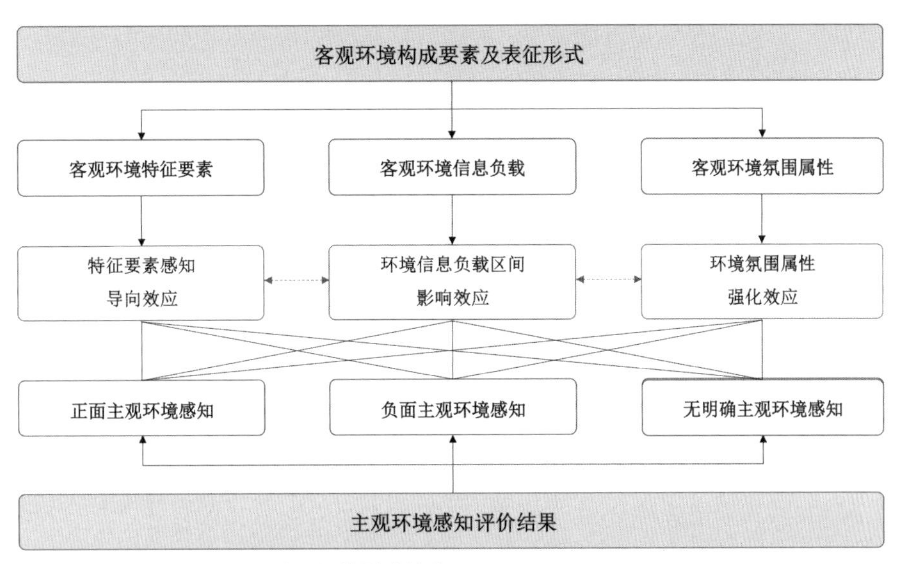

图 5.23 主观感知与客观环境之间的影响效应

相对于前者，客观环境信息负载对主观环境感知的影响效应，则主要体现在主观环境舒适性和吸引力感知两个方面。在主观环境舒适性感知层面，客观环境信息负载所对应的不同区间在很大程度上直接影响并使得人们产生“舒适美观”“杂乱肮脏”和“无明确感知”的主观环境感知结果。同时，客观环境信息负载也在人们对环境所产生的“丰富有趣”“单调乏味”等方面有所体现，并导致了主观环境吸引力方面“无明确感知”评价结果的出现。但是，客观环境信息负载在主观环境舒适性和吸引力感知方面，也表现出了一定的相反分异特征，即具有“舒适美观”感知的街道环境，在吸引力层面可能会得到“单调乏味”的感知评价结果。而与个体主观感知动机与需求相契合的客观环境要素，在主观环境感知中所具有“社会助长”效应，在很大程度上可以被认为是导致上述分异产生的原因。即在客观环境信息负载合理区间内，人们对于客观环境的感知不仅取决于被动接收到的客观环境表征及氛围信息，而且取决于人们主动使用客观环境的程度。

由此可见，在上述三个客观环境与主观感知相互影响及作用效应的基础上，主观环境感知与客观环境之间在很大程度上既存在相互对应的关系，同时也存在偏差现象。而主观环境感知与客观环境的偏差关系，在很大程度上反映了人们在接收到客观环境构成要素及表征形式信息的基础上，在自身需求与动机驱动下，对客观环境信息进行主观大脑知觉分析和加工后，所产生的环境意象的模式及特征。

5.4 需求与动机驱动下的主观环境认知特征

在主观环境感知层面，街道环境中各类构成要素单独对人们主观感知的直接影响作用开始减弱。在主观需求与动机的驱动下，人们对外部客观环境的感知更多地来源于外部环境的整体氛围及客观环境氛围所传递出的内涵。同时，在主观环境感知过程中，人们对于其通过视觉观察所获得的环境客观信息的理解，也并不是简单的概括和综合归纳，而是在不同感知需求和动机驱动下，人们首先会对其所获得的客观环境信息进行选择，然后对选择后的信息进行知觉分析。

5.4.1 基于环境个性、结构及意蕴的主观感知进阶特征

凯文·林奇在经典城市意象理论中指出，人们感知中的环境意象由个性、结构和意蕴三部分所构成[16]。其中，个性为环境中某类事物与其他事物的区别特征。结构为城市环境中的事物与人们之间，或者不同事物之间的关联关系。意蕴则是城市环境为人们所提供的物质或情感上的意义或更深层次的链接关系。与此相对应的，本书的研究内容也可以被归纳并划分为从客观环境要素识别到主观环境感知的三个层级（图 5.24）。

与环境意象中的个性所对应的是街道环境的组成基础，以及客观环境中各类构成要素的可识别性，即客观环境各类要素的视觉特征，以及色彩构成、建筑风貌等客观表征。此处，人们对于环境做出的反应，主要是在视觉观察基础上区别出客观环境中的各类构成要素及表征。在此基础上，与环境意象的结构所对应的是主客观初级交互下，街道环境的外显形式及氛围，以及人们受到这些环境形式及氛围影响下的生理或心理反应。此阶段，人们开始对各构成要素相互关联所构成的客观环境整体形式和氛围进行感受及被动反应。基

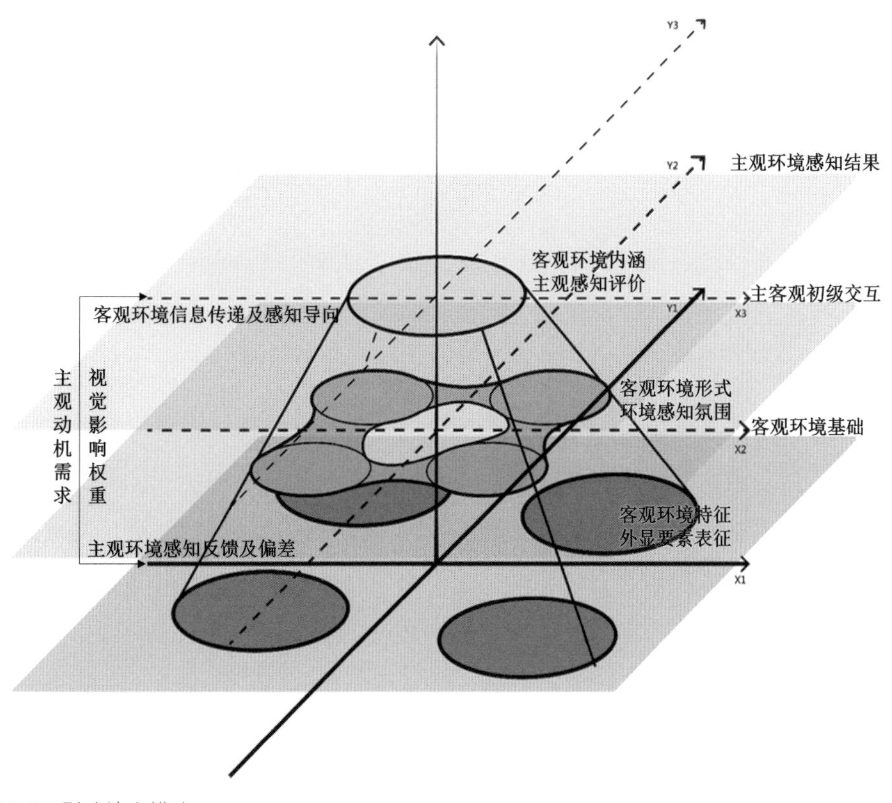

图 5.24 影响效应模式

于此，与环境意象的意蕴所对应的为主观环境感知，其是在客观环境形式及氛围初级感知反应基础上，结合自身价值需求与主观动机，对客观环境内部联系的更深层次的理解，以及主动的知觉分析。在上述三个阶段的主观环境感知与客观环境相互作用过程中，一方面以客观环境各要素可识别的“个性”为基础的视觉影响权重，随着人们对客观环境理解和感知的进阶，以及从被动感受向主动感知的转变，其对于人们最终主观环境感知的直接导向作用在不断地消减。另一方面，客观环境构成要素视觉影响权重对主观环境感知的直接导向作用的减弱，使得主观环境感知与客观环境在信息传递和理解层面存在一定的不对等，进而导致主观环境感知对客观环境的反馈偏差。

5.4.2 需求与动机驱动下主观对客观环境信息的选择作用

在上述环境意象三个层次进阶感知的基础上，个体需求与动机对主观环境感知结果的驱动作用，使得从客观环境基础到环境初级感知，再到主观环境感知的各个阶段均伴随着人们对客观环境信息的选择效应（图 5.25）。在很大程度上，主观环境感知与客观环境之间存在的偏差，正是由于在客观环境信息传递和主观环境感知过程中，感知个体不断地进行信息选择，以及对选择后的信息进行知觉分析而造成的。

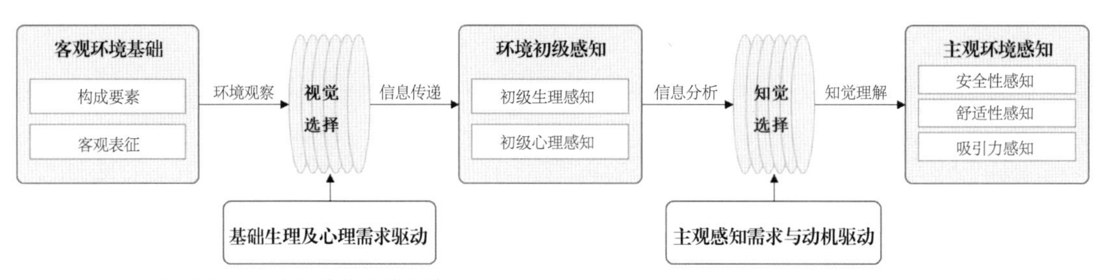

图 5.25 主观环境感知不同阶段的信息选择作用

在主观环境感知过程中，人们对于客观环境信息的选择作用可以根据最终导致感知结果的不同而划分为选择强化效应和筛除弱化效应两个方面。其中，人们对于客观环境信息的选择强化效应是指在人们主观环境感知的过程中，在其自身需求与动机的驱动下，通过对街道环境中个别构成要素的关注选择，使得被选择的要素对主观环境感知的结果产生明确的导向作用，进而使得人们最终做出的主观环境感知在该类要素的属性层面得到强化。如上文所述，人们通过选择对交通围栏这一特征要素的关注，使得人们会在该特征要素的感知导向作用影响下，产生安全性的街道主观环境感知结果。筛除弱化效应是指在人们主观环境感知过程中对于街道环境相关要素及信息的筛除，导致环境本身所具有的客观特征没有被人们所完整或准确地感知到，从而导致主观感知与客观环境两者之间的偏差，以及无明确感知的环境意象“盲区”的形成。另外，人们对于客观环境信息的选择、客观环境内部构成要素的占比，以及个别要素所具有的视觉影响权重并不具有典型的关联关系。例如，在客观环境要素构成中，天空要素在视觉观察层面的占比均相对较高，因而从客观环境角度出发，该要素对人们的视觉影响权重也相对较大。但是，根据本书环境初级感知和主观环境感知的分析结果，天空这一要素在绝大多数的环境感知中均不具有显著的影响效应。与天空要素具有相似较高环境构成占比及视觉影响权重的道路和树木要素，在人们主观环境感知过程中也受到个体需求与动机的显著影响，使得其在主观感知不同方面的影响作用存在较大的波动。

参考文献

[1] 万融，卢峰．人本主义诉求之“人” 的回归：乔恩·朗的环境行为学理论介述[J]. 西部人居环境学刊，2020, 35(5): 77-82.

[2] van Dijk L, Kiverstein J. Direct perception in context: Radical empiricist reflections on the medium[J]. Synthese, 2021, 198(9): 8389-8411.

[3] Devlin A. Environmental psychology and human well-being: Effects of built and natural settings[M]. New York: Academic Press, 2005.

[4] 上海市规划和国土资源管理局，上海市交通委员会，上海市城市规划设计研究院．上海市街道设计导则[M]. 上海：同济大学出版社，2016.

[5] 南京市规划局．关于印发《南京市街道设计导则（试行）》的通知：宁规字〔2017〕121 号[A/OL].（2017-04-01）[2018-02-08]. http://ghj.nanjing.gov.cn/ghbz/cssj/201802/t20180208_875978.html.

[6] Nauman A, Aftab S. Data mining framework for nutrition ranking: Methodology: SPSS modeller[J]. International Journal of Technology Innovation and Management , 2021, 1（1）: 85-95.

[7] Lohr S L. Sampling: Design and analysis: Design and analysis [M]. 2nd ed. New York: CRC Press, 2019.

[8] Drezner Z, Turel O, Zerom D. A modified kolmogorov‐smirnov test for normality[J]. Communications in Statistics - Simulation and Computation, 2010, 39(4): 693-704.

[9] 邱皓政．量化研究与统计分析：SPSS 中文视窗版数据分析范例解析[M]. 重庆：重庆大学出版社，2009.

[10] 史北祥，杨俊宴．城市中心区混合用地概念辨析及空间演替：以南京新街口中心区为例[J]. 城市规划，2019, 43(1): 89-99.

[11] Schneider B, Smith D B, Goldstein H W. Attraction‐selection‐attrition: Toward a person‐environment psychology of organizations[M]. Mahwah: Lawrence Erlbaum Associates Publishers, 2000.

[12] 万融，卢峰．人本主义诉求之“人” 的回归：乔恩·朗的环境行为学理论介述[J]. 西部人居环境学刊，2020, 35(5): 77-82.

[13] 李道增．环境行为学概论[M]. 北京：清华大学出版社，1999.

[14] Zajonc R B. Social facilitation[J]. Science, 1965, 149(3681): 269-274.

[15] Guerin B. Social facilitation[J]. The Corsini encyclopedia of psychology, 2010: 1-2.

[16] 林奇．城市意象[M]. 方益萍，何晓军，译． 2 版．北京：华夏出版社，2017.

我们并不习惯对如此大尺度的人工环境进行组织并形成意象，但我们应该学会在城市的大规模蔓延中看出其中隐藏的形态。

——凯文·林奇

·6· 交互：城市意象的形成模式

在前文对街道环境、环境初级感知和主观环境感知解析结果的基础上，可以发现，人们对于客观环境的主观感知结果，以及进一步建构的城市环境意象与客观环境表征之间具有普适性的偏差特征。这种主观感知与客观环境之间的偏差效应，贯穿了人们从环境观察到主观意象感知的完整过程，并在主观环境感知的不同阶段表现出不同的偏差层次。而基于主观感知与客观环境之间的偏差视角，一方面可以将凯文·林奇在城市形态层面，基于结构性心智地图提出的经典城市意象理论，回归到主观感知个体与客观环境的具象互动和关联层面，探析以物质环境为基础的城市意象①形成逻辑。另一方面，基于主观感知与客观环境在感知要素、感知结构层面所反映出的特征，可以从另一角度探讨城市意象的内涵，并在景观、风貌层面指导城市设计的相关策略。因此，本书基于前文对南京中心城区街道的客观环境表征、环境初级感知、主观环境感知的分析结果，以及显现出的主客观偏差特征，归纳总结出主客观偏差视角下的城市意象建构模式、主客观之间的偏差层级，以及对应的环境要素体系及结构特征。

6.1 主客观偏差的意象形成模式

基于前文所述，以街道环境为感知基础，以主观环境评价为感知结果的城市意象，其形成模式可以根据客观环境到主观感知的进阶过程，大致分为三个主要的建构阶段（图6.1）。根据所划分的三个阶段的意象感知结果，其在很大程度上分别对应了凯文·林奇所提出的环境意象中个性、结构和意蕴三个主要的构成方面。

---

① 基于本书的研究内容，此处的城市意象概念范畴是以街道环境为基础，以视觉观察为行为、公众主观评价为结果形式的城市环境意象。

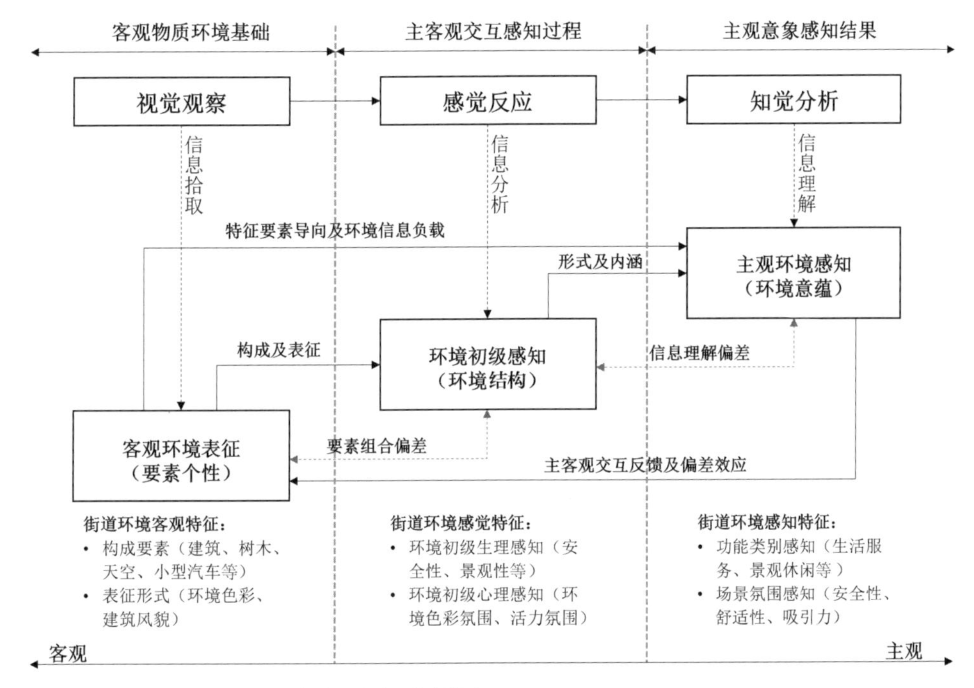

图 6.1 客观环境到主观感知的城市意象形成模式

其中，作为城市意象基础的客观环境表征，其所对应的是环境意象中的“个性”，即环境内部构成要素特征和环境客观表征对人们环境感知的唤醒作用。在此基础上，环境初级感知的对象是环境意象中的“结构”，即客观环境整体的表征，以及在此基础上对人们某些基础性需求与动机的导向作用。主观环境感知作为最后一个阶段，其一方面是主观感知与客观环境相互作用和影响的“出口”；另一方面，其也是在客观环境形式基础上，基于人们主观需求与动机，对客观环境内涵意蕴的感知与反应。另外，根据图 6.1，在从客观环境表征基础到主观环境感知的过程中，一方面存在着客观环境信息从浅层的要素构成和外显表征，向环境形式和氛围不断地传递、综合与进阶；另一方面，由于主观需求与动机的逐渐介入，主观感知与客观环境的偏差伴随着环境信息的传递过程，并影响人们对于客观环境的感知结果（图 6.2）。在此过程中，主观感知与客观环境的偏差首先出现在对基础客观环境构成要素的拾取和标识层面，即人们对于环境的观察，受到客观环境内部特征要素所具有的强烈视觉刺激性、视觉统治度及强识别性的影响，而导致人们对于客观环境构成要素的标识与存储与环境实际情况出现偏差。在此基础上，观察所获得的要素进一步的相互组合，以及个体基础需求的介入，导致人们的环境初级感知结果在主观信息分析与客观要素组合的双重因素作用下，呈现出更深层次的偏差效应。在此阶段，客观环境中的部分构成要素被筛除，由客观环境特征要素组合形成的、与个体基础需求相契合的环境

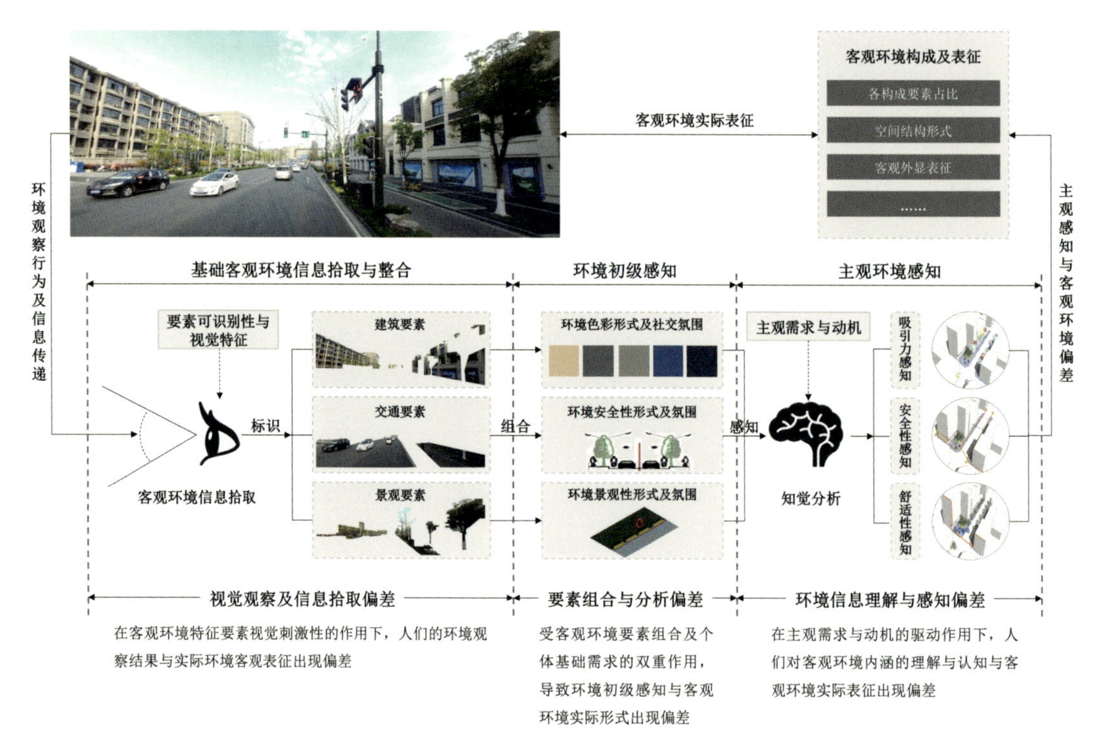

图 6.2 城市意象形成过程中的主观感知与客观环境的进阶与偏差效应

形式，对人们的主观环境感知起到更明显的导向效应。进而，在主观环境感知阶段，由于主观需求与动机对感知结果的进一步驱动作用，人们对于客观环境信息的理解按照自身的主观能动性进行延伸和发散，并形成主观环境意蕴感知与客观环境实际内涵的偏差特征。因此，主客观交互的城市意象感知结果，在很大程度上可以被认为是由主客观之间的信息进阶与偏差作用共同形成的。

6.1.1 环境感知基础：客观环境要素序列与整合形式

对客观环境的观察与信息的拾取是意象感知形成的基础，同时也是人们受到客观环境基础性构成要素与表征的刺激，进而唤醒人们环境感知行为的阶段。在此阶段中，主观感知与客观环境的相互作用，主要体现在客观环境中各构成要素的构成比例和外显客观表征对人们视觉观察所具有的刺激作用，即客观环境可识别性对主观感知的唤醒效应。此处，人们作为环境感知个体，主要受到外部客观环境在视觉层面的刺激，以及这种刺激所延伸出的一定的感知导向作用。虽然在此阶段中，主观感知被动地受到客观环境的刺激，人们自身的需求与动机并没有对感知结果产生影响，但是客观环境中各要素在视觉观察层面的占比差异，以及整体环境表征的不同，使得客观环境信息的进阶与主客观之间的偏差效应

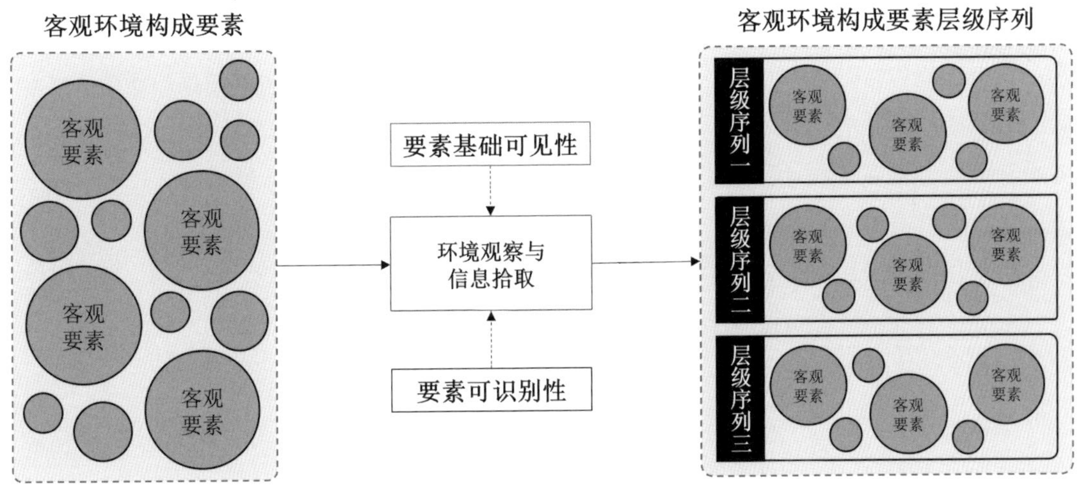

图 6.3 基于观察的客观环境要素序列构建

同样存在，并构成了环境感知的基础。

1）基于个体观察的客观环境要素序列构建

主观感知与客观环境偏差视角下，人们对于客观环境构成要素的观察，以及在此基础上根据客观环境构成要素所具有的基础可见性和可识别性形成的客观环境构成要素的层级序列（图 6.3），是由客观环境基础进一步向环境初级感知和主观环境感知进阶的基础。客观实际意义上的环境构成要素，在主观感知与客观环境的交互过程中，其仅满足了能够被人们观察到的基础条件。对于环境感知而言，客观环境构成要素所具有的基础可见性和可识别性虽然构成了人们感知环境的内容，但是仅就客观实际意义上的环境构成要素而言，其对于人们的环境感知唤醒，以及进一步的主观环境感知结果均不具有重要的影响。相对而言，在此阶段中对人们的环境感知具有唤醒作用的是，人们通过观察客观环境中各要素占比，以及相对应的客观环境构成要素在人们视觉观察反应层面所具有的重要程度。人们根据最基础的环境观察反应，将所观察到的客观环境构成要素按照一定的量级进行划分，从而构建出作为进一步感知基础的环境要素序列。如本书第 3 章基于南京中心城区街道环境的识别结果，将街道环境的构成要素根据其平均占比和标准差，分为了三个要素构成层级。基于进一步的环境初级感知和主观环境感知结果可以发现，客观环境构成中的第一和第二要素层级的建筑、树木、步行道、道路等要素对环境初级感知中的安全性、景观性，以及主观环境感知中的舒适性等结果均有重要的影响作用。而环境感知唤醒阶段中，客观环境要素的构成经由人们的视觉观察向要素序列的进阶，无疑在很大程度上奠定了主观环境感知的基础，也反映了人们对于客观环境的第一印象。另外，根据全书的整体研究，将作为感知基础的客观环境构成要素与主观环境感知结果联系来看，层级序列越高的构成要素，其内在所包含的信息负载，以及对主观环境感知的导向作用也相对更高。例如，作为客观环境第一层级的建筑要素，其不仅在客观层面反映了街道环境的界面形式和要素占比，同时，建筑要素所含有的、外显性的功能风貌表征、色彩表征、界面等均对人们的主观环境感知结果具有重要且相对直接的导向作用。

2）主客观初级偏差下的客观环境外显整合表征

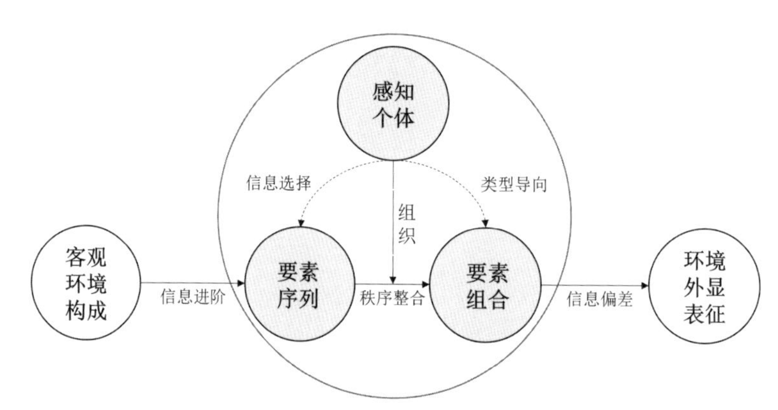

图 6.4 客观环境观察基础上的要素序列与整合表征

在人们观察客观环境、所构建的客观环境要素序列的基础上，人们也在进行客观环境信息的拾取，将所获得的客观环境观察结果和信息按照一定的类型或属性导向进行概括和整合，从而形成由客观环境构成要素相互组合所形成的环境外显形式（图 6.4）。在此过程中，感知个体对所获得的客观环境信息进行了初步组织和要素梳理，使得按照一定类型导向组合形成的、被人们所记忆的客观环境表征，与实际客观环境表征存在一定程度上的视觉特征偏差。然而，由于在环境感知唤醒阶段，感知个体主要是在客观环境视觉刺激的基础上，被动地拾取和感受客观环境的表征信息，因此，实际环境要素构成与被人们所记忆的客观环境外显形式之间的偏差效应相对较小。其主要表现为，在人们环境观察的过程中，受到客观环境中个别构成要素的表征或形式刺激，人们在对观察结果进行记忆时，放大或所缩小了相关构成要素的环境占比，进而导致人们对客观环境观察的整合形式与客观环境实际表征之间存在一定程度上的分异。但是，值得注意的是，此处的环境外显形式作为主观感知与客观环境交互及偏差作用下，城市意象感知的形成基础，在很大程度上也构成了总体城市意象所具有的主观感知与客观环境偏差的基础。基于这一浅层的视觉感官和记忆层面的偏差效应，人们对于所拾取的客观环境信息的逐渐深入分析和理解，会在环境初级感知及主观环境感知中，受主观评价权重、主观需求与动机的影响被进一步地放大，并在最终的主观感知结果与客观环境表征的偏差中有所反映。

6.1.2 环境初级感知：客观环境表征与主观基础需求

在对基础客观环境构成要素及表征观察和信息拾取的基础上，一方面，人们对于客观环境的初级感知，来源于对所拾取和初步整合的客观环境信息的进一步分析与梳理，从而将人们对客观环境的感知从要素构成及表征的视觉层面，逐步深化到客观环境的整体表征层面，即从客观环境构成要素的“个性”向基于同类属性要素组合的客观环境表征“结构”过渡，从而使人们对客观环境的理解由初级的视觉感官处理进入环境信息感觉或感受层面。另一方面，作为整体环境意象感知的中间过程阶段，人们对于客观环境的初级感知也开始逐步与其自身所具有的基础环境需求及反应相关联[1]，进而使得人们在分析客观环境信息时，开始结合自身基础性的生理或心理需求来寻求与所获取客观环境信息的契合，形成初级主观需求与客观环境表征交互下的环境初级感知。

1）基于同类感知导向要素组合的客观环境外显形式

基于人们观察所获得的客观环境基础构成要素，在环境初级感知过程中，具有相同类型属性的客观环境构成要素相互关联和组合，并显现出与人们基础感知需求相关联的客观环境外显形式。在主客观交互的环境初级感知过程中，基础客观环境构成要素向初级感知导向的客观环境外显形式的转变主要包含两个方面。

一方面表现为基础客观环境信息中具有相同或相似属性、导向类型的客观构成要素之间的相互关联与叠加组合，以及在关联组合形式的基础上，对人们环境初级感知的整体影响效应。以环境初级感知中的景观性为例，在环境初级感知阶段，人们对于街道环境景观性的感知，虽然在很大程度上仍然受到作为街道基础客观环境构成的树木、草皮、天空、山体、河流等要素基础可见性和可识别性的影响。但是，人们最终在景观性层面形成的环境初级感知结果，所反映出的是人们对于街道环境中具有景观感知导向的要素及表征的信息整合与归纳，以及在对相关客观环境信息归纳基础上的环境总体外显形式感知。对于人们所形成的环境初级景观性感知结果，并不能简单地将其与街道环境中的某一类要素的多寡直接进行对应。这一特征直接表现为环境初级景观性感知结构与各相关客观环境构成要素空间分布结构之间的分异现象。

另一方面，基础客观环境信息向环境感知关联形式的进阶，还表现为在一定程度主观价值判断驱动下，人们的环境初级感知与基础客观环境构成要素的关联形式层面。这一层面的进阶，具体反映为具有相同感知属性类型的客观环境构成要素，对人们环境初级感知

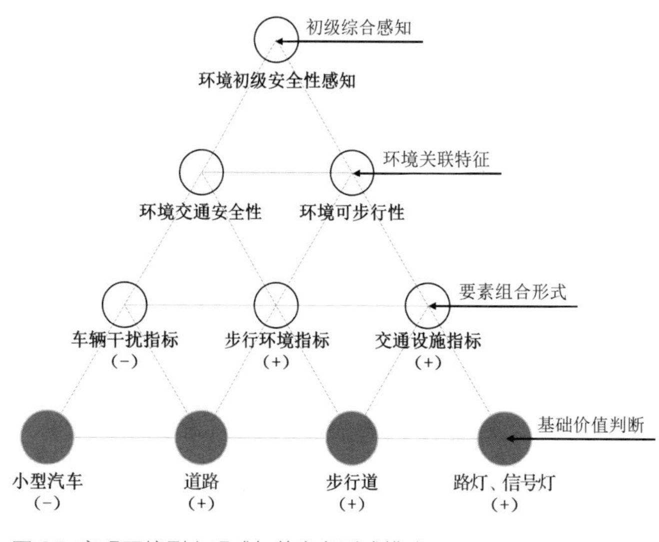

图 6.5 客观环境到主观感知的意象形成模式

所具有的正、负相关影响，以及在此基础上对人们环境初级感知的综合导向作用。此处，以环境初级感知中的安全性为例进行具体说明。如图 6.5 所示，在以客观环境构成要素为基础的环境初级安全性感知过程中，作为主要影响要素的小型汽车、机动车道、道路及路灯、信号灯，其对人们环境初级安全性感知的正、负不同的影响效应，使得在相互关联进阶的第一阶段，会产生不同的基础感知价值判断。在此基础上，上述要素相互组合，形成以车辆干扰指标、步行环境指标和交通设施指标为表征的，具有不同感知影响和导向的要素组合形式。进而，这些要素组合形式进一步关联和融合，产生外显的环境交通安全性和可步行性整体客观特征，并最终进阶为人们对于客观环境的初级综合感知。而在此过程中，人们在自身基础性生理或心理需求驱动下对相关客观环境构成要素的浅层价值判断，以及客观环境构成要素之间相互关联，对冲、强化、消减及融合而形成了环境外显表征，使得人们最终的环境初级感知结果与客观环境信息本身存在着更加显著的偏差特征。

2）基于个体基础需求的环境初级感知反应

基于上文所述，在环境初级感知过程中，一方面环境感知的对象发生了变化，由客观环境构成要素转变成具有一定感知导向效应的客观环境外显形式。另一方面，个体基础需求在环境初级感知过程中的介入，也使得客观环境表征与环境初级感知之间显现出一定的偏差（图 6.6）。对于主客观交互的环境初级感知所呈现出的偏差，首先其可以被看作是具有不同感知导向的环境构成要素相互关联，并与个体初级生理及心理需求和动机相结合的结果。同时，这种主客观之间的初级偏差效应也是人们环境初级感知形成的内在驱动力。在一定程度上，人们环境初级生理及心理感觉反应与客观环境信息之间的偏差，反映了主观感知与客观环境相互作用的城市意象形成过程，即在客观环境构成要素可见性和可识别性基础上的，感知个体对客观环境信息的初步过滤、归纳与选择，以及在此基础上的初级反馈。环境初级感知形成过程中的主客观偏差，在很大程度上不再受客观环境构成要素可见性序列的影响，而是受到人们初级生理与心理层面对客观环境构成要素的感觉权重反馈，以及客观环境要素对人们初级感知的刺激反应。因此，在环境初级感知与客观环境形式之间所具有的偏差影响下，一方面，人们对于客观环境中相关的构成要素，以及这些要素相互关联所形成的整体形式具有了更加明确的主观感知导向，使得人们能够从繁杂的客观环境构成中逐步凝练和抽离出客观环境所具有的内涵特征，进而使得人们更进一步地感知和了解客观环境，形成对应的主观感知意象。例如，人们对于客观环境不同主导色彩的权重评分，对于色彩氛围舒适度层面的初级心理感知具有直接的影响和导向效应。同时，在环境初级感知中的安全性和景观性方面，人们对于街道步行环境指标和景观可视指标所具有的较高权重，也使得人们对客观环境所具有的内涵的感知得到一定程度的强化。另一方面，初级环境感知的偏差效应，以及其中所反映出的人们对于个别客观环境构成要素的关注，以及这些要素对人们环境初级感知所具有的较高影响权重，也初步地反映出客观环境中个别特征要素对于人们主观感知的强导向效应。

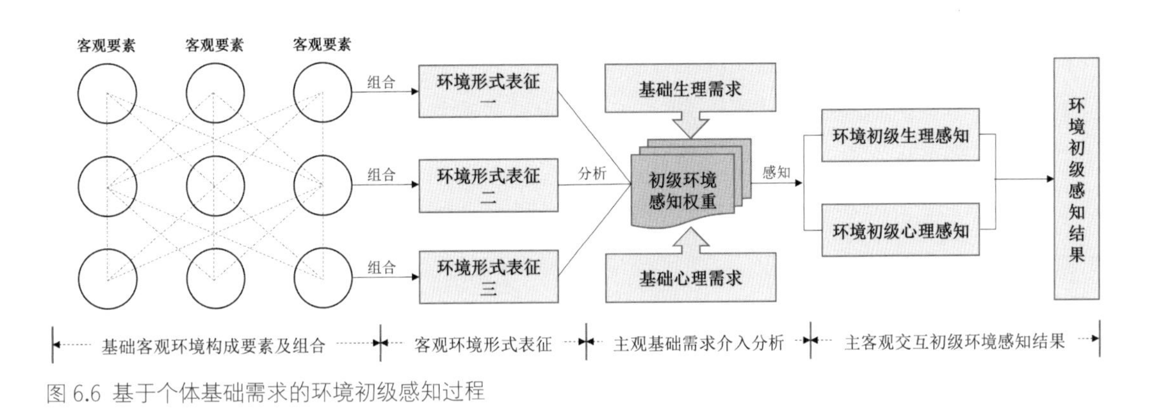

图 6.6 基于个体基础需求的环境初级感知过程

6.1.3 主观环境感知：客观环境内涵与主观认知理解

主观环境感知可以被认为是城市意象的最终环节，即人们对客观环境感知从环境观察的信息拾取，到环境表征的信息分析，再到环境感知的知觉理解所产生的对于客观环境认知的“出口”。在城市意象感知形成的过程中，随着人们主观能动性在环境意象感知中的不断深入，一方面作为感知对象的客观环境已经从基础性的客观要素构成到要素组合外显的整体形式，发展为更为概括和抽象的环境内涵意蕴层面，即客观环境与人们主观情感的契合关系层面；另一方面，作为感知个体的人，其对于客观环境信息的理解方式，也逐渐从视觉感知层面的信息拾取、主观基础需求驱动的信息分析转变为完全主观化的信息认知理解层面。另外，主观环境感知的结果，在很大程度上也可以被看作是客观环境经过完整的信息拾取、信息分析和认知理解的环境感知过程后，对客观环境自身的反馈。因此，主观环境感知在很大程度上既是以客观环境表征为基础，以主观认知理解为导向的，对于基础性的客观环境信息结合自身主观需求与动机的感性认知。同时，它也可以被认为是对所获得的客观环境信息的一种更高维度的收敛，即将客观环境的构成要素、表征，以及客观环境的形式和感受，在更为抽象的环境意蕴层面的凝聚与融合。

1）基于客观环境内涵的主观认知理解

根据本书的研究结果，并基于主观环境感知量化评价平台的测度过程，从主观环境感知评价角度来看，人们对于客观环境场景的感知结果在很大程度上是基于客观环境整体的氛围意蕴所做出的，即人们更偏向于对一个客观环境场景进行整体性、概括性的全面感知。在这一层面，人们对于客观环境的认知理解在很大程度上与多个客观环境形式指标相对应，并反映出对多个客观环境形式指标融合后所呈现出的环境整体氛围内涵的主观认知反应（图 6.7）。例如，在南京中心城区主观环境测度方面，人们对于街道环境吸引力的感知就同时包含了环境社交氛围指标、环境色彩氛围指标，以及更为基础性的环境安全性、景观性等客观环境形式特征指标。由此可见，对于人们的主观环境感知而言，作为其感知对象的客观环境内涵在很大程度上是以客观环境构成要素为基础、以客观环境形式特征为构成部分的抽象体。其一方面反映了客观环境所具有的特征，是在客观环境构成要素及表征形式的基础上，对客观环境信息的收敛与抽象后对感知个体的信息传递。另一方面，其也体现了在主观环境感知阶段，人们对于客观环境的认知，并不是主观对客观环境构成的直接反应，而是对主观感知与客观环境之间相互作用关系、契合程度，以及两者之间关联特征的体现。

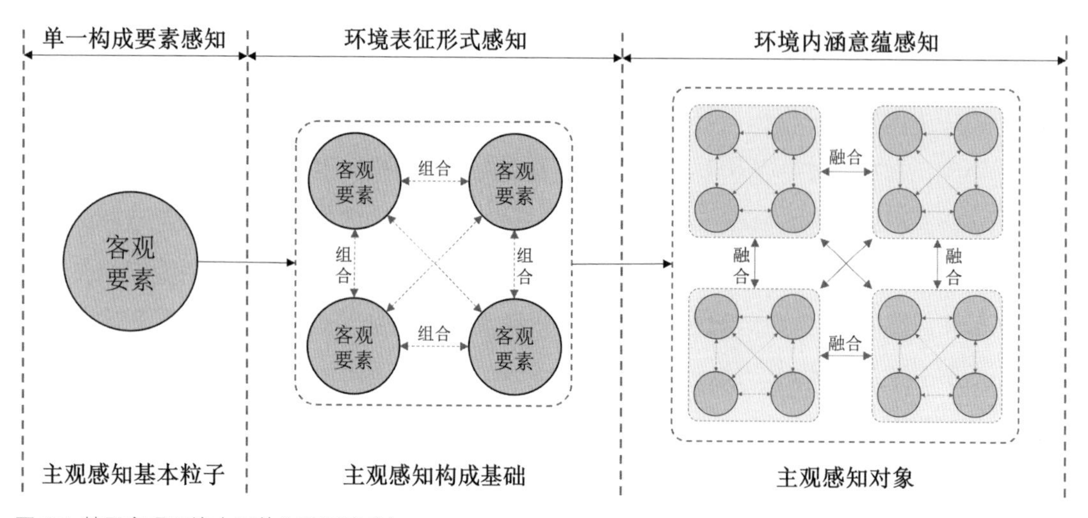

图 6.7 基于客观环境内涵的主观环境感知

2）主观需求与动机驱动下的环境意蕴感知

在对客观环境所具有的内涵意蕴感知的基础上，人们的主观环境感知会与其自身的活动动机及行为需求相关联[2]，进而对客观环境意蕴的感知延伸至自身的环境活动行为上，对客观环境的意蕴进行一定程度上的发散感知。这种对客观环境意蕴的感知发散，在很大程度上会导致主观环境感知与客观环境表征的偏差。本书第 5 章中，人们对于 #152670 街景图片所对应的南京长江路街道环境，在舒适性和吸引力两个主观感知方面的分异是对上述主观环境感知发散与偏差特征的典型反映。从主观环境感知评价指标的内容来看，舒适性指标更加侧重人们对于客观环境的氛围感受，即主观对客观环境意蕴的感知。吸引力指标则与人们潜意识中想要在街道环境开展活动的动机相契合，即在客观环境意蕴感知基础上，向主观环境行为动机方面的延伸。人们对于南京长江路街道环境，在舒适性层面具有较好的“舒适美观”的主观环境感知评价结果。然而，在吸引力层面，对于同样的街道环境，其主观环境感知结果却为“单调乏味”。由此可见，当人们出于不同感知需求与动机对同一个客观环境进行感知时，相同的环境会产生不同的主观环境感知结果。而这种主观环境感知内在不同导向下的感知偏差结果，在一定程度上也解释了城市意象所具有的多种内涵，以及个体自身需求与动机对意象感知结果的影响。

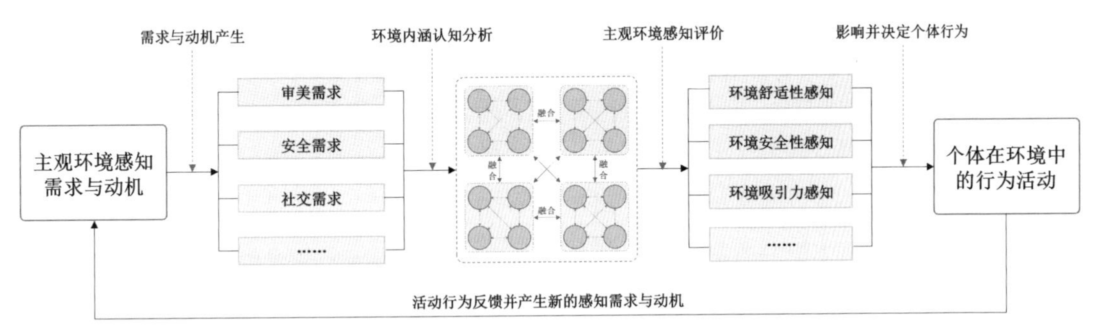

图 6.8 基于个体主观需求与动机的主观环境感知过程

6.2 主客观交互的意象形成条件

根据上文所述主观感知与客观环境偏差视角下，城市意象形成的三个阶段、各阶段中客观环境信息的进阶，以及与主观环境感知之间的偏差规律，可以归纳出主观感知与客观环境之间所具有的偏差层级，并以此为基础进一步总结出主客观偏差视角下的意象形成条件。在前文对客观环境构成要素及表征量化识别测度、环境初级感知解析，以及主观环境感知分析的基础上，客观环境要素经过人们的视觉观察、信息分析和认知理解，与最终形

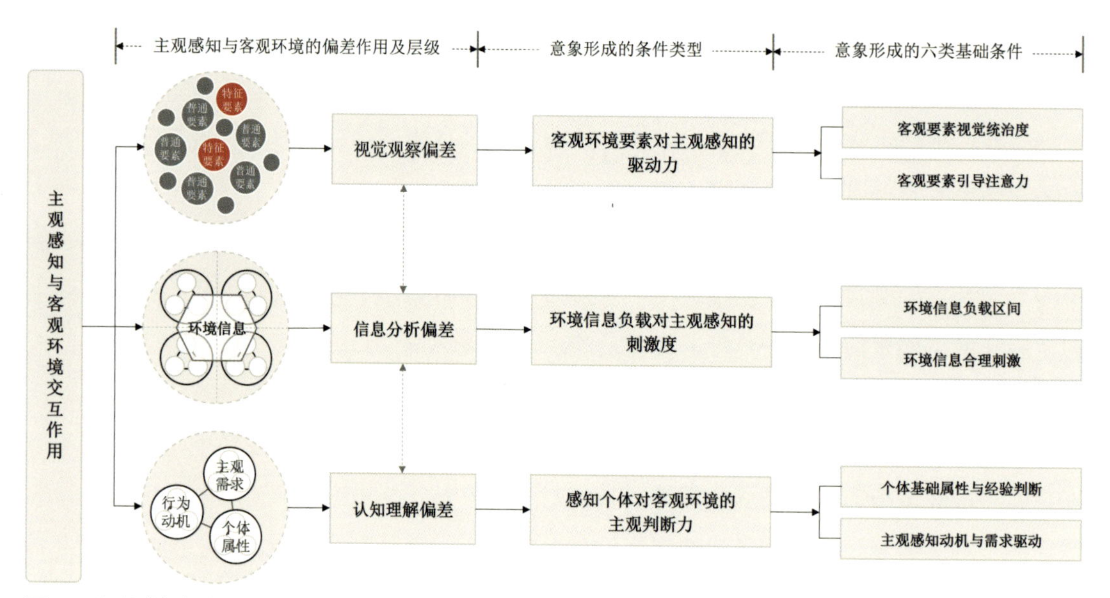

图 6.9 主观感知与客观环境的偏差层级与意象形成条件

成的主观环境感知之间存在三个方面的偏差层级（图 6.9）。

——视觉观察偏差。人们的环境观察结果与客观环境实际表征之间在视觉层面的偏差，主要是由客观环境构成要素在形式特征、视觉占比等方面对人们视觉观察所具有的不同影响程度而产生的。客观环境构成要素在视觉观察层面的基础可见性和可识别性特征，是其能够被人们观察拾取并记忆存储的基础。同时，由于人们观察客观环境的行为，本身也是主动理解环境的过程，因而，在此过程中，具有显著可见性、可识别性、特殊形式表征，以及对人们环境感知具有导向作用的客观环境构成中的特征要素，通常能够给人们更强烈的视觉刺激，并引起人们对其的注意力，使得人们在视觉观察的结果中弱化客观环境中天空一类的“背景”要素，进而在此基础上，导致人们的视觉观察结果与客观环境的实际表征出现偏差，并对人们的主观环境感知产生一定的导向效应。

——信息分析偏差。在个体基础需求与客观环境交互的初级感知阶段，客观环境信息分析的偏差主要体现在基于环境构成要素组合的客观环境形式信息与主观感知的关联层面。一方面，信息分析偏差表现为客观环境形式信息能否使人产生对应的初级感知反应。前已述及，基于客观环境构成要素的相互组合，环境表征信息存在低、中、高三个负载区间。过低和过高的环境信息负载均无法引起人们对应的感知反应，造成感知与环境的偏差。另一方面，信息分析偏差则取决于客观环境信息对主观感知导向的刺激度，即要素组合基础上的客观环境信息是否对人们产生一定感知导向的刺激作用及其程度。在这一层面，要素构成相对均衡、缺乏特征要素的环境则很难使人们产生明确的感知反应，进而导致主观感知与客观环境在信息分析层面的偏差。

——认知理解偏差。认知理解偏差与感知个体的主观需求与动机密切相关，其反映了人们从自身使用或体验空间角度出发，对于客观环境信息的不同理解。在此过程中，人们自身所具有的个体背景属性，以及主观的需求与动机在很大程度上主导并影响着环境感知的过程，进而在不同的需求与动机的驱动作用和个体属性的影响下，使得人们对于环境信息的认知理解与客观环境的实际信息内涵出现分异，进而导致最终所形成的主观环境感知意象与客观环境实际表征之间的偏差。

基于上述城市意象形成过程中，主观感知与客观环境之间所存在的三个偏差层级。对于人们的感知意象结果而言，上述的三个主客观偏差层级在很大程度上既反映了城市意象形成过程中，主观感知与客观环境相互作用产生的结果特征，也体现了主观感知与客观环境之间的交互作用关系，以及主客观偏差视角下城市意象形成的内在机制。因此，基于上述主观感知与客观环境的偏差层级，城市意象的形成条件可以归纳总结为由浅入深的客观环境要素对主观感知的驱动力、环境信息负载对主观感知的刺激度以及感知个体对客观环境的主观判断力三个方面。

6.2.1 客观环境要素对主观感知的驱动力

首先，在以环境观察信息拾取为核心的主客观交互的环境感知唤醒阶段，客观环境构成要素对感知个体所具有的视觉统治度，在很大程度上决定了人们感知客观环境的基础。此处，客观环境构成要素在人们环境观察中的视觉统治度，并不能简单地将其与客观环境构成要素的基础可见性比例或者可识别性程度直接关联，即客观环境要素的视觉统治度与相关构成要素占比的多寡并不直接相关。根据本书以街道环境为研究对象，主观感知与客观环境在城市意象形成方面所显现出的规律特征。客观环境构成要素及表征对于人们观察环境的视觉统治度，根据其在人们环境视觉观察过程中作用的不同方式，可以划分为客观环境构成要素在视觉层面的绝对统治度和引导注意力两个方面。

1）客观环境构成要素的视觉统治度

基于本书对客观环境表征、环境初级感知以及主观环境感知三个方面的分析结果，客观环境中构成要素既是主观环境感知的基础对象，同时也对人们的主观环境感知具有一定的导向作用。因而，当城市中某一环境被其内在的一类构成要素主导时，人们对该环境的主观感知在很大程度上会被该类要素所主导，进而产生与之对应的环境感知意象。这一现象所反映的即为，客观环境构成要素因其在环境表征层面所具有的绝对统治度，而对人们

街道环境构成要素占比

树木	道路	草皮	天空	小型汽车	其他
78.5%	13.7%	5.84%	1.03%	0.89%	0.04%

图 6.10 客观环境构成要素的绝对统治度

的主观感知具有直接导向的影响效应。在这一层面，主观环境感知与客观环境表征之间的偏差，在很大程度上是受客观环境中某类构成要素绝对统治度的影响，而对其进行了主观感知层面的放大作用，并使其成为主观环境感知中的绝对主导要素，并在一定程度上忽视了客观环境中的其他构成要素，以及这些要素对主观感知的影响作用。例如，南京中心城区内在景观性、舒适性层面均具有较好环境感知评价的紫金山路。一方面，树木要素在其整体环境构成要素中的绝对主导比例（图 6.10），使得人们对其直接产生了具有较好景观性和舒适性的环境感知评价；另一方面，树木要素在整体街道环境中的绝对统治度，也使得人们对于街道环境景观性层面的感知在一定程度上被放大，从而忽视了缺乏步行道、环境开敞度较低等对人们的主观环境感知具有负面影响的客观环境表征。

2）客观环境构成要素的引导注意力

根据本书在环境初级感知及主观环境感知方面的结论，在人们对客观环境进行感知的过程中，受到作为感知来源的客观环境构成要素基础可见性和可识别性的影响。客观环境构成要素所具有的基础可见性和可识别性，是人们能够拾取外部客观环境信息，并进行感知的基础条件。但是，真正直接影响人们对于环境的初级反应和主观感知的，并不是客观环境构成要素在一个城市场景中所具有的可见性水平，或者有别于其他要素的可识别性，而是与人们的主观环境感知具有一定的联系，并能够使得人们对其产生超出其他要素的注意力，进而影响人们的主观环境感知结果（图 6.11）。布莱恩·劳森在《空间的语言》中曾借助其在新加坡街道环境的感受，提出过类似的客观环境构成要素在人们主观环境感知过程中，与其所具有的要素位置和比例无关的感知特征[3]。劳森将其抽象地归纳为空间中因客观构成要素所具有的不同程度的感知力，而呈现出的“背景”与“前景”的关系。在本书中，根据人们环境初级感知在景观性层面的测度结果，以及所对应街景的客观环境构成要素识别结果，可以从主观感知与客观环境的偏差层面，对城市意象形成中的客观构成要素的引导注意力进行更加明确的说明。以南京中心城区的樱花路为例，通过

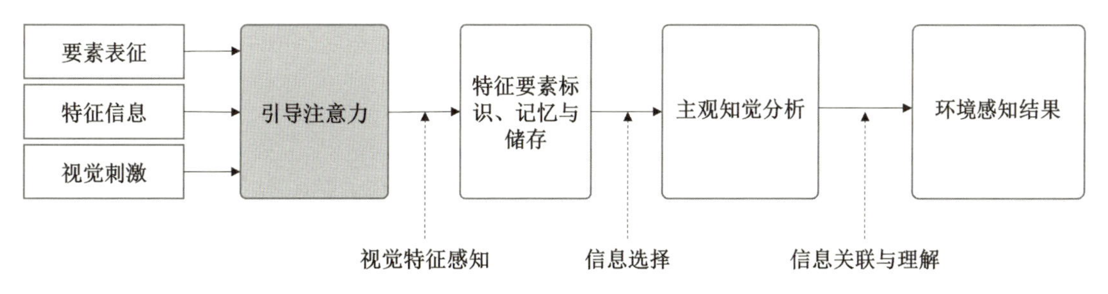

图 6.11 客观环境构成要素对主观环境感知的引导注意力

对樱花路所对应的街景数据进行语义识别，统计其客观环境各构成要素的占比情况（图 6.12）。结果发现，在街道环境中占有最高可见性的要素为建筑，而反映街道环境景观性的山体及草皮要素的占比之和仅为 19.4%，低于建筑要素的占比。但是，在环境初级感知的景观性层面和主观环境感知的舒适性层面，樱花路的环境感知评价均相对较高。根据这一结果，在很大程度上可以认为作为具有典型景观特征的山体要素，在人们的环境感知中发挥了“前景”的作用，即山体要素虽然在占比及对应的要素可见性层面，相对于建筑及道路要素较低，但是其对于人们环境感知的引导注意力，以及对人们环境感知的导向作用均显著高于其他环境构成要素，使得人们对于樱花路的主观感知与客观环境产生了偏差，从而最终形成拥有较好景观的、舒适的感知意象。

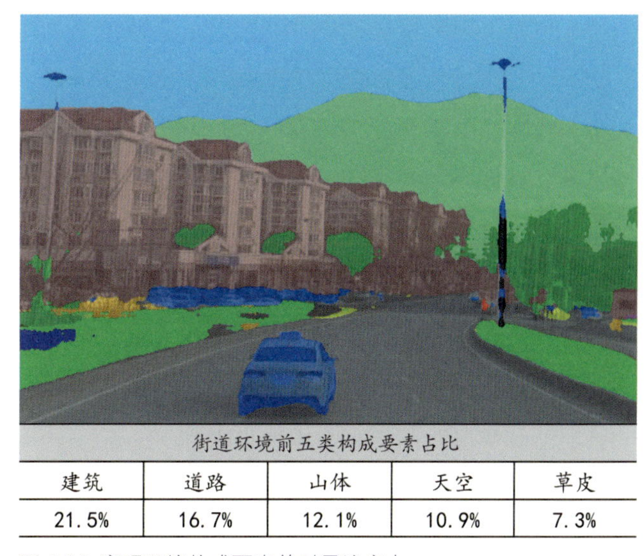

街道环境前五类构成要素占比

建筑	道路	山体	天空	草皮
21.5%	16.7%	12.1%	10.9%	7.3%

图 6.12 客观环境构成要素的引导注意力

6.2.2 环境信息负载对主观感知的刺激度

随着人们对于客观环境的感知从信息拾取向信息分析进阶，主观感知与客观环境之间的作用层级，也从客观环境构成要素在人们环境观察中所具有的视觉层面的感知影响，向客观环境通过内部各要素的组合所表现出的形式，以及其所具有的整体环境信息特征对人们初级感知反应的影响层面转变。在此过程中，客观环境由具有相同感知导向的客观要素组合形成的信息负载，以及其对人们初级感知反应的刺激作用成为城市意象形成的主导因素，也是造成该层面上主观感知与客观环境偏差的内在原因。

1）环境信息刺激与可意象性

凯文·林奇在经典城市意象理论中曾对环境的可意象性内涵进行了一定的阐述，指出了人们对客观环境产生意象感知的基础①。在以环境表征信息为主要感知对象，主观信息分析为感知方式的城市意象第二阶段，客观环境内部各要素相互组合所形成的环境特性，以及基于客观要素组合所传递出的环境信息对人们主观感知的刺激作用，在很大程度上决定了人们对客观环境的初级感知意象。在此阶段，客观环境信息刺激与主观环境可意象性之间的相互作用关系主要围绕客观环境能否使得人们产生对应的意象感知反应，以及客观环境所传递出的组合信息能够使人们产生什么感知意象这两个方面进行。首先，客观环境所具有的信息刺激与人们意象感知反应的对应关系，主要表现为客观环境中相关要素之间的组合形式或秩序，对人们基础性的主观生理或心理反应的刺激作用。例如，基于本书第 4 章的内容，街道环境中道路要素与机动车要素之间的组合，以及所传递出的车辆干扰度，对于人们基础生理需求的安全性具有直接的刺激作用，能够引起人们在安全性层面的感知反应，并与其他相关的要素组合形式和信息刺激相结合，进而产生环境安全性层面的初级感知意象（图 6.13）。在此基础上，街道环境中车辆干扰度和街道环境可步行性作为具有明确导向性的环境刺激信息，在很大程度上决定了与其相对的人们的初级环境意象感知。

2）环境信息负载与感知行为

客观环境信息负载是在环境信息刺激与可意象性相互作用基础上，对人们的主观环境感知更加综合和整体的影响效应。环境的信息负载不仅包括了客观环境中各构成要素的多少，还包含了基于不同要素组合形式的客观环境内涵意蕴的构成及复杂程度。基于环境行为学中关于环境信息复杂对人们感知行为的影响[4]，并结合本书的相关解析和研究结果，环境信息负载对人们感知意象的影响可以被划分为客观环境表征和客观环境意蕴两个层面，以及各自所含四个不同程度环境信息负载对应的主观感知意象（表 6.1）。

---

① 凯文·林奇在《城市意象》一书中指出，环境的可意象性是有形物体中所蕴含的、能够引起观察者强烈意象感知的特性，即作为感知对象的物体不仅仅是被观察到，还应该能够使人们感知到。

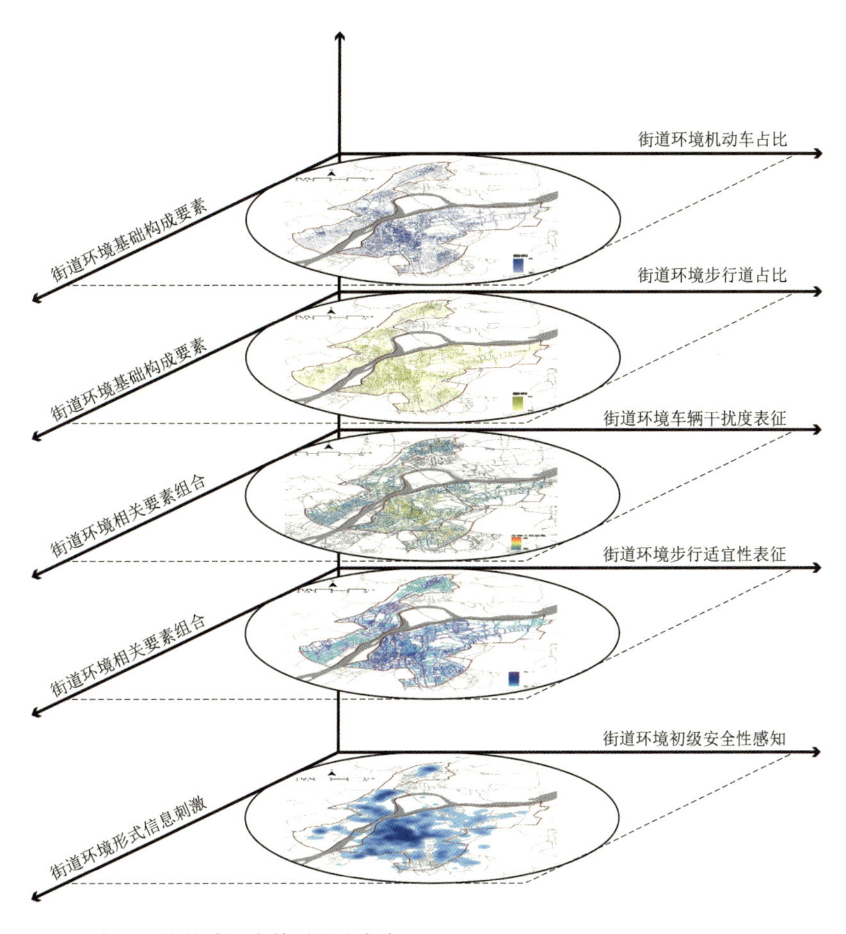

图 6.13 客观环境构成要素的引导注意力

表 6.1 环境信息负载在不同层面的感知意象形容

客观环境表征层面		客观环境意蕴层面	
高环境信息负载	低环境信息负载	高环境信息负载	低环境信息负载
丰富的	单调的	变化的	静止的
非均质的	均质的	随机的	规律的
复杂的	简单的	新鲜的	熟悉的
……	……	……	……

基于表 6.1 所述内容，不论是在客观环境表征层面或客观环境意蕴层面，不同程度的环境信息负载，对于人们主观感知的反应程度，以及基于主观感知的环境行为均具有很强的导向作用。在客观环境表征层面，具有较高环境信息负载的客观环境所对应的“丰富的”等环境感知，会使得人们对街道环境所具有的吸引力产生更强的意象感知，进而更愿意在对应的街道环境中开展活动。同时，较高环境信息负载所导致的“复杂的”感知反应，也

会使得人们对街道环境产生负面的感知意象。例如，根据本书对南京中心城区街道环境色彩氛围的测度结果，具有较高环境色彩复杂度的区域，其相对应的色彩氛围舒适度则普遍较低。同样，在客观环境意蕴层面，能够使得人们产生“新鲜的”感知的环境，其环境信息负载相对于具有“熟悉的”感知的环境要高，其环境对于人们感知的吸引力也相对较高，人们对其也更容易产生特定的主观意象结果。因此，环境信息负载与感知行为之间所具有的影响关系，在很大程度上也解释了当前国内城市所具有的“千城一面”和“感知缺失”产生的内在原因。

6.2.3 感知个体对客观环境的主观判断力

在基于客观环境表征和信息分析的环境初级感知基础上，随着人们对客观环境感知程度的不断深化，人们对于所拾取的客观环境信息的理解开始进入个体主观能动性驱动下的信息理解与认知分析的主观环境感知阶段。作为主客观交互下城市意象形成的最终阶段，主观环境感知一方面可以被认为是客观环境表征信息的进一步延续与进阶，而与前述两者不同的是，此处客观环境信息的进阶不再是基于其内部构成要素的组合，或者整体环境的客观表征形式，而是在客观环境要素组合形式的基础上，向与人们主观感知相契合的环境意蕴层面进阶，即客观环境所具有的外显氛围特征；另一方面，感知个体所具有的主观需求与动机，及其自身背景属性特征对客观环境信息的理解和分析，也使得主观环境感知的结果与客观环境表征显现出一种融合与分异的特征。

1）主观需求与动机的感知导向

感知个体所具有的主观需求与动机是主观环境感知阶段的重要基础，其在很大程度上决定了人们对于客观环境的理解方式与感知导向。与环境初级感知中人们基础性的生理和心理需求不同，主观环境感知中个体的需求与动机本身也存在着一定程度的进阶。其对客观环境的理解与感知不仅延续了安全性等基础性的需求，同时还进阶产生了审美需求、功能需求、活动需求等更高层次的主观动机。在主观环境感知过程中，感知个体主观动机与需求的介入，标志着意象的形成内涵及方式，由主观被动受到客观环境刺激及导向影响，向主观主动选择和理解客观环境信息及内涵的转变。在个体主观需求与动机的驱动作用下，一方面人们对客观环境形式及信息的理解逐步深化，开始对客观环境与自身需求与动机相关的关系及内涵进行感知；另一方面，人们主观需求与动机对环境感知的导向作用，也使得主观环境感知的结果在对客观环境信息的理解、客观环境内在构成要素序列层面均呈现出较大程度的分异与偏差。

2）个体属性与经验的感知影响

在主观需求与动机对环境感知所具有的导向影响基础上，感知个体自身所具有的属性以及经验背景也对主观环境感知的结果具有一定程度上的影响。虽然受本书主要研究内容和边界的约束，本书在主观感知层面的研究对象并不是单一的感知个体，而是能反映出一定群体感知特征的公众意象。因而，前文对主观环境感知的解析过程中也并未将个体的性别、年龄、专业背景等作为影响参数进行针对性的分析。但是，由于本书所搭建的主观环境感知评价平台及辅助问卷在采集个体主观环境感知评价的过程中，统计了参评个体的背景信息，因此此处对个体属性与经验在主观环境感知层面的影响作用进行了简单探讨，而针对个体的城市意象研究将在本书的基础上进行更进一步的探索。

表 6.2 不同性别对于街道环境因素重要程度的感知统计

个体性别	街道环境景观	街道基础设施	山水要素可视度	街道建筑立面
男性	81.82%	23.23%	29.29%	65.66%
女性	71.62%	29.73%	33.78%	63.51%

资料来源：作者绘制

如表 6.2 所示，对不同性别的感知个体在街道环境构成因素重要性层面的评价进行统计，结果表明，男性对街道环境进行感知时，其更加侧重对街道环境中树木、草皮等景观要素，以及建筑立面的感知，并基于此来判断街道环境的类型及客观环境的整体氛围。女性对街道环境进行感知时，则更加侧重街道环境所具有的步行道、交通围栏等基础设施要素，以及山体、河流等重要景观特征要素的可视度层面。基于男性与女性在环境要素感知程度上的不同，两者在安全性、景观性和舒适性等方面的主观环境感知结果层面也表现出一定程度上的分异。由于女性对于街道环境基础设施（包含交通设施）的关注度要高于男性感知者，因而其对于街道环境安全性的感知相较于男性而言更为强烈，进而导致不同街道环境在安全性感知层面的主客观偏差更为显著。

表 6.3 不同专业背景对于街道环境因素重要程度的感知统计

专业背景	街道环境景观	街道基础设施	山水要素可视度	街道建筑立面
具有城乡规划专业背景	82.29%	20.83%	32.29%	70.83%
不具有城乡规划专业背景	71.43%	32.47%	29.87%	57.14%

资料来源：作者绘制

主观环境感知在个体层面的分异，还体现在感知个体所具有的专业背景，以及自身所具有的相关经验判断层面。如表 6.3 所示，对有、无城乡规划专业背景的感知个体在街道环境构成要素重要性层面的评价进行统计，结果表明，具有城乡规划专业背景的感知个体在街道环境景观、山水要素可视度及街道建筑立面三项环境感知因素层面，其感知的重要程度均高于不具有城乡规划专业背景的感知个体。而不具有城乡规划专业背景的感知者仅在街道基础设施方面高于具有相关专业背景的感知个体。基于有、无城乡规划专业背景的感知个体在环境感知因素上的分异，以及相关环境感知因素的性质，可以进一步发现两者在主观环境感知行为和动机方面的差异。具有城乡规划专业背景的感知者更加注重街道环境可以被人为改变或优化的、具有整体美学效应的要素。例如，其可以通过设计景观廊道来优化对山体、河流等特征景观要素的可视度，进而提升环境的主观景观性和舒适性感知。不具有城乡规划专业背景的感知者，在其主观感知环境的过程中，则更多是从其使用环境的行为出发。其更关注对其自身具有基础且直接影响的客观环境要素，并在此基础上建构更高层级的环境景观舒适性、吸引力等的感知意象。

6.3 主客观耦合的意象结构五元素

意象结构是对主观感知与客观环境偏差视角下，人们环境感知意象在城市整体空间层面所显现出的结构性特征，其通常被用来描绘一座城市基于人们环境感知所显现出的“显性结构”，也是城市规划与设计在城市特色意象营造层面的重要基础（图 6.14）。凯文·林奇的经典城市意象理论中最广为人知的即为，其根据受访者在波士顿、新泽西和洛杉矶描绘的心智地图在空间形态层面所显现出的共性，进而归纳出包含道路、边界、区域、节点和标志物在内的结构性的城市意象五元素。在经典城市意象五元素自 1959 年被提出至今的 65 年内，其被广泛应用于大量城市意象营造的规划实践项目中，也被环境行为学等相关学科作为人们认知环境研究的切入点。然而，经典城市意象五元素的局限性，也在此过程中也受到广泛的批判，本书在第 1 章中已经对此局限性进行了论述。

基于本书在主观感知与客观环境偏差视角下的城市意象形成模式研究结果，归纳总结在客观环境构成要素及表征解析、初级环境感知以及主观环境感知解析层面所对应的要素及感知分布结构。在主观感知与客观环境偏差视角下，由于客观环境构成要素相互之间，客观环境构成要素及表征与主

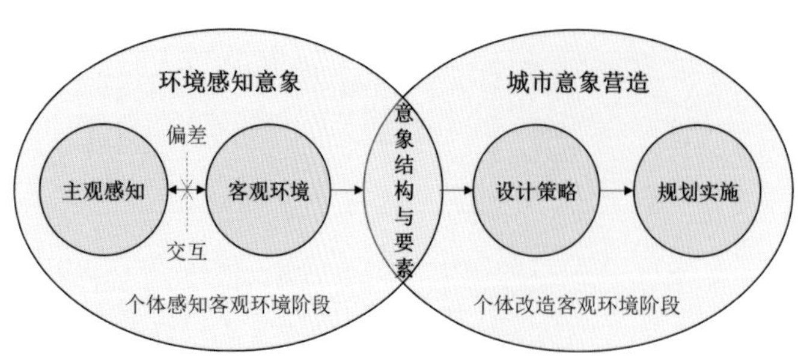

图 6.14 城市意象感知结构与城市规划实践的关系

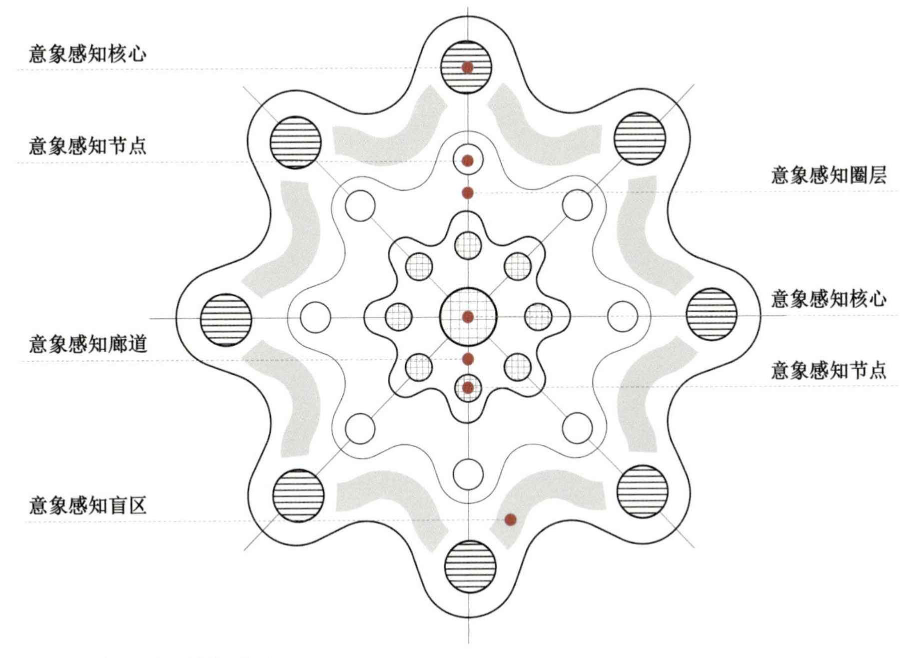

图 6.15 意象感知结构模式

观环境感知之间所具有的感知强化、感知消减和感知塌陷等关联特征，主客观偏差视角下的城市意象在城市整体空间层面也显现出一定的结构特征。根据主观感知与客观环境偏差视角下，所形成的城市意象结果在空间层面的分布特征，本书将其归纳为由核心、节点、廊道、圈层和盲区五种空间结构元素所构成的城市意象结构体系（图 6.15）。

6.3.1 核心

主观感知与客观环境偏差视角下的意象感知核心，在整体空间层面表现为客观环境构成要素与对应的主观环境感知在空间中某一区域的高强度集聚，显现出主观环境感知与客观环境构成要素及表征在空间中分布态势的对应与集中。意象感知核心的形成基础是客观环境构成要素及表征，与主观环境感知之间所具有的强化感知效应（图 6.16），即客观环境中相关的、对人们的主观感知均具有正相关影响的构成要素在城市整体空间中某一区域的集中分布，使得人们对于该区域产生超出客观环境表征的

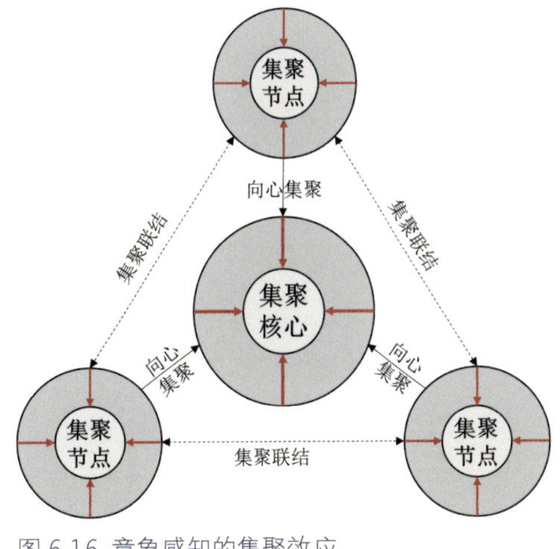

图 6.16 意象感知的集聚效应

强化感知效应，进而在城市整体空间分布层面形成基于主客观强化效应的意象感知核心。例如，在环境景观性感知层面，当主要影响要素的树木、草皮、山体、河流在某一街道环境中均集中分布，客观环境在景观可视度、绿视率等方面均显现出良好的表征时，人们在对该街道环境进行感知时，会在一定程度上忽视街道场景中所存在的道路、车辆等要素，进而在景观性层面形成优于客观环境表征的主观环境感知，并在空间层面形成景观性方面的意象感知核心。

在主观感知与客观环境所具有的强化集聚效应基础上，根据本书对南京中心城区街道环境在客观构成要素及表征、环境初级感知和主观环境感知层面的测度结果。主客观偏差视角下的意象感知核心可以根据其内涵构成，进一步划分为两类形式。第一类为单类型意象感知核心。此类型的意象感知核心，仅在某一感知类型方面呈现出空间结构上的集聚分布态势，而在其他类型的感知层面却并未形成明显的空间集聚效应。例如，在南京中心城区东北侧的龙王山周边区域，其仅作为景观性层面的意象感知核心。第二类为多类型意象感知核心，即城市中的某一区域在多个感知层面均显现出主观感知与客观环境的强化集聚效应。此类区域普遍具有较高的环境信息负载，但同时又能够使人在不同的感知导向层面产生较为明确的环境感知意象。在南京中心城区范围内，由新街口—大行宫所构成的南京主城中心区[5]即为该意象感知核心形式的代表。在该区域范围内，城市意象感知在环境安全性、舒适性、吸引力等方面均显现出较高的集聚特征。基于此，在城市整体空间层面，意象感知核心按照量级的差异分为主要意象感知核心和外围意象感知核心。其中，主要意象感知核心的客观环境信息负载较高，其通常为多感知类型意象感知核心。外围意象感知核心的客观环境信息负载相对较低，其通常只在某一感知方面显现出集聚核心的意象感知分布态势，并主要分布在城市外围新区范围内。

6.3.2 节点

意象感知的节点在一定程度上可以理解为较低集聚强度的感知核心，其在形式上与意象感知核心相似，均反映出主观感知与客观环境在城市空间层面所具有的集聚效应。相对于意象感知核心，主观感知与客观环境偏差视角下的意象感知节点在环境信息负载量级、内涵、集聚范围尺度方面均明显弱于意象感知核心。通过观察主观感知与客观环境偏差视角下，南京中心城区在不同感知层面所显现出的意象感知节点，可以发现，意象感知节点在内涵层面通常只能够涵盖一类感知导向。例如，南京中心城区内，由鸡鸣寺—长江路所构成的景观性意象感知节点，奥体中心周边街道构成的安全性意象感知节点，以及由宁海路、颐和路构成的历史文化意象感知节点等。因此，在很大程度上可以认为，意象感知节点形成的内在原因为，在人们主观环境感知过程中，客观环境构成要素在人们观察和信息分析中所具有的视觉感知统治度效应，即客观环境中的某类要素在人们环境观察层面所具有的较强引导注意力，使得人们在主观感知时，将该类要素进行了放大，并用以标记其所对应的客观环境。

另外，在分布形式方面，由于意象感知节点通常只涵盖一类感知导向，因而其在整体空间层面呈现出整体零散、多感知类型节点交错分布的特征。一方面，意象感知节点的单一内涵，使其在很大程度上只能与城市中的少数空间相对应，因而在整体空间上显现出多节点零散分布的特征。另一方面，意象感知节点所具有的单一导向内涵特征，使得在整体空间层面，不同类型导向的意象感知节点邻近但不集聚，不同意象感知节点之间也不存在相互关联或链接的态势，使得在不同类型导向的意象感知节点之间存在明显的隔断，进而在整体空间层面形成了不同类型的意象感知节点交错分布的特征。

6.3.3 廊道

意象感知廊道所反映的是在主观感知与客观环境偏差视角下，环境感知意象在整体空间结构分布层面所呈现出的线性延伸及集聚特征。在结构表征层面，意象感知廊道根据其构成的内在关系差异，可以被划分为两种形式。

第一种形式的意象感知廊道，在很大程度上是以意象感知核心和意象感知节点为基础，基于感知核心—节点的向外延展态势和相同导向类型感知节点之间在空间层面所具有的邻近链接效应，而在整体空间层面所形成的高低起伏①的线性意象感知廊道（图 6.17）。此类意象感知廊道，在很大程度上可以看作是以城市整体空间主要的意象感知核心为原点，通过意象感知节点为串联基础，借助城市基础路网的结构，呈现出的意象感知的线性辐射和延伸。根据本书研究结果，在南京中心城区范围内，此类意象感知廊道主要体现在以主要生活服务设施集聚区为意象感知核心，部分街区或社区的生活服务设施集中街段为节点的生活服务类感知

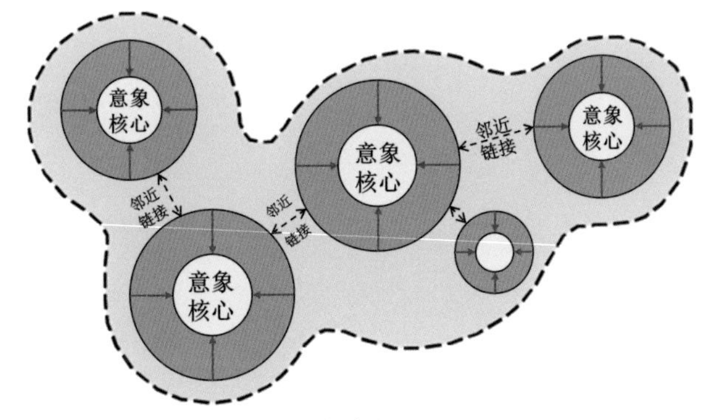

图 6.17 意象感知的邻近链接效应

① 意象感知廊道中的高低起伏特征，其内在的基础原因是受意象感知核心和节点所具有的感知集聚程度，因意象感知集聚程度的差异，而在意象感知廊道中形成高低起伏的波动特征。

意象结果中。

相对于上述第一种以意象感知核心和节点为基础的廊道，另一种意象感知廊道则主要是某一类或某几类感知环境，在整体空间层面所呈现出的线性集聚特征。在此类意象感知廊道形式中，一方面其整体意象感知的程度较为均质，从而在整体层面不具有意象感知的核心或节点。另一方面，作为意象感知基础的客观环境构成要素及表征在此类感知廊道中，也具有较为均衡的组成态势，从而使得人们的主观环境感知不会存在因视觉观察差异，或环境观察变化而导致的意象感知断点，使得人们在某一类感知导向层面，可以形成连续且平均的感知结果。根据前文研究结果，在主观感知与客观环境偏差视角下的意象感知层面，环境初级感知的景观性及主观环境感知的舒适性所对应的环境意象感知，均反映出此类意象感知廊道的空间分布态势和特征。

6.3.4 圈层

意象感知圈层相对于前三者而言，是意象结构中尺度相对最大的构成要素，其反映出的是意象感知在整体空间层面的面状延展和扩散。基于本书研究内容，意象感知圈层根据其所体现的内涵不同，同样也具有两种不同的形式。

第一种意象感知圈层，是以意象感知核心、节点、廊道为构建基础，在空间层面所显现出的圈层扩散效应，即基于意象感知核心，呈现出由内向外或由外向内的递增、递减的感知变化趋势[图 6.18（a）]。根据本书研究的相关结果，在核心意象感知圈层的内部结

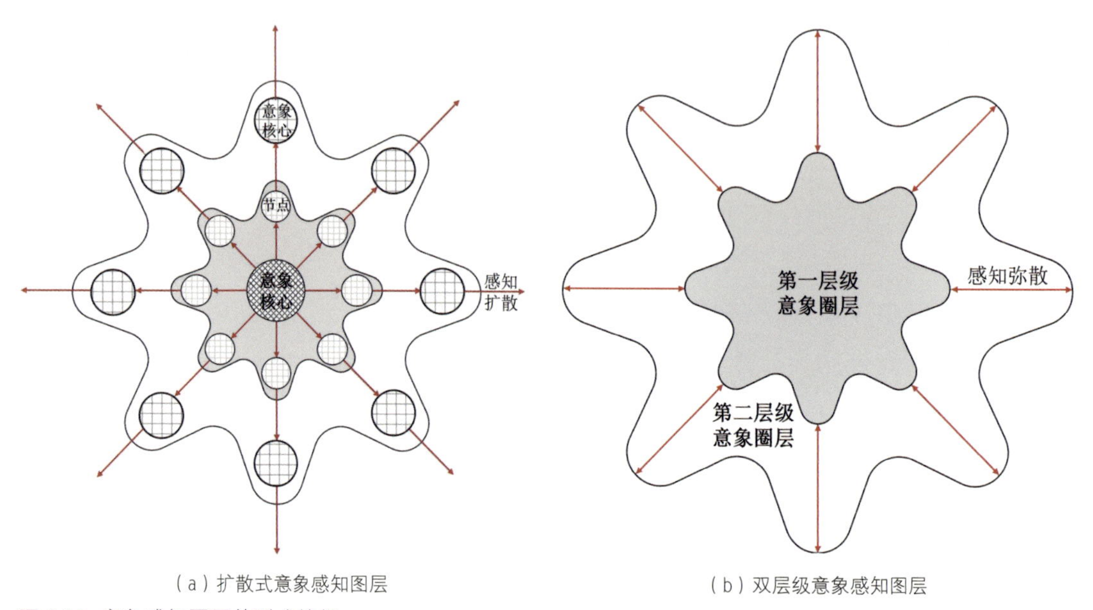

（a）扩散式意象感知图层　（b）双层级意象感知图层

图 6.18 意象感知圈层的形式特征

构层面，意象感知的核心是整个感知圈层的中心，意象感知的节点在一定程度上是意象感知圈层中的支点，而意象感知廊道则是整个圈层的结构骨架。此类型意象圈层的内在形成机制是，以意象感知核心和节点之间，以及意象感知节点与节点之间所具有的辐射扩散效应为基础，通过意象感知廊道的相互串联，而在整体空间层面所外显出的意象感知面状分布态势。根据本书的测度结果，南京中心城区在主观感知的安全性、舒适性和吸引力层面均体现出此类意象感知圈层的分布特征。

第二种意象感知圈层则反映的是，在主观感知与客观环境偏差视角下，意象感知在整体空间层面所呈现出的均质化、均衡弥散分布特征［图 6.18（b）］。在此类意象感知圈层中，不存在明显的意象感知核心、意象感知节点以及廊道，其在整体空间分布上呈现出一种整体性、全面性、均衡化的感知分布态势。同时，由于客观环境信息负载及其对人们主观环境感知的影响，因而在整体空间层面，此类意象感知圈层在一定程度上会呈现出由不同意象感知程度而形成的两层级双圈层结构形式。在本书对南京中心城区生活服务类街道环境主观感知判断的解析中，其主观感知判断结果即显现出此类双意象感知圈层的分布态势与特征。

6.3.5 盲区

意象感知盲区所反映的是，主观感知与客观环境偏差视角下所产生的无意象感知，或者无明确意象感知区域的空间分布特征。根据本书相关研究结果，意象感知盲区在整体空

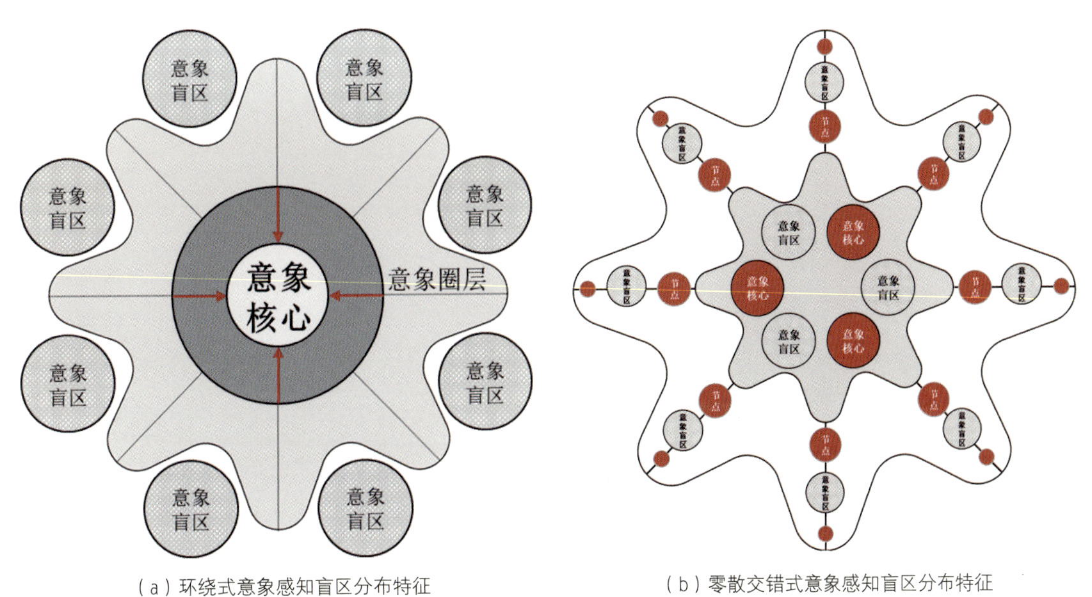

（a）环绕式意象感知盲区分布特征

（b）零散交错式意象感知盲区分布特征

图 6.19 意象感知盲区结构分布特征

间层面呈现出环绕式和零散交错式两种分布特征。环绕式意象感知盲区主要出现在意象感知核心周边，或者意象感知节点与节点之间的范围内［图 6.19（a）］。此类意象感知盲区，在一定程度上是造成意象感知阻隔和断点的原因，同时也是意象感知核心与节点形成的潜在驱动力。在城市空间中，意象感知盲区与意象感知核心所对应的客观环境在人们主观环境感知层面所具有的显著分异，使得人们会对意象感知核心所对应的环境产生更加显著的意象感知，进而促进了意象感知在某类空间环境中的集聚效应。零散交错式意象感知盲区在整体城市空间层面，显现出的是一种随机的、无结构规律的散布特征。在城市空间中，零散分布的意象感知盲区主要与其所对应的客观环境具有直接的关联，其反映的是无法使人们产生明确主观环境感知的客观环境。

在上述两类意象感知盲区特征基础上，根据本书研究结果推断，主观感知与客观环境偏差视角下意象感知盲区的形成，主要可以归纳为三个方面的原因。首先是客观环境构成要素及外显表征，在人们环境信息拾取、分析及主观感知过程中的对冲消减效应。前已述及，客观环境中的构成要素对人们感知的影响存在正、负相关性的差异，从而使得当具有正相关性的客观要素，与负相关性的要素在对主观感知的信息刺激度、信息负载度等方面存在相同量级时，人们对于其所在环境的整体意象感知会受到这种要素间的对冲抵消效应而无法做出明确的环境感知。其次是客观环境信息的塌陷效应。根据前文所述，客观环境信息负载与人们主观环境感知之间所存在的内在作用机制，当作为感知对象的基础客观环境，其信息负载量无法达到唤醒人们对应的主观环境感知导向时，即出现了基础性的信息塌陷，人们无法对该环境做出明确感知反馈，进而导致意象感知盲区的形成。最后是由于作为基础感知对象的客观环境信息负载过大，使得客观环境对人们的主观感知刺激过度，即客观环境过于复杂，使得人们无法对相关的客观环境做出明确的感知意象，进而形成意象感知的盲区。

综上所述，主观感知与客观环境偏差视角下的意象感知结构元素，是在对所在城市环境进行大规模测度和现状分析的基础上，对城市特色意象进行营造和规划的结构基础。通过对主观感知与客观环境偏差视角下，城市所具有的意象感知结构的梳理，可以在很大程度上明确城市意象体系，进而指导对应的城市规划与设计。其中，意象感知的核心与节点是城市意象的锚点，是城市环境意象营造的主要着力点。意象感知廊道则在一定程度上与城市特色意象风貌体系相对应，是城市环境意象营造的骨架。意象感知的圈层在与城市环境意象营造的特色意图区存在内在的关联，而意象感知盲区则是城市环境意象营造中所需要重点关注和解决的空间范畴。

参考文献

[1] Zhang F, Wu L, Zhu D, et al. Social sensing from street-level imagery: A case study in learning spatio-temporal urban mobility patterns[J]. ISPRS Journal of Photogrammetry and Remote Sensing, 2019, 153: 48–58.

[2] Liu Y Q, Zhang Y P, Jin S T, et al. Spatial pattern of leisure activities among residents in Beijing, China: Exploring the impacts of urban environment[J]. Sustainable Cities And Society, 2020, 52: 101806.

[3] 劳森 . 空间的语言 [M]. 杨青娟，韩效，卢芳，等译 . 北京：中国建筑工业出版社，2003.

[4] 李道增 . 环境行为学概论 [M]. 北京：清华大学出版社，1999.

[5] 秦诗文，杨俊宴，廖自然 . 基于多源数据的城市中心体系识别与评估：以南京为例 [J]. 南方建筑，2020(1):11–19.

从农业时代的古文明变迁到工业时代的数次革命浪潮，历史的巨轮滚滚向前，我们在其中的力量确实渺小。但渺小的砂砾，只要能跟着浪潮的步伐，也能在历史的长河中找到自己的一席之地。在未来的日常生活中，虚拟体验将成为常态。不断提高的运算效率使得机器之间能够交互，物联网将对人们的生活和经济振兴产生重大影响。

——马库·维莱纽斯（Markku Wilenius）

·7·

展望：数字化背景下的城市意象认知模式

凯文·林奇于1959年完成的《城市意象》一书中根据人们对城市实体空间的感知所绘制的心智地图，提出了由道路、边界、区域、节点和标志物构成的城市意象五元素[1]。根据这五个基本元素，可以绘制任何一座城市意象的结构[1]。虽然在过去的60多年间有大量的学者对凯文·林奇所提出的经典城市意象理论进行了各种批判[2-3]，但意象五元素仍然是当前在城市意象研究领域被广泛使用的经典理论。然而，在以信息化、数字化和人工智能为引领的康德拉季耶夫第五次社会浪潮中[4]，基于五元素的经典城市意象理论正愈发显现出其在人们认知城市及城市意象本身建构过程中的局限性。

计算机和智能技术在城市及社会系统中的深度嵌入正在促进数字维度与物理维度的融合，城市正逐步演变成一个数字与物理维度相融合的复杂系统，进而使得城市空间进阶到虚实交互的新状态[4]。这种新状态下，虚实交互的城市空间一方面影响着人们认知城市模式的转变。城市意象的核心认知模式随着云端数据和互联网的深度嵌入，逐步演化并超越城市的实体空间，显现出视觉认知与虚拟认知相融合的模式。另一方面也影响着人们认知对象的转化。城市意象的认知对象逐渐从城市的实体要素转化为附有特殊信息的城市空间。例如，随着抖音和社交媒体的发展，逐渐诞生了城市“网红”空间。单就其实体空间而言，它可能只是普通的一个店铺，但是由于其具有特殊虚拟空间的信息特性，从而使得人们对它的认知度在一定程度上甚至超过了城市地标。上海陆家嘴的迪士尼旗舰店和英国伦敦国王十字火车站就是这类虚实交互认知空间的典型代表。前者是童话世界与现实空间的虚实共同体，后者则是魔法世界与现实空间的融合体。这类空间的产生和发展，其背后所反映的正是信息化社会背景下，认知主体对虚实交互的城市空间意象认知模式的数字化转变。

城市意象的产生是认知主体与被认知客体之间一个双向的作用过程[1]。因而，在数字化背景下，作为被认知客体的城市空间发生变化，并显现出虚实交互的状态后，认知主体对于城市的认知行为必然会随之改变，从而出现城市意象认知方式的数字化趋势及特征，这种特征在上述研究的方法、数据源和研究内容中均有所体现。另外，相对于经典城市意象理论，数字化背景的城市意象认知模式不仅在认知特征上与前者不同，在城市意象的认知主体和认知逻辑上也与前者存在差异。

7.1 城市意象的数字化认知特征

7.1.1 环境认知对象的数字化

作为城市意象中被认知对象的城市空间，受到由网络、即时数据等建构的虚拟数字空间的影响，其维度逐渐由空间单维发展为时空双维，由物质实体扩展为虚实交互体。人们对于城市的意象认知不再只是对诸如公园、地标，或是密度、高度、街宽比等物理维度，而是逐渐关注城市中具有特殊意义或是信息特征的空间。近年来，各地开始大量涌现的“网红”空间、“打卡”地点等正是认知对象维度扩展的真实反映。这些特定城市空间本身在高度、立面以及其所处的地理区位相对于其他空间并不具有特殊性，而之所以成为“网红”空间的原因，正是由其所特有的非物质属性所造成的。例如，曾经位于南京市北京东路的 Line Friends 咖啡店（现已拆除），其相对于一路之隔的南京地标紫峰大厦而言仅仅是所在购物广场的一个店铺，而其之所以成为南京意象中的一个重要认知热点，则是其背后网络社交所建构的虚拟网络与实体空间的结合。另外，李云等基于夜间遥感光强度数据和互联网媒介图像信息对珠海的城市夜景意象进行研究[5]，结果表明城市意象认知也存在时间维度上的变化。这也说明城市意象的认知对象并不是恒定、静止的，而是随时间的推移呈现出时空双维动态变化的特征。

7.1.2 个体认知行为的数字化

随着城市意象认知对象的数字化，无处不在的即时信息，通过智能手机被人们即时地感知，认知主体对于城市空间的认知行为也随之变得更加主动，与城市空间之间的互动更加顺畅和高频。城市意象认知的形成也不再是人们根据城市空间所提供的要素进行感知，而是通过物联网、即时信息更加主动地寻找自己所需要的特定认知空间。这种认知行为的数字化特征可以通过以下两个方面进行解释。

一方面是城市可读性的数字化。可读性是经典城市意象的基础概念，而随着智能手机、即时数据反馈等技术的发展，基于可读性的城市认知基础寻路行为开始具有明显的数字化特征。假设你在 1960 年的上海要从静安公园前往外滩，基于凯文·林奇的城市意象五元素，你可能需要先通过静安寺（标志物）辨明南京路（道路）方向，进而沿着南京路行走穿过与延安路的岔口（节点），并最终通过和平饭店（标志物）、黄浦江（边界）等要素确定你到达了外滩。而现在，绝大多数人会直接打开手机导航应用，根据导航选择最近、最快的路线前往目的地，即使导航所显示的道路你从未踏足或了解，但仍然会按照导航的提示行进，并避开拥堵路段。而在这数字化的寻路过程中，标志物、边界、节点等经典城市意象的物质要素，并不会对人们的寻路行为产生决定性的影响。

另一方面则是行为选择的数字化。世界上大多数城市空间都具有经典城市意象的五元素，因而这些五元素在一定程度上可以被认为是空间给定的。而人们只是根据这些给定的物质要素去认知城市。而数字化的认知行为，使得人们更加倾向于按照自己的心理感受和需求去主动选择对应的城市空间，而不是被动地认知城市空间。

7.1.3 复杂城市环境的泛在意象认知

数字化的认知对象，以及数字化、主动的认知方式，会逐渐促进城市泛在意象认知的形成。一方面，随着认知对象和认知行为的数字化，城市空间变得越来越多变，根据意象五元素所建构的二维的、稳定的城市意象，正在逐渐被多维的、动态的城市意象所替代。正如迈克尔·巴蒂（Michael Batty）教授所指出的，城市空间不再是由单纯的物质要素所构成，城市中各种高频动态产生的信号和各种流正使得城市结构变得更加扁平化[6]。信息化、数字化背景下的城市意象的结构也是如此。另一方面，意象认知的数字化特征也使得城市意象本身具有泛在化现象，即一万个人对于一座城市可能会有一万种城市意象。这一现象也推动着原有的基于心智地图及访谈的城市意象质化研究方法，向依托大数据和数字化的、以个体为基本研究单位的量化研究方法转变。

7.2 城市意象的数字化认知模式

7.2.1 意象认知构成及元素

数字化背景下的城市意象与经典城市意象都是研究认知主体与被认知客体之间的作用和互动关系，而两者的差异主要体现在城市意象的构成及元素上。经典城市意象主要强调的是以可读性概念为基础，以城市空间物质要素为对象的结构性意象研究。而通过对既有研究范式的分析后，本书认为数字化背景下的城市意象应由空间意象、视觉意象和心理意象三个层级构成。同时，每个层级对应的组成元素也反映出认知主体对于城市空间的数字化认知特征。

空间意象主要基于微博、Flickr、大众点评等与城市认知相关的大数据在空间上的分布情况，从而分析城市意象的整体结构。其中将多源认知大数据在城市空间上的聚集线性空间定义为廊道，将在城市空间上的面状空间定义为印象区，将在城市空间上的点式空间定义为集聚点。另一类是由廊道、印象区和集聚点所构成的聚集区与外围非聚集区分割处的分割空间，定义为交界空间；在聚集区内廊道、印象区和集聚点这些集聚区之间的过渡空间，定义为意象盲区。空间意象虽然反映的也是城市意象的结构，但其与经典城市意象的不同之处在于前者是从人们对于城市的认知出发，通过认知个体在城市空间中的拍照、上传照片、评价、发布等一系列的行为数据对城市空间意象进行刻画，而非基于城市物质要素分析城市意象结构。

视觉意象同样也是对城市空间特征的反映，主要通过深度学习对城市场景图片进行识别、统计和空间分析后，归纳出城市场景所具有的视觉特征。视觉意象由于其反映的是人眼视角下的城市空间具体场景，因此其在一定程度上可以被认为是空间意象的具化，也可以与空间意象结合进行综合分析。

心理意象则是认知主体对城市空间的主观认知表达，可以以词频、微博语义等描述主观认知的文本数据中获得。与前两者相比，空间意象可以被认为是泛在认知个体对城市意象的空间抽象表达；而视觉意象则是心理意象的主要认知途径，同时，心理意象也可以对视觉意象进行主观评价。

7.2.2 意象认知的逻辑

数字化背景下由于认知对象和认知行为的改变，使得意象的认知主体在认知城市时的逻辑也从简单的直接认知城市物质空间向更加复杂的认知逻辑系统转变。

首先是意象认知的前置性。在认知主体置身于实体城市空间之前，就先通过诸如微博、马蜂窝等共享信息，或街景、Flickr等图片数据，在到达城市之前就已经形成了对一座城市大致的意象认知轮廓，并会根据这个意象的轮廓再去现实中认知城市，或对已经形成的意象轮廓进行验证。

其次是意象认知的动态变化性。经典城市意象的认知逻辑是单纯的，其基于城市的物质空间要素，因此其认知的逻辑相对稳定和固定。而数字化背景下，高频波动的城市系统呈现出一种由多维度意象影响要素和因子导致的非固化认知逻辑。认知要素在时空维度上的变化，使得认知主体对城市的认知也会随着时间的推移而变化，因而数字化背景下的城市意象认知并不是稳定的。

再次是意象认知的选择性。数字化背景下，人们对城市的认知过程往往是基于特定的目的或者动机而主动进行的。因而在认知过程中，不同的认知个体会结合自身的需求和数据信息对城市的认知要素进行选择，并不会按照经典城市意象理论中的五元素来认知城市。因此，数字化背景下的意象认知过程更加偏向于对城市空间的主观探索，而非基于五元素的感知。

最后是空间地理距离在意象认知过程中的作用和影响的减弱。数字化背景下，人们可以在任何地点获得关于任何其他地点，或者其他城市的信息。因此，一方面空间地理距离的远近感对人们认知行为的空间限制作用逐渐丧失；另一方面，空间地理距离影响的减弱，也使得人们对城市意象的认知更加抽象和复合。

参考文献

[1] 林奇 . 城市意象 [M]. 方益萍，何晓军，译 . 北京：华夏出版社，2001.

[2] 汪原 . 凯文 · 林奇《城市意象》之批判 [J]. 新建筑，2003 (3):70-73.

[3] Al-ghamdi S A, Al-Harigi F. Rethinking image of the city in the information age[J]. Procedia Computer Science, 2015, 65: 734-743.

[4] Batty M. Inventing future cities[M]. Cambridge: The MIT Press, 2018.

[5] 李云 , 赵渺希 , 徐勇 , 等 . 基于互联网媒介图像信息的多尺度城市夜景意象研究 [J]. 规划师 ,2017,33(9):105-112.

[6] Batty M. The new science of cities[M]. Cambridge: The MIT Press, 2013.

·结 语·

CONCLUSION

本书从人们观察客观环境的行为出发，在人们主观感知与城市客观环境之间所存在的偏差视角下，对城市意象的形成模式及形成过程中所显现出的主客观交互特征、偏差关系及相互之间的影响作用进行了探讨。

在理论层面，本书基于人们对客观环境的观察行为，归纳并提出了由城市客观环境、环境初级感知和主观环境感知三个阶段构成的城市意象的形成模式，并分别对应人们与客观环境相互作用的不同程度。城市客观环境所对应的是人们观察客观环境、拾取客观环境构成要素及表征信息的作用行为，是城市意象形成过程中的感知个体获取意象感知对象的基础阶段。环境初级感知是城市意象形成过程中，人们基于自身基础性的生理及心理需求，对所拾取的客观环境信息以及组合形式进行感知反应的中间阶段。环境初级感知是城市意象由单纯客观维度向主客观交互维度转变的过程节点。主观环境感知是以人们对客观环境信息的认知理解行为为基础，在环境初级感知结果的基础上，通过主观知觉分析建构和形成城市意象的最终阶段。在城市意象结果形成之后，一方面所形成的意象结果会与城市客观环境进行反馈和循环的修正，另一方面则会作用于人们在城市环境中的行为，并不断完善和更新人们对城市客观环境的感知意象。基于上述城市意象的形成模式，通过分析三个阶段之间所存在的分异和偏差特征，进一步总结和提出了城市意象中主观感知与客观环境所具有的视觉观察、信息分析和认知理解三层级偏差关系。在凯文·林奇经典城市意象理论的基础上，本书将城市意象的研究视角从主观经验和印象维度转变为主观感知与客观环境相互作用的维度，从人们与客观环境相互作用及所存在的偏差关系出发，对城市意象的形成规律和模式进行了探讨，在一定程度上丰富并完善了城市意象研究的理论体系。

在方法层面，本书通过机器学习和大数据实现了对城市意象主客观双维的量化解析。基于百度街道全景静态图数据、机器学习中的全卷积神经网络和 InfoGAN 对抗生成网络方法，以及以阿里云为基础，借助 Django 技术框架和 JavaScript 技术的数字化平台，本书以街景数据作为统一数据源，对城市意象中的主观感知与客观环境双重维度实现了量化解析。以南京中心城区为研究范围，本书基于大规模、全覆盖的百度街道全景图数据，通过完善开源要素标签识别数据集和全卷积神经网络，对街景图片进行了语义分割识别。将街景图片所反映的城市客观环境中包含的建筑、道路、树木、草皮、行人等 18 类客观环境构成要素的构成比例进行了量化统计。同时，通过图片色卡识别、InfoGAN 及半监督学习模型对街道环境的建筑功能风貌进行了量化识别。进而以客观环境量化识别结果为基础，通过一系列的指标计算对环境安全性、环境景观性、环境色彩氛围和环境社交氛围等环境初级感知指标进行了计算。在此基础上，通过调用阿里云服务平台，利用 Django 技术框架和 JavaScript 可视化技术等，以街景数据为基础输入数据，通过随机抽取评价的模式，搭建了主观环境感知量化评价平台。从功能感知判断和环境场景感知两个方面对人们的主观环境感知进行了量化测度，进而将主观环境感知的量化测度结果与客观环境的量化识别结果相对应，从主客观双重维度对城市意象的形成模式，形成过程中主观感知与客观环境的偏差关系、偏差特征进行了关联分析与讨论。本书以街景数据为基础，借助机器学习等数字化技术，探索并尝试了对城市意象中主观感知与客观环境的双维度、同数据、大规模、随机化的量化解析方法。在很大程度上，弥补了城市意象研究领域中传统心智地图方法过于主观、单纯依靠数据进行客观环境测度的单一维度分析方法，为城市意象以及城市规划中分析人与环境之间的相互作用，以及两者之间的关联机制提供了一种新的分析方法和途径。

在实践层面，重新梳理了意象结构五元素用于优化城市环境意象营造规划策略。根据在客观环境表征、环境初级感知和主观环境感知三个阶段的城市意象形成模式，以及上述三个阶段的意象感知结果在整体空间层面所显现出的结构性偏差特征，本书从主观感知与客观环境的偏差视角出发，将城市意象在整体空间层面的结构性特征归纳为由意象感知核心、节点、廊道、圈层和盲区所构成的五元素体系。前已述及，此处所归纳出的城市意象结构五元素与城市意象形成过程中，主观感知与客观环境的相互作用关系是紧密关联的。相对于由心智地图方法所得到的道路、边界、区域、节点和标志物经典城市意象五元素而言，本书所梳理和归纳的意象结构五元素，一方面反映了城市意象在主观感知与客观环境交互作用下的结构性特征；另一方面，相对于具象的经典城市意象五元素而言，其更能够反映出不同城市在环境意象层面所具有的特殊表征及实际问题，即虽然大多数城市都存在意象感知的核心、节点、廊道、圈层和盲区，但是不同城市在上述五元素的成因、分布形式和内涵等方面均存在不同的特殊性。以意象感知盲区为例，在个别城市中，是以主观感知与客观环境的割裂，而在意象感知核心周边形成环绕式意象感知盲区；而对于有些城市而言，其盲区的形成可能是由于客观环境中某些要素的分布不均，导致在主观感知与客观环境之间出现断点式偏差，进而在空间分布层面出现与城市意象感知核心呈交错零散分布的意象盲区。因而，以上述五元素为依托，在规划实践中具体问题具体分析，从而对城市环境特色意象营造的规划策略进行优化和完善。

由于对城市意象的研究是一个综合和复杂的研究领域，其不仅涉及城市规划学、人文地理学、环境行为学及环境心理学等领域，还与艺术学、传播学等领域存在一定的联系。本书从主观感知与客观环境偏差的视角对其进行分析，在很大程度上只是探讨了城市意象在人与物质环境相互作用和交互层面的形成模式与规律特征。因而，对于城市意象的完整理论体系而言，本书在研究视角、方法及内容等方面均存在诸多不足。

首先，忽视了非物质性要素对城市意象形成的意象作用。由于城市意象是人们与城市环境相互作用的综合产物，因此，人们通过观察客观环境，进而形成对应的感知意象，在很大程度上只是反映了人与城市客观环境在视觉层面相互作用下的意象感知结果。一方面，视觉只是人们感知城市环境的一个维度。当人们置身于城市客观环境中时，其对于环境的感知是综合的，包含视觉、听觉、嗅觉等多个方面。同时，城市的风环境、热环境、声环境，以及城市环境的气味在很大程度上均会对人们的环境感知产生一定的影响。因此，本书的研究在很大程度上只是将人们置身于实验室中，通过观察街景图片所反映出的城市客观环境，从单一的视觉感知维度来分析主观感知与客观环境偏差视角下的城市意象形成模式，在研究的维度层面存在一定的局限性。另一方面，对于广义的城市意象研究领域而言，城市客观环境及其构成要素只是人们对于城市意象感知的物质性因素。人们对于城市的综合意象还会受到城市文化、历史、习俗等特色的非物质性因素的影响。因而，本书仅从主观感知与客观环境偏差视角，分析了人们与城市客观环境物质要素相互作用下城市意象的形成模式。虽然本书在一定程度上揭示了城市意象感知的形成规律，并在视觉维度归纳了人与客观环境之间所具有的偏差关系，但是忽视了城市非物质性因素对人们意象感知的影响作用。该研究维度的局限性将作为需要弥补和完善的重要方向，后续的研究将进行重点分析与突破。

其次，研究所采用的街景数据作为一种图片数据，其在很大程度上可以理解为是对城市真实客观环境场景的截取。因而，其与真实的城市客观环境存在一定的差异。对于研究而言，街景数据的局限性主要体现为两个方面。一是街景数据的采集时间存在一定的局限性。本书选择了采集时间主要为春季和夏季的街景数据作为研究的基础数据，虽然该季节时段采集的街景数据在很大程度上能够反映街道环境的平均情况，但是其在街景的植被占比、色彩表征层面与真实的城市客观环境仍然存在一定的差异。二是由于所获取的百度街景数据是通过车载和背负式摄像头对城市环境进行拍摄获得的，因此街景数据自身所具有的一定程度的图像失真和畸变，也会对研究的结果产生一定的负面影响，使得研究的结果与人们对真实客观环境的感知之间存在偏差。虽然绝大多数的街景数据在图像层面具有较好的质量，也针对部分街道进行了现场的调研以弥补该数据缺陷，但是在对客观环境构成要素进行语义分割识别和色彩表征识别时，部分街道环境的识别结果仍然受到该数据缺陷的影响，存在与真实客观环境表征的差异。因此，作为将真实的三维客观环境二维图像化的街景数据，其在一定程度上对真实的客观环境进行了降维处理，在无损反映城市真实环境层面存在缺陷。

最后，本书主要从主观感知与客观环境偏差视角下对城市意象形成模式进行研究，虽然通过主观环境感知量化评价平台对人们的环境感知进行了随机量化评价，但是对人与环境相互作用关系的研究仍然停留在群体的公众意象层面。本书对于个体自身所具有的属性与经验对最终城市意象感知的影响作用并没有进行深入的探讨，使得在分析人与环境相互作用层面的研究颗粒度仍相对较粗，并没有聚集到个体层面。同时，本书聚焦于探讨主观感知与客观环境偏差视角下城市意象的形成模式，对于城市意象形成过程中，感知个体与客观环境要素详细的作用机制、客观环境单一构成要素对感知个体的影响作用缺乏深度和细颗粒度的研究。对此，后续研究将在本书的基础上，对城市意象形成过程中，主观感知与客观环境相互之间的作用机制进行更深层次和更细致的探索。

城市意象系统性的研究诞生于20世纪中叶城市规划和城市研究的人本主义回归。自凯文·林奇提出经典城市意象理论以来，人们开始围绕人与城市空间、环境相互作用的关系展开了大量的研究，并在城市规划学、环境行为学、环境心理学等方面取得了大量的成果。本书同样以人们的主观感知与城市客观物质环境作为研究的两个方面，对城市意象的形成模式进行了讨论。然而，放眼未来，随着移动互联网产品与人工智能技术深入城市生活日常，数字化、信息化的新技术和新途径显然正改变着人们对于城市原有的感知方式与经验。人们对于城市环境的意象感知不再只是关注城市的客观物质环境，而是结合不断涌现的新途径和新数据而重新定义。人们通过互联网及手机终端可以轻易地获取城市的各项信息和数据，这些数据也成为人们感知和认知城市的重要途径和窗口。抖音、微博、微信朋友圈、马蜂窝及携程的分享游记也逐渐成为人们城市意象感知的重要来源，并冲击着原有的以客观物质环境为基础的“所见即所感，所感即所知”的城市意象建构逻辑。人们所形成的城市意象一方面来源于人们自身对城市客观环境的感知，另一方面也开始受到他人城市感知意象的影响，是在他人城市感知意象基础上的加工、修正与延伸，一定程度上成为“意象的意象”。因此，一方面仍然需要以城市客观环境为基础，探索人与城市客观环境的相互作用关系及所形成的城市意象，并通过城市规划的手段优化和完善城市空间的意象。另一方面，面对信息时代所带来的巨大变革，也需要从“虚实交互、情景共融”的视角思考并研究未来的城市意象。

内容简介

1959年，凯文·林奇（Kevin Lynch）通过关注人与环境之间的相互作用关系建构了经典城市意象理论。在人本主义的思潮下，以道路、边界、区域、节点及标志物构成了影响环境意象研究至今的城市意象经典五元素。在经典城市意象理论提出65年后的今天，随着信息技术浪潮的不断推进，城市多源大数据、人工智能技术等为深入剖析城市意象形成机制提供了新技术方法。在此背景下，本书建构了以深度学习模型为技术核心的城市意象智能解析方法。以智能技术为支撑，从主观感知与客观环境两个维度提出了城市意象的形成过程及模式，进一步解释了主客观偏差视角下的城市意象形成条件，并总结出了主客观偏差视角下，包含意象感知核心、节点、廊道、圈层及盲区在内的意象空间结构五元素。

期望本书的研究，为城市规划与设计、环境行为与心理、城市感知等领域的研究提供支持，并供相关领域的研究人员、高等院校相关专业师生参考。

图书在版编目（CIP）数据

感知：城市意象的形成机理与智能解析 / 郑屹，杨俊宴，王桥著. -- 南京：东南大学出版社，2024.3
（城市设计研究 / 杨俊宴主编. 数字·智能城市研究）
ISBN 978-7-5766-1058-1

Ⅰ. ①感… Ⅱ. ①郑… ②杨… ③王… Ⅲ. ①城市规划—研究 Ⅳ. ①TU984

中国国家版本馆CIP数据核字（2023）第246681号

责任编辑： 丁　丁　**责任校对：** 韩小亮　**书籍设计：** 小舍得　**责任印制：** 周荣虎

感知：城市意象的形成机理与智能解析
Ganzhi: Chengshi Yixiang De Xingcheng Jili Yu Zhineng Jiexi

著　　者 郑　屹　杨俊宴　王　桥
出版发行 东南大学出版社
社　　址 南京市四牌楼2号　邮编：210096　电话：025-83793330
出 版 人 白云飞
网　　址 http://www.seupress.com
电子邮件 Press@seupress.com
经　　销 全国各地新华书店
印　　刷 南京爱德印刷有限公司
开　　本 787 mm × 1092 mm　1/16
印　　张 17.5
字　　数 339千字
版　　次 2024年3月第1版
印　　次 2024年3月第1次印刷
书　　号 ISBN 978-7-5766-1058-1
定　　价 168.00元

本社图书若有印装质量问题，请直接与营销部联系，电话：025-83791830。